创新型高等职业教育精品教材

电机与电气控制技术

主审 张成学

主编 尹明锂 程应科 卢建勤

航空工业出版社

北京

内 容 提 要

本书依据国务院印发的《国家职业教育改革实施方案》的相关要求，结合职业教育教学标准编写而成。本书共八个项目，分别为变压器、三相异步电动机、直流电机、特种电机、常用低压电器、三相异步电动机电气控制电路、直流电动机电气控制电路、典型机床电气控制电路。

本书注重学生综合职业技能的培养，结构完整、内容实用，可作为高等职业院校机电类、自动化类等相关专业的教材。

图书在版编目（CIP）数据

电机与电气控制技术 / 尹明锂，程应科，卢建勤主编. -- 北京：航空工业出版社，2024.2
ISBN 978-7-5165-3679-7

Ⅰ. ①电… Ⅱ. ①尹… ②程… ③卢… Ⅲ. ①电机学－高等职业教育－教材②电气控制－高等职业教育－教材 Ⅳ. ①TM3②TM921.5

中国国家版本馆 CIP 数据核字(2024)第 042530 号

电机与电气控制技术
Dianji yu Dianqi Kongzhi Jishu

航空工业出版社出版发行
（北京市朝阳区京顺路 5 号曙光大厦 C 座四层 100028）
发行部电话：010-85672666   010-85672683

北京京华铭诚工贸有限公司印刷	全国各地新华书店经销
2024 年 2 月第 1 版	2024 年 2 月第 1 次印刷
开本：787×1092 1/16	字数：347 千字
印张：15	定价：49.80 元

前言 FOREWORD

近年来，随着电机与电气控制技术的不断革新与发展，其应用领域已由传统的电气工程领域扩大到工业生产和日常生活的方方面面。为满足各行业对相关专业技术人才的需求，编者根据《国家职业教育改革实施方案》的相关要求，结合高等职业教育的教学特点，精心编写了本书。本书主要具有以下特色。

1．立德树人，润物无声

党的二十大报告指出："育人的根本在于立德。"为贯彻党的二十大精神，本书设置了形式多样的素质教育内容，将德育与知识技能教育有机融合，引导学生厚植家国情怀，培养学生的民族自豪感和使命感，让学生在学习中树立正确的世界观、人生观和价值观。

（1）本书的每个项目都结合课程内容设置了素质目标，力求培养高素质、高水准、高技能的专业型人才。

（2）本书设置了"时代楷模"模块，通过讲述电机与电气控制领域相关人物的先进事迹来培养学生精益求精、追求卓越的工匠精神，提升学生的社会责任感和历史使命感。

（3）本书结合相关知识点，设置"砥节砺行"模块，将社会主义核心价值观融入到知识学习中。

2．校企合作，工学结合

在编写本书的过程中，为了满足各行业的实际需要，编者走访了大量企业，汇集了多位专业技术人员的实践经验，根据企业对相关岗位技术人员的技能需求，合理安排实训内容，以切实培养学生的实践能力。

3．任务驱动，理实一体

本书采用项目任务式体例编写，全书分为八个项目，每个项目中设有多个任务，每个任务由任务引入、任务工单和相关知识三部分组成。

（1）任务引入：以相关案例、资讯等形式引出任务，让学生初步了解所学知识，并激发学生的学习兴趣。

（2）任务工单：让学生在任务实施的过程中穿插学习相关知识，并在实践操作中进一步融会贯通,以实现"做中学,学中做"的一体化教学思想,最大限度地培养学生分析、解决实际问题的能力。

(3)相关知识:介绍任务实施所需的理论知识,在内容组织上遵循"理论够用、实用为主"的原则,精讲理论,注重应用。

4. 模块丰富,助力学习

本书在正文中设置了"点拨""知识链接"等模块,对相关重难点知识进行详细解说,以拓展学生的知识面;同时还设置了"头脑风暴""行业资讯"等模块,以加强课堂互动,增加本书的趣味性。

5. 数字资源,平台辅助

本书配有丰富的数字资源,读者可借助手机或其他移动设备扫描二维码观看微课视频,也可登录文旌综合教育平台"文旌课堂"查看和下载本书配套资源,如教学课件、课后习题答案等。读者在学习过程中有任何疑问,都可登录该平台寻求帮助。

此外,本书还提供了在线题库,支持"教学作业,一键发布",教师只需要通过微信或"文旌课堂"App扫描扉页二维码,即可迅速选题、一键发布、智能批改,并可查看学生的作业分析报告,提高教学效率、提升教学体验。学生可在线完成作业,巩固所学知识,提高学习效率。

本书由张成学担任主审,尹明锂、程应科、卢建勤担任主编,罗志勇、常仁松、魏加争、方晶、陈萌湖、严婧、阚敬文担任副主编。由于编者水平有限,书中难免存在疏漏或不当之处,敬请广大读者批评指正。

特别说明:

(1)本书在编写过程中,参考了大量资料并引用了部分文章和图片。这些引用的资料大部分已获授权,但由于部分注明来源的资料来自网络,我们暂时无法联系到原作者。对此,我们深表歉意,并欢迎原作者随时与我们联系,我们将按规定支付酬劳。

(2)本书所选案例均来源于真实事件,但为了避免引起误会,部分人物使用了化名。

(3)本书没有注明资料来源的案例均为编者根据真实事件改编。

本书配套资源下载网址和联系方式

网址:https://www.wenjingketang.com
电话:400-117-9835
邮箱:book@wenjingketang.com

目录 CONTENTS

1 项目1 变压器 ... 1

任务 1.1 认识单相变压器 ... 2
任务引入 ... 2
任务工单——制作小型单相变压器 ... 2
- 1.1.1 变压器的作用及分类 ... 5
- 1.1.2 变压器的铭牌数据 ... 5
- 1.1.3 单相变压器的基本结构及工作原理 ... 7
- 1.1.4 单相变压器的运行特性 ... 9
- 1.1.5 小型单相变压器的参数设计 ... 11

任务 1.2 认识三相变压器 ... 14
任务引入 ... 14
任务工单——测定三相变压器的绕组极性及联结组标号 ... 14
- 1.2.1 三相变压器的磁路结构 ... 18
- 1.2.2 三相变压器绕组的联结 ... 20
- 1.2.3 三相变压器的并联运行 ... 22

综合测试 ... 26
学习成果评价 ... 27

2 项目2 三相异步电动机 ... 28

任务 2.1 认识三相异步电动机 ... 29
任务引入 ... 29
任务工单——拆装三相异步电动机 ... 29
- 2.1.1 三相异步电动机的基本结构 ... 31
- 2.1.2 三相异步电动机的工作原理 ... 34
- 2.1.3 三相异步电动机的铭牌数据 ... 37

任务 2.2 测试三相异步电动机的特性 ... 38
任务引入 ... 38
任务工单——测定三相异步电动机的运行特性 ... 38
- 2.2.1 三相异步电动机的运行原理 ... 41
- 2.2.2 三相异步电动机的功率转换 ... 44
- 2.2.3 三相异步电动机的机械特性 ... 46

2.2.4　三相异步电动机的运行特性 ……………………………………… 49
　综合测试 ……………………………………………………………………… 51
　学习成果评价 ………………………………………………………………… 53

项目 3　直流电机 …………………………………………………………… 54

任务 3.1　认识直流电机 …………………………………………………… 55
　任务引入 ……………………………………………………………………… 55
　任务工单——拆装直流电动机 ……………………………………………… 55
　　3.1.1　直流电机的分类 …………………………………………………… 56
　　3.1.2　直流电机的基本结构及工作原理 ………………………………… 57
　　3.1.3　直流电机的铭牌数据 ……………………………………………… 62

任务 3.2　测试直流电机的特性 …………………………………………… 64
　任务引入 ……………………………………………………………………… 64
　任务工单——测定他励直流电动机的运行特性 …………………………… 64
　　3.2.1　直流电机的磁场及电枢反应 ……………………………………… 66
　　3.2.2　直流电机的电枢电压、电磁转矩及电磁功率 …………………… 69
　　3.2.3　直流电机的机械特性 ……………………………………………… 71
　　3.2.4　直流电机的运行特性 ……………………………………………… 74
　综合测试 ……………………………………………………………………… 77
　学习成果评价 ………………………………………………………………… 79

项目 4　特种电机 …………………………………………………………… 80

任务 4.1　认识步进电动机 ………………………………………………… 81
　任务引入 ……………………………………………………………………… 81
　任务工单——拆装步进电动机 ……………………………………………… 81
　　4.1.1　步进电动机的基本结构 …………………………………………… 83
　　4.1.2　步进电动机的工作原理及运行方式 ……………………………… 84
　　4.1.3　步进电动机的驱动及控制方式 …………………………………… 85

任务 4.2　认识伺服电动机 ………………………………………………… 87
　任务引入 ……………………………………………………………………… 87
　任务工单——测试交流伺服电动机 ………………………………………… 87
　　4.2.1　交流伺服电动机 …………………………………………………… 89
　　4.2.2　直流伺服电动机 …………………………………………………… 91
　　4.2.3　交、直流伺服电动机的性能比较 ………………………………… 93

任务 4.3　认识其他特种电机 ……………………………………………… 94
　任务引入 ……………………………………………………………………… 94
　任务工单——测定直流测速发电机的输出特性 …………………………… 94
　　4.3.1　直线电动机 ………………………………………………………… 96

目 录

   4.3.2 测速发电机 ····· 97
   4.3.3 永磁无刷电动机 ····· 101
 综合测试 ····· 103
 学习成果评价 ····· 104

5 项目 5 常用低压电器 ····· 105

任务 5.1 认识常用低压电器 ····· 106
 任务引入 ····· 106
 任务工单——识别常用低压电器 ····· 106
  5.1.1 低压电器的分类 ····· 107
  5.1.2 低压电器的型号及其编制规则 ····· 108
  5.1.3 低压电器的主要技术参数 ····· 109

任务 5.2 检修常用低压电器 ····· 111
 任务引入 ····· 111
 任务工单——检修常用低压电器 ····· 111
  5.2.1 熔断器 ····· 114
  5.2.2 刀开关 ····· 116
  5.2.3 组合开关 ····· 118
  5.2.4 低压断路器 ····· 119
  5.2.5 按钮 ····· 120
  5.2.6 行程开关 ····· 121
  5.2.7 交流接触器 ····· 122
  5.2.8 继电器 ····· 124

 综合测试 ····· 127
 学习成果评价 ····· 128

6 项目 6 三相异步电动机电气控制电路 ····· 129

任务 6.1 测试三相异步电动机启动控制电路 ····· 130
 任务引入 ····· 130
 任务工单——测试三相异步电动机 Y-△降压启动控制电路 ····· 130
  6.1.1 直接启动控制电路 ····· 132
  6.1.2 延时启停与顺序控制电路 ····· 137
  6.1.3 定子绕组串联电阻降压启动控制电路 ····· 141
  6.1.4 Y-△降压启动控制电路 ····· 143

任务 6.2 测试三相异步电动机调速控制电路 ····· 146
 任务引入 ····· 146
 任务工单——测试双速电动机的手动调速控制电路 ····· 146
  6.2.1 双速电动机的调速原理 ····· 148

6.2.2 双速电动机的手动调速控制电路 ············ 149
 6.2.3 双速电动机的自动调速控制电路 ············ 150

任务 6.3 测试三相异步电动机可逆控制电路 ············ 152
 任务引入 ············ 152
 任务工单——测试三相异步电动机双重互锁正反转控制电路 ············ 152
 6.3.1 倒顺开关控制的正反转控制电路 ············ 154
 6.3.2 按钮与接触器互锁正反转控制电路 ············ 155
 6.3.3 双重互锁正反转控制电路 ············ 157
 6.3.4 行程开关控制的自动往返控制电路 ············ 157
 6.3.5 时间继电器控制的自动往返控制电路 ············ 159

任务 6.4 测试三相异步电动机制动控制电路 ············ 161
 任务引入 ············ 161
 任务工单——测试三相异步电动机反接制动控制电路 ············ 161
 6.4.1 能耗制动控制电路 ············ 163
 6.4.2 反接制动控制电路 ············ 165

综合测试 ············ 166
学习成果评价 ············ 168

项目 7 直流电动机电气控制电路 ············ 169

任务 7.1 测试直流电动机启动与调速控制电路 ············ 170
 任务引入 ············ 170
 任务工单——测试直流电动机启动控制电路 ············ 170
 7.1.1 启动控制电路 ············ 172
 7.1.2 调速控制电路 ············ 175

任务 7.2 测试直流电动机制动与正反转控制电路 ············ 178
 任务引入 ············ 178
 任务工单——测试直流电动机制动控制电路 ············ 178
 7.2.1 制动控制电路 ············ 179
 7.2.2 正反转控制电路 ············ 181

综合测试 ············ 183
学习成果评价 ············ 184

项目 8 典型机床电气控制电路 ············ 185

任务 8.1 检修卧式车床电气控制电路 ············ 186
 任务引入 ············ 186
 任务工单——检修 CA6140 型卧式车床电气控制电路 ············ 186
 8.1.1 机床电气检修的基本知识 ············ 188
 8.1.2 CA6140 型卧式车床概述 ············ 191

        8.1.3　CA6140 型卧式车床电气控制电路的工作原理 193
        8.1.4　CA6140 型卧式车床电气控制电路常见故障及检修方法 195
　　任务 8.2　检修平面磨床电气控制电路 197
　　　　任务引入 197
　　　　任务工单——检修 M7130 型平面磨床电气控制电路 197
        8.2.1　M7130 型平面磨床概述 199
        8.2.2　M7130 型平面磨床电气控制电路的工作原理 200
        8.2.3　M7130 型平面磨床电气控制电路常见故障及检修方法 203
　　任务 8.3　检修摇臂钻床电气控制电路 204
　　　　任务引入 204
　　　　任务工单——检修 Z3050 型摇臂钻床电气控制电路 204
        8.3.1　Z3050 型摇臂钻床概述 206
        8.3.2　Z3050 型摇臂钻床电气控制电路的工作原理 207
        8.3.3　Z3050 型摇臂钻床电气控制电路常见故障及检修方法 211
　　任务 8.4　检修万能铣床电气控制电路 213
　　　　任务引入 213
　　　　任务工单——检修 X62W 型万能铣床电气控制电路 213
        8.4.1　X62W 型万能铣床概述 215
        8.4.2　X62W 型万能铣床电气控制电路的工作原理 216
        8.4.3　X62W 型万能铣床电气控制电路常见故障及检修方法 223
　　综合测试 225
　　学习成果评价 226

参考文献 227

项目 1　变压器

项目导读

变压器是一种静止的电器。它利用电磁感应原理，将一种电压、电流的交流电，转换成同频率的另一种或多种电压、电流的交流电。变压器是输配电的基础设备，被广泛应用于工业、农业、交通等领域。在电气设备和无线电路中，变压器常用于升降电压、匹配阻抗、安全隔离等。

本项目主要介绍单相变压器的基本结构、工作原理，以及单相、三相变压器的运行特性等。

知识目标

- 了解变压器的作用及分类
- 熟悉变压器的铭牌数据
- 掌握单相变压器的基本结构及工作原理
- 掌握单相变压器的运行特性
- 掌握小型单相变压器的参数设计方法
- 掌握三相变压器的磁路结构
- 掌握三相变压器绕组的联结
- 熟悉三相变压器并联运行的优点和条件

技能目标

- 能制作小型单相变压器
- 能测定三相变压器的绕组极性及联结组标号

素质目标

- 养成脚踏实地、求真务实的工作作风
- 弘扬积极创新、服务人民的职业精神
- 践行服从纪律、团结协作的团队精神

任务 1.1 认识单相变压器

任务引入

凡是用电的地方几乎都少不了变压器。在电力传输领域,发电站产生的电能要通过变压器把电压升高,通过输电线路送到用电地区,以减少输电线路上的电能损耗。而到了用电地区,又要通过变压器把电压降低,以供用户使用。

常用的变压器有单相变压器、三相变压器等。其中,单相变压器是一种一次绕组（又称初级绕组或原边绕组）和二次绕组（又称次级绕组或副边绕组）均为单相绕组的变压器。单相变压器是变压器的基础类型,具有结构简单、体积小、损耗低等特点,适宜在负荷密度较小的低压配电线路中使用。

请选择合适的工具和器材,制作小型单相变压器。

任务工单——制作小型单相变压器

1. 知识准备

通常,人们将额定容量在 1 000 V·A 以下的单相变压器统称为小型单相变压器。在设计制作小型单相变压器时,需要先确定其额定容量 S_N、铁芯柱的截面积 A_c、绕组的匝数 N、导线的直径、铁芯窗口的面积等参数,然后按照一定的流程进行制作。

2. 工具和器材准备

准备任务实施所需的工具和器材,补全表 1-1。

表 1-1 工具和器材清单

名称	规格	型号	数量	名称	规格	型号	数量
常用电工工具			1 套	导线			
万用表			1 台	青壳纸			
绝缘电阻表			1 台	各种绝缘材料			
E 形硅钢片							

3. 任务实施

制作一台小型单相变压器,已知电源频率为 50 Hz,单相变压器一次额定电压为 220 V,二次额定电压为 15 V,从实物测得的 E 形硅钢片舌宽（铁芯柱宽度）为 1.4 cm,叠片厚度为 2 cm,铁芯的硅钢片为冷轧硅钢片。

1) 选择导线和绝缘材料

根据计算出的导线直径选择相应规格的漆包线。绝缘材料依据其绝缘强度和允许厚度综合选择。其中,层间绝缘应按 2 倍层间电压所需的绝缘强度来配置;对于 1 000 V·A

以下容量的小型单相变压器，也可按层间电压峰值（即$\sqrt{2}$倍层间电压）所需的绝缘强度来配置。对铁芯的绝缘及绕组间的绝缘，可按2倍对地电压所需的绝缘强度来配置。

2）制作木芯

用绕线机绕制线圈时，应将漆包线绕在预先做好的线圈骨架上。由于线圈骨架一般不能直接套在绕线机的转轴上，因此需要在线圈骨架的内腔中塞入一个木芯（见图1-1），以固定线圈骨架和连接绕线机转轴。

根据绕线机转轴规格，在木芯中间沿轴线方向钻孔，木芯宽度要比硅钢片叠片的中心舌宽大出约 0.2 mm，长度应比硅钢片叠片厚度大出约0.2 mm，高度应比硅钢片窗口高度大出约2 mm。木芯尽量做得光滑平直，各相对面要对称。木芯的边角用砂纸磨成圆角，以便于套进或抽出线圈骨架。

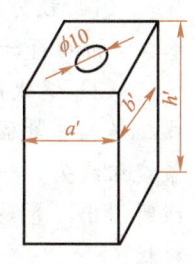

图1-1　木芯

3）制作线圈骨架

线圈骨架可分为无框骨架和有框骨架两种，应根据实际需求选择合适的类型。

（1）无框骨架。

用青壳纸在木芯上卷绕两圈，层间和接头处用胶水粘牢，即可制成无框骨架，如图1-2所示。其中，a'、b'为木芯的截面尺寸，t为夹板厚度，h'为变压器窗口高度减去两块夹板厚度所得的尺寸，应略小于铁芯的窗口高度。无框骨架在干燥后，应能使木芯顺利插入和抽出，且应能顺利套入硅钢片。

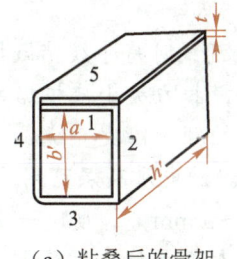
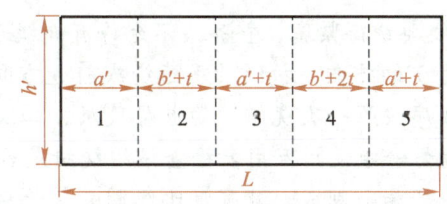

（a）粘叠后的骨架　　　　　（b）弹性纸尺寸

图1-2　无框骨架

（2）有框骨架。

在制作质量要求较高的变压器时一般采用有框骨架，其结构如图1-3所示。有框骨架用钢纸或玻璃纤维板等材料制成，其内径与无框骨架尺寸相同。

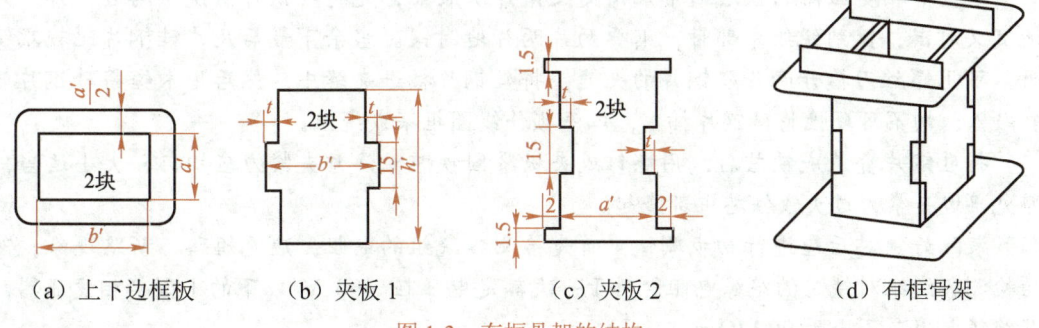

（a）上下边框板　　（b）夹板1　　（c）夹板2　　（d）有框骨架

图1-3　有框骨架的结构

材料下好,去除切口的毛刺,然后在各接合处涂好黏合剂,组合成形,待黏合剂固化后,用硅钢片在有框骨架内腔中测试,可顺利插入则为尺寸合适。

4）绕线

（1）裁剪好绝缘纸,其宽度应稍大于线圈骨架的长度,其长度应稍大于骨架的周长,并应留有一定的裕量。

（2）绕线前,先在套好木芯的线圈骨架上垫好绝缘纸,然后将木芯沿中心孔串入绕线机转轴并紧固。起绕时,在绕组线头处压入一条绝缘带折条,以便在绕几圈导线后抽紧绕组线头,如图1-4（a）所示。导线的起绕点不可过于靠近线圈骨架边缘,以免在绕线时滑出,导致硅钢片在插入时碰伤导线的绝缘层。若采用有框骨架,则导线要紧靠边框板。

（3）当一组绕组绕制即将结束时,要垫上一条绝缘带折条,继续绕线到结束。然后将绕组线尾插入绝缘带的折缝中,抽紧绝缘带,以固定绕组线尾,如图1-4（b）所示。

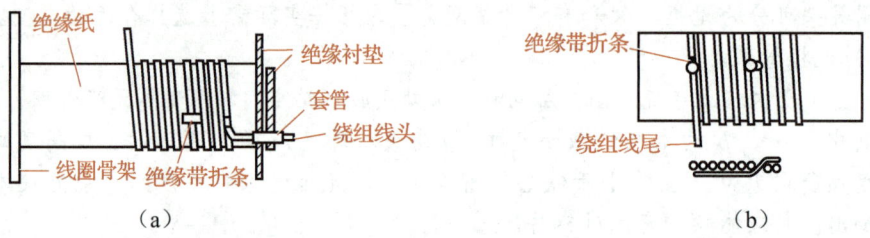

图1-4 绕线

（4）导线要绕得紧密、整齐,不允许有叠线现象。绕线时将导线稍微拉向与绕线前进方向相反约5°的方向,拉线的手随绕线前进方向移动,拉力大小应根据导线的粗细掌握。绕线的顺序按照一次绕组、静电屏蔽层、二次绕组的顺序依次叠绕。二次绕组不止一组时,每绕好一组便用万用表检查该组绕组是否导通。静电屏蔽层可用厚度约0.1 mm的铜箔或其他金属箔制成,其宽度比线圈骨架长度小1～3 mm,长度比一次绕组的周长小约5 mm,夹在一、二次绕组的绝缘衬垫之间,但不能碰到导线,铜箔上焊接一根多股软线作为引出接地线。

（5）绕组绕制好后,外层用铆好焊片的青壳纸缠绕2～3层,用胶水粘牢,将各绕组的引出线焊接在焊片上,要求焊接良好、连接可靠。

5）装配铁芯

小型单相变压器的铁芯通常采用交叉镶片法装配：先将硅钢片从绕组两边一片一片地交叉对镶；镶到绕组中部时,则要两片两片地对镶。当余下最后几片硅钢片比较难镶时,可用螺丝刀撬开两片硅钢片的夹缝,将硅钢片插进夹缝中,然后用木锤将硅钢片轻轻敲入,切不可硬性将硅钢片插入,以免损伤线圈框架或绕组。

将硅钢片叠装成铁芯后,用螺钉或夹板紧固铁芯,注意夹紧力应均匀、大小适当,避免单边夹紧力过大或铁芯中部隆起。

装配好铁芯后应进行初步测试,首先检测各绕组的电阻,应无短路、断路现象；然后检测各绕组对铁芯的绝缘电阻。对于一次额定电压在400 V以下的小型单相变压器,其绝缘电阻应不小于90 MΩ。

6）绝缘处理

新绕制或大修后的变压器必须进行浸漆和烘烤处理，以提高防潮、防霉、防锈蚀性能，保证其能够长期、稳定、可靠地运行。浸漆烘烤工艺一般包括预烘、浸漆、滴漆、烘烤等步骤。

笔 记

1.1.1 变压器的作用及分类

1. 变压器的作用

在电力系统中，变压器是输配电环节常用的电气设备。在输电环节，采用升压变压器来提高电能的电压，可降低输电线路对导线截面积的要求，减小输电线路上的电压降，从而减小输电线路上的功率损耗。在配电环节，为了保证人们的用电安全和满足用电设备的电压要求，需要用降压变压器将电网的电压降为用电设备所需的电压。

变压器的应用

砥节砺行

变压器不只用于变压，还可用于耦合电路、传递信号、匹配阻抗等。我们也一样，要在学校多学本领，以期将来在社会需要的地方更好地体现自己的价值。

2. 变压器的分类

变压器的类型很多，可从多个不同的方面分类。下面主要从用途和电源相数两个方面进行简单介绍。

1）按用途分类

按用途的不同，变压器可分为电力变压器和特殊变压器两类。其中，电力变压器是一种在电力系统中进行输配电的变压器，常用的有升压变压器、降压变压器、配电变压器等；特殊变压器是具有特殊用途的变压器的统称，如自耦变压器、互感器（又称仪用变压器）、电焊变压器、整流变压器、矿用变压器等。

2）按电源相数分类

按电源相数的不同，变压器可分为单相变压器、三相变压器和多相变压器三类。

1.1.2 变压器的铭牌数据

1. 铭牌

铭牌是指永久固定于电器上的标牌，用于说明有关标准要求的额定数据和其他信息。变压器的铭牌如图 1-5 所示。

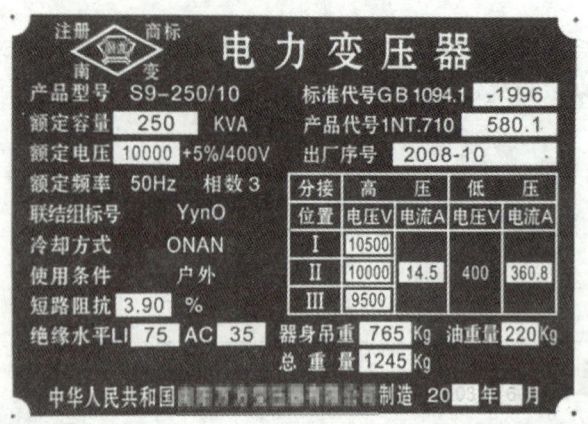

图 1-5 变压器的铭牌

2．产品型号

变压器的产品型号一般反映了其相数、冷却方式、额定容量、系统标称电压等内容，具体可参阅 JB/T 3837—2016《变压器类产品型号编制方法》。

例如，在变压器的型号"SF11-600/10"中，"S"表示该变压器为三相，"F"表示冷却方式为风冷，"11"为损耗水平代号，"600"表示额定容量为 600 kV·A，"10"表示系统标称电压为 10 kV。

3．铭牌数据

额定数据是额定值与运行条件的组合。变压器的额定值是指变压器在规定的使用环境和运行条件下的主要技术数据限定值，它是选择和使用变压器的依据，其中常用的有额定容量、额定电压、额定电流、额定频率等。

1）额定容量

额定容量是指变压器视在功率的额定值，用 S_N 表示，单位为 V·A。

 点　拨

三相变压器的额定容量为三相总容量。

2）额定电压

额定电压包括一次额定电压和二次额定电压。一次额定电压是指变压器在正常工作时一次绕组上的电源额定电压，用 U_{N1} 表示；二次额定电压是指变压器在一次绕组上施加额定电压时二次绕组上的空载电压，用 U_{N2} 表示。例如，某变压器的额定电压为 6 000 V/400 V，表示该变压器的一次额定电压 U_{N1} 为 6 000 V，二次额定电压 U_{N2} 为 400 V。

 点　拨

三相变压器的额定电压是指一、二次绕组的线电压。

3）额定电流

额定电流是由额定容量和额定电压计算出的电流，一次额定电流和二次额定电流分别用 I_{N1} 和 I_{N2} 表示。单相变压器的 I_{N1} 和 I_{N2} 分别为

$$I_{N1} = \frac{S_{N1}}{U_{N1}}, \quad I_{N2} = \frac{S_{N2}}{U_{N2}} \tag{1-1}$$

点　拨

三相变压器的额定电流是指一、二次绕组的线电流。

4）额定频率

额定频率是指变压器在设计时所依据的交流电源频率，通常用 f_N 表示。我国规定工业及民用交流电的额定频率为 50 Hz。

1.1.3　单相变压器的基本结构及工作原理

1. 单相变压器的基本结构

虽然变压器的种类繁多，但其基本结构都是相同的，即变压器主要由绕组和铁芯两部分组成。

1）绕组

绕组是变压器的电路部分，一般用绝缘铜或铝导线绕制而成，可由一个线圈组成，也可由多个线圈串联组成。线圈的层间和匝间，线圈和铁芯之间，以及不同线圈之间，都要进行绝缘处理。

在变压器工作时，绕组用于产生磁通和感应电压。其中，与电源连接的绕组称为一次绕组，与负载连接的绕组称为二次绕组。通常，一、二次绕组的匝数并不相等，匝数较多的绕组工作电压较高，称为高压绕组；匝数较少的绕组工作电压较低，称为低压绕组。

2）铁芯

铁芯是变压器的磁路部分，它由铁芯柱和铁轭两部分组成。其中，铁芯柱上套有绕组；铁轭上不套绕组，用于连接铁芯柱，以形成闭合磁路。

为了减小铁损，铁芯通常由具有高磁导率的铁磁性材料——硅钢片叠装而成。硅钢片的厚度一般为 0.35 mm 或 0.5 mm，每片硅钢片的表面均涂有 0.02~0.23 mm 厚的绝缘漆，以避免片与片之间短路。

按铁芯和绕组组合方式的不同，单相变压器可分为芯式和壳式两类。

（1）芯式变压器：铁芯呈口字形，铁芯柱分布在铁轭两侧，铁轭靠着绕组的顶面和底面，如图 1-6（a）所示。这类变压器结构较简单，散热条件好，绕组的装配和绝缘处理都比较方便，应用较广泛。

（2）壳式变压器：铁芯呈日字形，铁芯柱位于铁芯中间，铁轭不仅靠着绕组的顶面和底面，还包围着绕组的两侧，如图 1-6（b）所示。这类变压器散热条件不好，制造工艺复杂，仅用于小容量变压器。

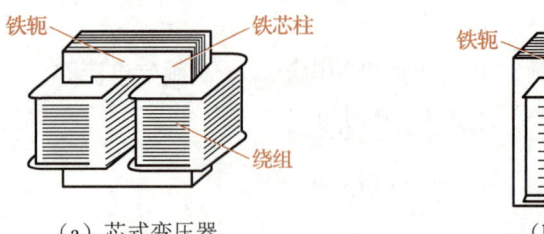

（a）芯式变压器　　　　　　　（b）壳式变压器

图 1-6　芯式变压器和壳式变压器

2．单相变压器的工作原理

变压器是利用电磁感应原理来工作的。若在变压器的一次绕组中通以交流电，一次绕组的磁通势将产生交变磁通，并同时穿过一次绕组和二次绕组。由于变压器一、二次绕组的匝数不同，因此二次侧将产生电压和电流与一次侧不同的交流电。下面以单相变压器为例，介绍变压器的工作原理。

单相变压器的工作原理如图 1-7 所示。当为单相变压器一次绕组输入电压 u_1 时，一次绕组中将产生电流 i_1，并产生同频率的交变磁通 $\varPhi$。交变磁通 $\varPhi$ 包括主磁通和漏磁通两部分，其中漏磁通对电路影响较小，可不考虑。于是，根据电磁感应原理，交变磁通 $\varPhi$ 将分别在两个绕组中产生感应电压 u_{n1} 和 u_{n2}，即

$$u_{n1} = -N_1 \frac{\mathrm{d}\varPhi}{\mathrm{d}t}, \quad u_{n2} = -N_2 \frac{\mathrm{d}\varPhi}{\mathrm{d}t} \quad （1\text{-}2）$$

则一、二次绕组感应电压的大小之比为

$$\frac{u_{n1}}{u_{n2}} = \frac{N_1}{N_2} = K \quad （1\text{-}3）$$

其中，K 为变压器的电压比。若忽略漏磁通和绕组电阻的影响，则 $K = \dfrac{u_1}{u_2}$。

由此可知，当变压器的输入电压一定时，只要改变一、二次绕组的匝数比，就可得到不同的输出电压，从而实现了电能的转换。

单相变压器的符号如图 1-7（b）所示。

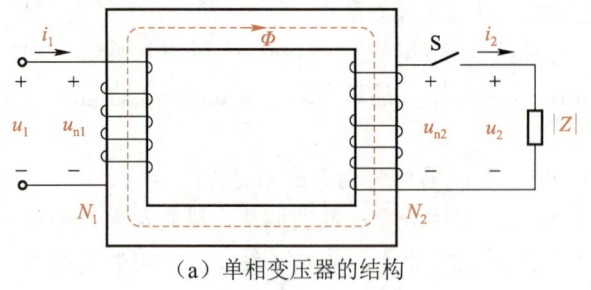　　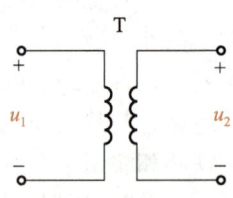

（a）单相变压器的结构　　　　　　　（b）单相变压器的符号

图 1-7　单相变压器的工作原理

1.1.4 单相变压器的运行特性

1. 单相变压器的外特性

单相变压器在额定状态下空载运行时,其二次空载电压 U_{20} 为二次额定电压 U_{N2};单相变压器带负载运行时,由于其内部存在电阻 R_S 和电抗 X_S,其二次电压 U_2 将随负载的变化而变化。当变压器的电源电压为额定电压 U_{N1},且负载的功率因数 $\cos\varphi_2$ 一定时,二次电压 U_2 与二次电流 I_2 的变化曲线称为变压器的外特性曲线,如图1-8所示。

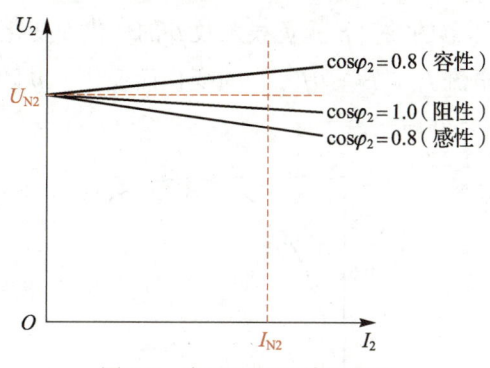

图1-8 变压器的外特性曲线

当变压器带容性负载($\varphi_2 < 0$)运行时,若 $|R_S\cos\varphi_2| < |X_S\sin\varphi_2|$,则 U_2 随 I_2 的增大而增大;当变压器带阻性负载($\varphi_2 = 0$)运行时,U_2 随 I_2 的增大而略微减小;当变压器带感性负载($\varphi_2 > 0$)运行时,U_2 随 I_2 的增大而大幅减小。

变压器带负载运行时,U_{N2} 和 U_2 之间存在差值,这一差值与 U_{N2} 的比值称为电压调整率,用 ΔU 表示,即

$$\Delta U = \frac{U_{N2} - U_2}{U_{N2}} \times 100\% \tag{1-4}$$

一般情况下,当变压器带额定负载且 $\cos\varphi_2 = 0.8$ 时,变压器的电压调整率 ΔU 约为5%。

2. 单相变压器的效率特性

变压器从电源吸收的有功功率 P_1 减去铁损 P_{Fe} 和两侧绕组的铜损 P_{Cu} 后,可得到变压器输出的有功功率 P_2,即变压器在负载上消耗的功率,因此有

$$P_2 = P_1 - P_{Fe} - P_{Cu} \tag{1-5}$$

P_2 与 P_1 比值的百分数称为变压器的效率,用 η 表示,即

$$\eta = \frac{P_2}{P_1} \times 100\% \tag{1-6}$$

变压器带额定负载运行时,负载损耗 $P_S \approx P_{Cu}$,而在任意负载下有

$$P_{Cu} = \beta^2 P_S \tag{1-7}$$

式中：

β ——负载系数，$\beta = I_1/I_{N1} = I_2/I_{N2}$。

由于空载损耗 $P_0 \approx P_{Fe}$，因此有

$$P_1 = P_2 + P_{Fe} + P_{Cu} = P_2 + P_0 + \beta^2 P_S$$

代入式（1-6）后可得

$$\eta = \frac{P_2}{P_1} = 1 - \frac{P_0 + \beta^2 P_S}{P_2 + P_0 + \beta^2 P_S} = \left(1 - \frac{P_0 + \beta^2 P_S}{\beta S_N \cos\varphi_2 + P_0 + \beta^2 P_S}\right) \times 100\% \qquad (1-8)$$

式（1-8）表明，变压器的效率 η 随负载系数 β 的变化而变化。由于 $\beta = I_2/I_{N2}$，因此变压器的效率 η 随负载电流 I_2（$I_2 = \beta I_{N2}$）的变化而变化。η 随 β 变化的曲线称为变压器的效率特性曲线，如图 1-9 所示。

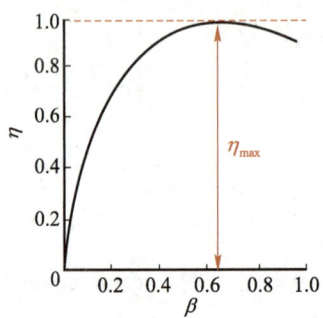

图 1-9 变压器的效率特性曲线

由图 1-9 可知，当负载较小时，负载系数较小，变压器的效率较低；随负载的增大，负载系数增大，效率将明显提高；当负载过大时，效率随负载系数的增大而降低。这是由于负载较小时，变压器的输出功率小，损耗占比较大，效率较低；随着变压器输出功率的增大，损耗占比不断减小，效率逐渐提高；当负载过大时，由于铜损与负载电流的平方成正比，因此铜损占比不断增大，效率随之降低。

在变压器的效率特性中，效率有一个最大值，通常用 η_{max} 表示。一般当 $\beta = 0.5 \sim 0.7$ 时，效率达到最大值。

点　拨

变压器的损耗主要分为铁损与铜损两种。

（1）铁损又称空载损耗或铁芯损耗，是指变压器在额定电压下在铁芯中所消耗的功率。它是一种固定损耗，是由变压器中的铁芯所产生的损耗，包括磁滞损耗与涡流损耗。

（2）铜损又称负荷损耗或短路损耗，是指变压器一、二次电流流过该线圈电阻所损耗的能量和。它是一种负载损耗。

1.1.5 小型单相变压器的参数设计

小型单相变压器参数设计的一般方法如下。

1. 确定额定容量

单相变压器二次容量 S_2 为二次侧各绕组输出视在功率的代数和,即

$$S_2 = S_{21} + S_{22} + \cdots + S_{2n} \tag{1-9}$$

由于变压器在传递电能时存在铜损和铁损,因此其一次容量 S_1 比二次容量 S_2 要大,即

$$S_1 = \frac{S_2}{\eta} \tag{1-10}$$

式中:

η ——变压器的效率,其值总小于 1。

单相变压器的额定容量 S 取一、二次容量的平均值,即

$$S = \frac{1}{2}(S_1 + S_2) \tag{1-11}$$

2. 计算铁芯柱的截面积

单相变压器铁芯柱的截面积与其额定容量有关,通常根据以下经验公式计算,即

$$A_c = K_0 \sqrt{S} \tag{1-12}$$

式中:

A_c ——铁芯柱的截面积,单位为 cm^2;

K_0 ——截面积计算系数,其参考值如表 1-2 所示。

表 1-2 截面积计算系数的参考值

$S/(V \cdot A)$	0~9	10~49	50~499	500~999	1 000 以上
K_0	2	1.75~2	1.4~2	1.2~1.4	1

3. 计算绕组的匝数和导线的直径

1) 绕组的匝数

绕组的感应电压为

$$U = 4.44 f N \Phi_m = 4.44 f N B_m A_c \times 10^{-4} \tag{1-13}$$

因此感应产生 1 V 电压的匝数为

$$N_0 = \frac{1}{4.44 f B_m A_c \times 10^{-4}} \approx \frac{45}{B_m A_c} \tag{1-14}$$

则一次绕组的匝数为

$$N_1 = U_1 N_0 \tag{1-15}$$

二次绕组的匝数为

$$N_2 = 1.05 U_2 N_0 \tag{1-16}$$

其中，系数 1.05 表示二次绕组增加了 5%的匝数，以补偿变压器带负载运行时线路上的电压降。

点　拨

硅钢片的 B_m 值与变压器的容量和硅钢片的加工工艺有关。当变压器的容量在 100 V·A 以下时，冷轧硅钢片的 B_m 值一般取 1.0～1.2 T，热轧硅钢片的 B_m 值一般取 0.8～1.0 T；当变压器的容量为 100～1 000 V·A 时，冷轧硅钢片的 B_m 值一般取 1.2～1.5 T，热轧硅钢片的 B_m 值一般取 1.0～1.2 T。

2）导线的直径

绕组中导线的截面积 A_w 可由励磁电流 I 和电流密度 J 来确定，即

$$A_w = \frac{I}{J} \tag{1-17}$$

因此，导线的直径为

$$d_w = \sqrt{\frac{4A_w}{\pi}} = \sqrt{\frac{4}{\pi} \times \frac{I}{J}} \approx 1.13\sqrt{\frac{I}{J}} \tag{1-18}$$

点　拨

关于电流密度 J 的值，100 V·A 以下连续工作的变压器可取 2.5 A/mm²，100 V·A 及以上连续工作的变压器可取 2 A/mm²；变压器短时工作时，J 的值可相应取大些，如取 4～5 A/mm²。

4．计算铁芯窗口的面积

铁芯窗口应能放置得下绕组线圈，否则应重新选择导线或铁芯的规格。因此，在计算铁芯窗口的面积 A 时，应先根据绕组导线直径和每层绕组的匝数确定铁芯窗口的高度 h，然后根据绕组线圈的厚度确定铁芯窗口的宽度 c，则

$$A = hc$$

其中

$$h = \frac{N_c d'}{0.9} + (2 \sim 4) \tag{1-19}$$

式中：

h ——铁芯窗口的高度，单位为 mm；

N_c ——每层绕组的匝数；

d' ——绕组导线直径，单位为 mm。

根据绕组线圈的厚度确定铁芯窗口的宽度,即

$$c = (1.1 \sim 1.2) \times (B_0 + B_1 + B_2) \quad (1\text{-}20)$$

式中:

c ——铁芯窗口的宽度,单位为 mm;

B_0 ——绕组框架的厚度,单位为 mm;

B_1 ——一次绕组的厚度,单位为 mm;

B_2 ——二次绕组的厚度,单位为 mm。

绕组的厚度 B 为

$$B = m \times (d' + \delta) + \gamma \quad (1\text{-}21)$$

式中:

m ——绕组导线的层数;

δ ——绕组层间绝缘层的厚度,单位为 mm;

γ ——绕组外侧绝缘层的厚度,单位为 mm。

常用的变压器

特变电工沈阳变压器集团有限公司自主研制的 1 800 kV 串级式工频试验变压器一次性通过了所有验收试验,这标志着我国在工频试验变压器领域的技术和制造能力已达到世界领先水平。

据介绍,该产品为了满足使用场地的要求,创新性地将产品原有三级结构更改为两级结构,单级电压从 750 kV 提升为 900 kV,电流从 4 A 提升为 8 A,两级串联后电压可达 1 800 kV,是目前世界上单级容量最大的串级式工频试验变压器。

该产品还采用了多项首创技术——首次采用宝塔形绕组,首次采用自主设计生产的一体式多出线套管,首次采用瓷支柱对产品进行支撑,满足 8 级抗震及高空风载下整体强度。

(资料来源:蔡一飞,《沈阳产变压器创世界之最》,央视网,2022 年 12 月 10 日)

任务 1.2 认识三相变压器

任务引入

在电力系统中，正弦交流电的产生、输送及变配电几乎都采用三相制，单相交流电也是由三相交流供电系统接引出来的。三相变压器用于对三相交流电进行电压变换，在电力系统中的应用非常广泛。它由 3 对独立但相互耦合的绕组组成，一、二次三相绕组可采用星形联结或三角形联结，从而组成不同的联结组，分别适用于不同的场合。

请选择合适的工具和器材，对三相变压器绕组的极性进行测定，并对三相变压器的联结组进行测定和校验。

任务工单——测定三相变压器的绕组极性及联结组标号

1. 知识准备

三相变压器是指一次绕组和二次绕组均为三相绕组的变压器。它具有体积小、质量小、效率高、制造成本低、工作可靠性高等特点。

三相变压器的绕组极性是指三相变压器一、二次绕组在同一磁通作用下所产生的感应电压之间的相位关系，通常用同名端来标记。

三相变压器的联结组标号是指用一组字母和钟时序数指示高压、中压（如果有）及低压绕组的联结方式，且表示中压、低压绕组对高压绕组相位移关系的通用符号。

在使用三相变压器时，必须正确联结各绕组，否则三相变压器不仅不能正常工作，还有可能受到损坏。通常，根据电网的电压和三相变压器各个一次绕组额定电压的大小，可将 3 个一次绕组联结成星形（Y）或三角形（△）；同时，根据负载的额定电压，可将 3 个二次绕组联结成 Y 或 △。

2. 工具和器材准备

准备任务实施所需的工具和器材，补全表 1-3。

表 1-3　工具和器材清单

名称	规格	型号	数量	名称	规格	型号	数量
常用电工工具			1 套	三相变压器	500～1 000 V·A		1 台
万用表			1 台	导线			
交流电压表			1 台	其他			

3. 任务实施

1）绕组极性的测定

（1）一、二次绕组的测定。

三相变压器的各相绕组均包括一次绕组和二次绕组，一般每相的一、二次绕组套在同一个铁芯上。因此,可以用万用表测出一、二次绕组的对应关系,具体操作如下。

① 用万用表的电阻挡测量三相变压器的 12 个出线端中任意两端之间的直流电阻,以区分开 6 个绕组。其中,直流电阻较大的 3 个绕组为一次绕组,剩余 3 个绕组为二次绕组。将所测一、二次绕组电阻记录于表 1-4 中。

表 1-4 一、二次绕组的电阻

一次绕组 R/Ω	二次绕组 R'/Ω

② 将 3 个一次绕组的出线端分别标记为 U_1、U_2、V_1、V_2、W_1、W_2,3 个二次绕组的出线端分别标记为 u_1、u_2、v_1、v_2、w_1、w_2,其中"1"表示首端,"2"表示末端。

(2) 一次绕组极性的测定。

① 按图 1-10 所示连接电路。三相变压器高压绕组 U_1、U_2 端之间接交流电源,V_2、W_2 端用导线连接。

② 接通三相交流电源,调节其输出电压至 $0.5U_N$。

③ 用交流电压表测出电压 U_{V1V2}、U_{W1W2}、U_{V1W1} 的大小,并将其记录于表 1-5 中。

表 1-5 一次绕组极性的测定试验数据

U_{V1V2}/V	U_{W1W2}/V	U_{V1W1}/V

④ 若 $U_{V1W1} = |U_{V1V2} - U_{W1W2}|$,则首末端标记正确;若 $U_{V1W1} = |U_{V1V2} + U_{W1W2}|$,则首末端标记错误,应将 V、W 两相中任一相绕组的端点标记互换。

⑤ 按照同样的方法,对 V、W 两相绕组中的任一相绕组加上约 $0.5U_N$ 电压,将另外两相末端相连,然后测定出 U、W 相绕组的端点标记。测定好后,标记出 3 个一次绕组的同名端。

(3) 一、二次绕组极性的测定。

① 按图 1-11 所示连接电路。将三相变压器的一次绕组与三相交流电源连接,6 个绕组末端用导线连接。

② 接通三相交流电源,调节其大小约为 $0.5U_N$。

③ 用交流电压表测量出电压 U_{U1U2}、U_{V1V2}、U_{W1W2}、U_{u1u2}、U_{v1v2}、U_{w1w2}、U_{U1u1}、U_{V1v1}、U_{W1w1},并将其记录于表 1-6 中。若 $U_{U1u1} = |U_{U1U2} - U_{u1u2}|$,则 U 相 U_1 端与 u_1 端为同名端,标记正确;若 $U_{U1u1} = |U_{U1U2} + U_{u1u2}|$,则 U 相 U_1 端与 u_1 端为非同名端,标记错误,应把 U_1、U_2 或 u_1、u_2 标记互换。

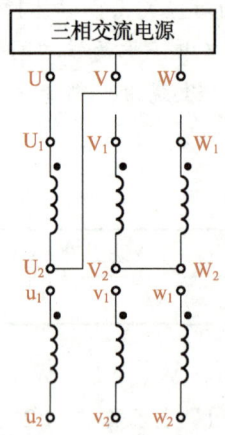 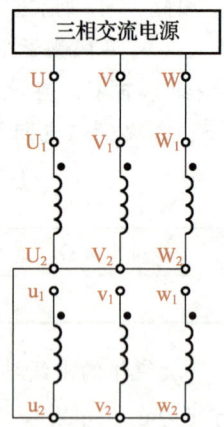

图 1-10 测定一次绕组极性电路　　　　图 1-11 测定一、二次绕组极性电路

表 1-6　一、二次绕组极性的测定试验数据

U_{U1U2}/V	U_{V1V2}/V	U_{W1W2}/V	U_{u1u2}/V	U_{v1v2}/V	U_{w1w2}/V	U_{U1u1}/V	U_{V1v1}/V	U_{W1w1}/V

④ 按照同样的方法，测定出 V、W 两相一、二次绕组的极性。

⑤ 测定好后，标记出 3 相绕组的同名端。

2）联结组标号的测定

（1）Yy 联结组的测定及校验。

① 根据三相变压器绕组的联结组标号（Yy）画出高、低压绕组接线图并标出首末端，在接线图上标出电压的假定正方向，如图 1-12（a）所示。

② 画出一次绕组的线电压相量表示图 $\dot{U}_U$、$\dot{U}_V$、$\dot{U}_W$，如图 1-12（b）所示。一、二次绕组的首端为同名端，二次绕组各相电压的方向与一次绕组的相对应，由此可画出二次绕组的线电压相量图。

③ 画出时钟表示图，将一次绕组线电压 $\dot{U}_{UV}$ 作为长针指向 12 点钟位置，将二次绕组线电压 $\dot{U}_{uv}$ 作为短针标在时钟上，如图 1-12（c）所示。

④ 将一次绕组 U_1、V_1、W_1 端接上三相交流电源，U_1 端与 u_1 端用导线连接起来，接通交流电源，调节其输出电压至 $0.5U_N$。

⑤ 依次测量电压 U_{U1V1}、U_{u1v1}、U_{V1v1}、U_{W1w1}、U_{V1w1}，并将其记录在表 1-7 的测量值一栏中。

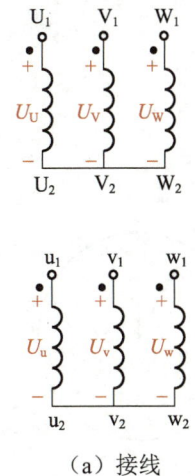 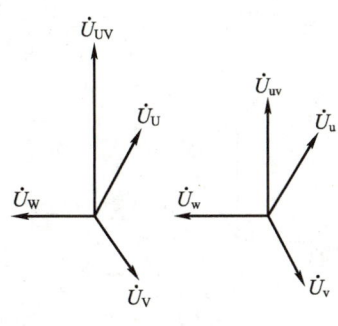 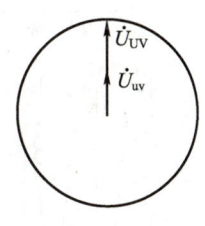

（a）接线　　　　　　（b）相量表示图　　　　　　（c）时钟表示

图 1-12　Yy0 联结组

表 1-7　Yy 联结组的测量值和校验值

测量值					校验值			
U_{U1V1}/V	U_{u1v1}/V	U_{V1v1}/V	U_{W1w1}/V	U_{V1w1}/V	K	U_{V1v1}/V	U_{W1w1}/V	U_{V1w1}/V

⑥ 计算 K、U_{V1v1}、U_{W1w1}、U_{V1w1}，并将其记录在表 1-7 的校验值一栏中，校验式为

$$K = \frac{U_{U1V1}}{U_{u1v1}} \tag{1-22}$$

$$U_{V1v1} = U_{W1w1} = (K-1)U_{u1v1} \tag{1-23}$$

$$U_{V1w1} = U_{W1v1} = \sqrt{K^2 - K + 1}\, U_{u1v1} \tag{1-24}$$

⑦ 比较表 1-7 中的各校验值与相对应的测量值，若相同，则绕组连接正确，三相变压器联结组标号为 Yy0；否则，为其他标号。

（2）Yd 联结组的测定及校验。

Yd 联结组的判定及校验步骤与 Yy 联结组的基本相同。如图 1-13 所示，标出电压的假定正方向，画出一次绕组的线电压相量表示图和时钟表示图，依次测量出电压 U_{U1V1}、U_{u1v1}、U_{V1v1}、U_{W1w1}、U_{V1w1}，并将其记录在表 1-8 的测量值一栏中。计算校验值 K、U_{V1v1}、U_{W1w1}、U_{V1w1}，并将其记录在表 1-8 的校验值一栏中，校验式为

$$U_{V1v1} = U_{W1w1} = U_{V1w1} = \sqrt{K^2 - \sqrt{3}K + 1}\, U_{u1v1} \tag{1-25}$$

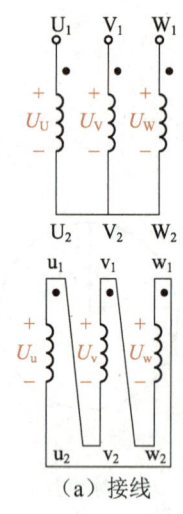 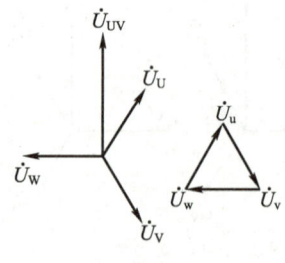 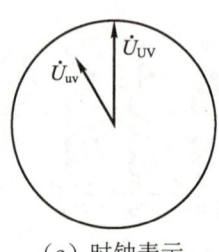

（a）接线　　　　　（b）相量表示　　　　（c）时钟表示

图 1-13　Yd11 联结组

表 1-8　Yd 联结组的测定及校验

测量值						校验值			
U_{U1V1}/V	U_{u1v1}/V	U_{V1v1}/V	U_{W1w1}/V	U_{V1w1}/V		K	U_{V1v1}/V	U_{W1w1}/V	U_{V1w1}/V

比较表 1-8 中的各校验值与相对应的测量值，若相同，则绕组连接正确，三相变压器联结组别为 Yd11；否则，为其他标号。

4．注意事项

（1）本实训中加在三相变压器一次绕组上的电源电压不能超过其额定电压。

（2）通电前应由指导教师检查连接好的试验电路，核实无误后方可进行试验。

（3）由于本试验中各步骤相关性较强，因此每次试验结束后，应保测量结果无误才可进行下步试验。

（4）试验完毕后应先关电源再拆线，同时注意人身及设备安全。

1.2.1　三相变压器的磁路结构

三相变压器可由 3 台同容量单相变压器的一、二次绕组按照一定的顺序连接组成，此类变压器称为三相组式变压器；也可将 3 台同容量单相变压器的铁芯按一定方式合为一体构成，此类变压器称为三相芯式变压器。

1. 三相组式变压器的磁路结构

三相组式变压器的磁路结构如图 1-14 所示。其中，各相磁路相互独立，互不关联，即各相主磁通都有独立的磁路。当外加三相对称电压时，三相主磁通对称，三相空载电流也对称。巨型变压器为了便于制造和运输，多采用组式结构。

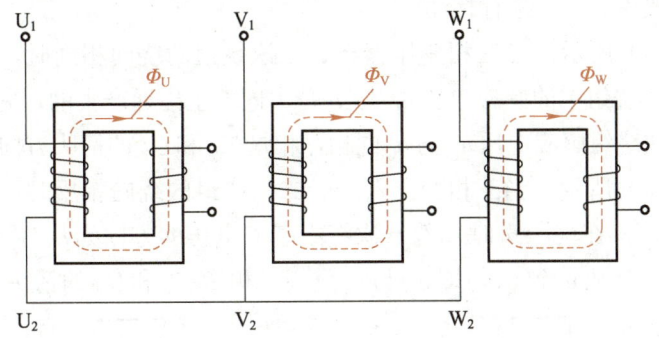

图 1-14 三相组式变压器的磁路结构

2. 三相芯式变压器的磁路结构

三相芯式变压器是将 3 台单相变压器的铁芯合在一起并经演变而成的，其演变过程如下。

（1）将 3 台单相变压器的同一侧铁芯柱贴合在一起，形成一个整体，如图 1-15（a）所示。当三相交流电流过各相绕组时，通过中间铁芯柱的磁通是三相磁通之和。

（2）除去中间铁芯柱，如图 1-15（b）所示。因为三相电压对称，所以 $\dot{\Phi}_U + \dot{\Phi}_V + \dot{\Phi}_W = 0$。因此，可以将中间的铁芯柱省去，这样可以节省铁芯材料。

（3）将三相铁芯柱排列在同一平面内，演变成三相芯式变压器实际形式的磁路结构，如图 1-15（c）所示。如此可使变压器结构简单、制造方便，并且可以减小变压器的体积，节省铁芯材料。

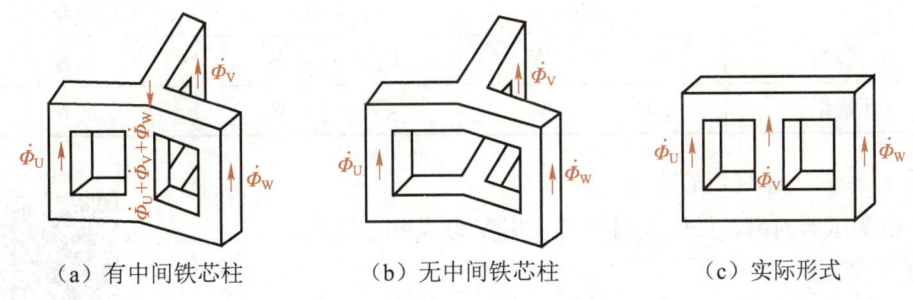

（a）有中间铁芯柱　　（b）无中间铁芯柱　　（c）实际形式

图 1-15 三相芯式变压器的磁路结构

三相芯式变压器是一个整体，其三相磁路是相互关联的，任何一相的主磁通都要借助其他两相的铁芯柱作为回路。在三相芯式变压器中，由于中间磁路较短，中间一相的磁阻要比其他两相的磁阻小一些。当外加三相对称电压时，中间一相的空载电流较小，导致三相空载电流不对称。但由于空载电流很小，这种不对称对变压器的影响不大，可以忽略不计。三相芯式变压器因其体积小、经济性好，而被广泛应用。

1.2.2 三相变压器绕组的联结

1. 三相变压器绕组的极性

在三相变压器的一、二次绕组中,某一瞬时同为高电位(或同为低电位)的出线端称为同名端,一般用"·"进行标注。

如图 1-16(a)所示,当三相变压器一、二次绕组的绕向相同时,其同名端均在首端;由于一、二次绕组中的感应电压 u_U 与 u_u 是由同一主磁通产生的,它们的瞬时方向相同,所以一、二次绕组感应电压 u_U 与 u_u 同相,相量 $\dot{U}_U$ 和 $\dot{U}_u$ 的箭头方向相同。

如图 1-16(b)所示,当三相变压器一、二次绕组的绕向相反时,其同名端一个在首端,一个在尾端;在同一瞬时,若一次绕组感应电压的方向为从 U_2 到 U_1,则二次绕组感应电压的方向是从 u_1 到 u_2,即 u_U 与 u_u 反相,相量 $\dot{U}_U$ 和 $\dot{U}_u$ 的箭头方向相反。

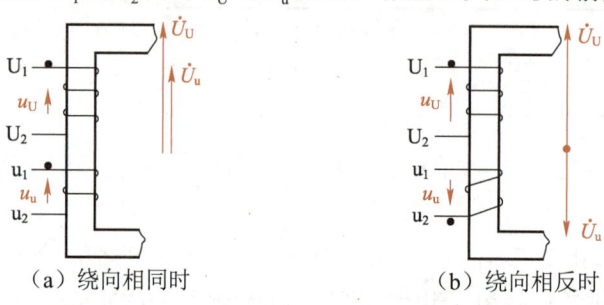

(a)绕向相同时　　　　　　(b)绕向相反时

图 1-16　三相变压器一、二次绕组电压的相位关系

三相变压器的一次(高压)和二次(低压)绕组,均有两种联结方式——Y 联结和△联结。在连接 3 个高压绕组和 3 个低压绕组之前,需要判断高、低压绕组的极性,标记首、末端。常见的三相变压器首末端标记如表 1-9 所示。

表 1-9　常见的三相变压器首末端标记

绕组名称	首端	末端	中性点
高压绕组	U_1、V_1、W_1	U_2、V_2、W_2	N
低压绕组	u_1、v_1、w_1	u_2、v_2、w_2	n

2. 三相变压器绕组的联结方式

三相变压器的高、低压绕组均可采用 Y 联结和△联结。

1) Y 联结

Y 联结是将三相绕组的末端 U_2、V_2、W_2(或 u_2、v_2、w_2)连接在一起,构成中性点,再将它们的首端 U_1、V_1、W_1(或 u_1、v_1、w_1)引出的联结方式,如图 1-17 所示。

扫一扫
三相变压器的绕组的
连接方式及其特点

若三相变压器的一次(或二次)绕组采用 Y 联结,则为三相变压器通入三相交流电后,在任意时刻,各相电流在铁芯中产生的磁通方向均一致,产生的感应电压的方向也一致。若有一相绕组首尾接反了,三相变压器的空载电流会急剧增加,导致三相变压器

发热,甚至会造成事故。

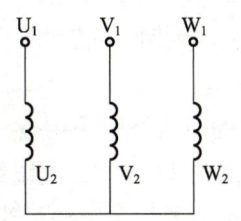

图 1-17 三相绕组的 Y 联结

 点 拨

> 国家标准 GB/T 1094.1—2013《电力变压器 第 1 部分：总则》规定：变压器高压绕组的 Y 联结用 Y 表示,有中性点引出时用 YN 表示;低压绕组的 Y 联结用 y 表示,有中性点引出时用 yn 表示;高压绕组的△联结用 D 表示;低压绕组的△联结用 d 表示。

2）△联结

△联结是指将三相绕组的各相绕组首尾相接,构成一个闭合的回路,再将三相绕组的首端 U_1、V_1、W_1（或 u_1、v_1、w_1）引出的联结方式。根据首尾端连接顺序的不同,△联结有顺序和逆序两种接法。顺序（顺时针）△联结是指三相绕组按照 $U_1 \to U_2V_1 \to V_2W_1 \to W_2U_1$ 的相序连接,如图 1-18（a）所示;逆序（逆时针）△联结是指三相绕组按照 $U_1 \to U_2W_1 \to W_2V_1 \to V_2U_1$ 的相序连接,如图 1-18（b）所示。无论采用哪种相序连接,若有一相绕组接反,都会产生不良后果。

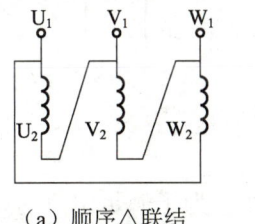 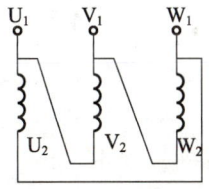

（a）顺序△联结　　　　　　　　（b）逆序△联结

图 1-18 三相变压器的△联结

3．三相变压器的联结组标号

三相变压器一、二次绕组不同联结方式的组合,会形成不同的联结组,并用不同联结组标号表示,如 Yy、Yd、Ynd、Yn、Dy、Dd 等。下面以 Yy、Yd 联结组为例进行介绍。

1）Yy 联结组

在 Yy 联结组中,三相变压器的一、二次绕组都采用 Y 联结,其接线如图 1-12（a）所示。若三相变压器一、二次绕组的首端为同名端,则一、二次绕组对应的相电压之间的相位相同,线电压之间的相位也相同,相量表示如图 1-12（b）所示。若将一次绕组线电压 $\dot{U}_{UV}$ 指向 12 点钟（即 0 点钟）方向,则二次绕组线电压 $\dot{U}_{uv}$ 也指向 12 点钟方向,如图 1-12（c）所示。因此,这种联结组称为 Yy0 联结组。

在 Yy 联结组中，若三相变压器一、二次绕组的首端为异名端，则二次绕组线电压 $\dot{U}_{uv}$ 与一次绕组线电压 $\dot{U}_{UV}$ 方向相反，$\dot{U}_{uv}$ 将指向 6 点钟方向，这种联结组称为 Yy6 联结组。

2）Yd 联结组

在 Yd 联结组中，三相变压器的一次绕组采用 Y 联结，二次绕组采用逆序△联结，其接线如图 1-13（a）所示。三相变压器一、二次绕组的首端为同名端，一、二次绕组电压的相量表示如图 1-13（b）所示。若将一次绕组线电压 $\dot{U}_{UV}$ 指向 12 点钟方向，则二次绕组线电压 $\dot{U}_{uv} = -\dot{U}_v$，其相位超前 $\dot{U}_{UV}$ 30°，指向时钟 11 点钟方向，如图 1-13（c）所示。因此，这种联结组称为 Yd11 联结组。

若在 Yd11 联结组中将二次绕组的△联结相序改变，变为顺序△联结，则时钟短针 $\dot{U}_{uv}$ 的相位将滞后 $\dot{U}_{UV}$ 30°，指向时钟 1 点钟方向，这种联结组称为 Yd1 联结组。

1.2.3 三相变压器的并联运行

三相变压器的并联运行是指将两台或多台变压器的一、二次绕组分别接到各自的公共母线上，共同对负载供电的运行方式，其接线如图 1-19 所示。

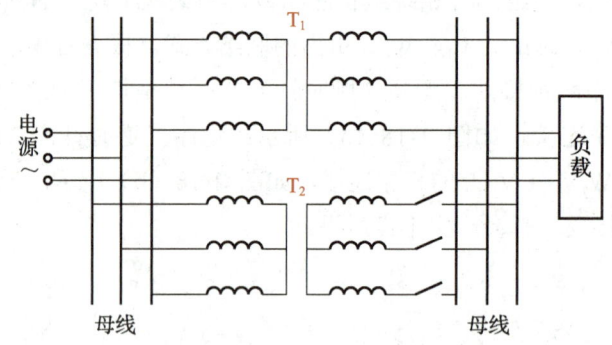

图 1-19 三相变压器并联运行的接线

1. 三相变压器并联运行的优点

随着科技的进步，电力系统的用户不断增加。为了满足用户的用电需求，在变电所里，一般采用两台或多台变压器并联运行的方式为用户供电，其优点如下。

（1）提高供电的可靠性。当某台变压器发生故障（或需要检修）时，可将它从电力系统中切除，以便于检修；同时，将备用变压器投入电力系统，以避免中途停电。

（2）提高运行效率。当负载随昼夜、季节的变化而波动时，可以根据需要随时调整投入并联运行的变压器台数，以提高电力系统的运行效率，减少不必要的损耗。

（3）提高运行的经济性。电力系统的负载是不断变化的，建立变电所时可以适当减少备用容量，当用电量增加时再分批投入新的变压器，从而减少投资。

三相变压器在并联运行时的台数不宜过多，否则会增加投资成本及损耗，一般采用两台三相变压器并联运行。

2. 三相变压器并联运行的条件

三相变压器并联运行时，各并联的变压器必须满足以下条件，否则不仅会增加变压器的能耗，还可能发生事故。

1）变比应相等

两个绕组并联时，必须电压相等、极性相同（即变比相等），这样才不会产生环流。如图 1-20（a）所示，如果两台变比不相等（$K_1 \neq K_2$）的变压器并联运行，当两台变压器的一次绕组均接电源 u_1 时，其二次绕组的感应电压也不相等（不是相同的 u_2）。假设 $U_{21} > U_{22}$，则 $\Delta U = U_{21} - U_{22}$，两绕组之间将产生环流 $I_环$，如图 1-20（b）所示。

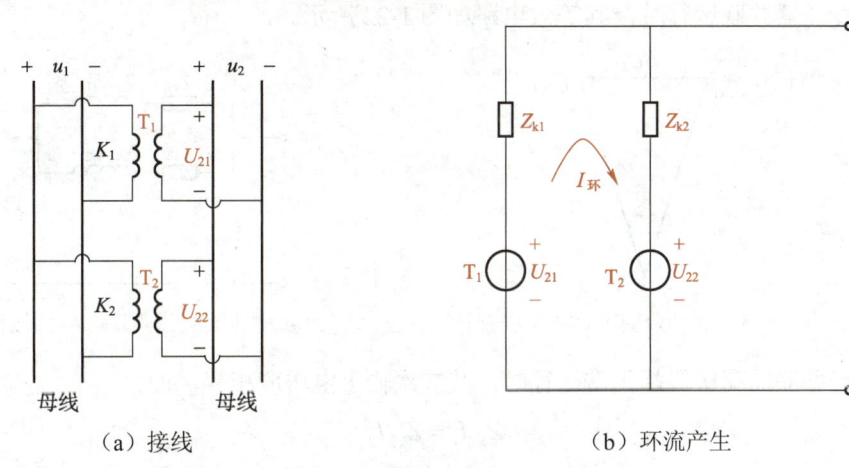

（a）接线　　　　　　　　　　（b）环流产生

图 1-20　变比不相等的变压器并联运行

环流 $I_环$ 称为平衡电流，其大小与两台变压器的短路阻抗 Z_{k1} 和 Z_{k2} 有关，即

$$I_环 = \frac{\Delta U}{Z_{k1} + Z_{k2}} \tag{1-26}$$

平衡电流的产生不利于变压器的并联运行，由于变压器的短路阻抗很小，因此即使很小的 ΔU 也能产生很大的平衡电流。当变压器空载运行时，平衡电流会通过二次绕组，从而增加铁损，占用变压器的容量；变压器带负载运行时，平衡电流会使二次感应电压高的那台变压器的电流增大，另一台变压器的电流减小，从而影响设备的正常使用。

为了限制平衡电流，通常规定：并联运行的变压器，其变比误差 ΔK 不能超过 $\pm 0.5\%$。变比误差的计算公式为

$$\Delta K = \frac{K_1 - K_2}{\sqrt{K_1 K_2}} \times 100\% \tag{1-27}$$

2）各变压器的联结组标号应相同

两台变压器并联运行时，其联结组标号应相同。由于联结组标号反映了一、二次绕组电压的相位关系，若联结组标号不同，则二次电压的相位也不同，此时即使二次绕组线电压相同，变压器并联之后也会产生平衡电流。两台变压器的联结组标号不同，其二次绕组

线电压的相位差至少为 30°，从而产生很大的电压差。如图 1-21 所示，Yy0 和 Yd11 两台变压器并联时，二次绕组线电压之间的电压差为 ΔU_2，其中 $U_{2N1} = U_{2N2} = U_{2N}$，此时 ΔU_2 的大小为

$$\Delta U_2 = |\dot{U}_{2N2} - \dot{U}_{2N1}| = 2U_{2N}\sin\frac{30°}{2} \approx 0.518U_{2N} \qquad (1\text{-}28)$$

由于变压器的短路阻抗很小，如此大的电压差所引起的平衡电流将是额定电流的很多倍，这就会导致变压器绕组被烧毁。因此，不同联结组标号的变压器绝对不允许并联运行。

3）变压器的短路阻抗应相等

两台变压器并联运行时，其等效电路如图 1-22 所示。

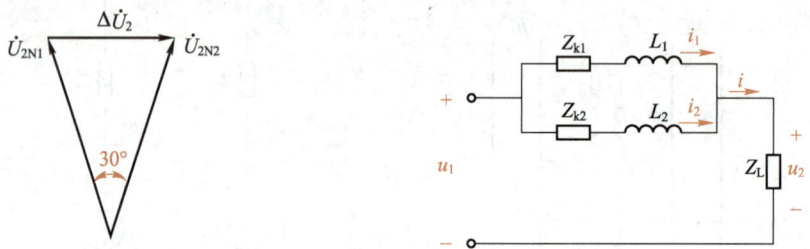

图 1-21　联结组标号不同的两台变压器并联运行时的电压差　　图 1-22　两台变压器并联运行时的等效电路

当两台并联的变压器都正常运行时，其二次输出电压应相等，即

$$Z_{k1}I_1 = Z_{k2}I_2$$

则有

$$\frac{I_1}{I_2} = \frac{Z_{k2}}{Z_{k1}} \qquad (1\text{-}29)$$

可以看出，当变压器并联运行时，分配给负载的电流与变压器的短路阻抗成反比。当短路阻抗不相等时，短路阻抗小的变压器承受的电流相对大些，可能会出现过载；短路阻抗大的变压器输出的电流就会较小，从而降低整个并联变压器系统的利用率。为了使负载分配合理（容量大，电流也大），应该使两台变压器的短路阻抗尽量相等。此外，当两台变压器并联运行时，这两台变压器的短路电压也要相等。

一般来讲，容量大的变压器，其短路阻抗也大，若使两台容量相差很大的变压器并联，则很难使其短路阻抗相等，从而使负载分配得不合理。国家标准 GB/T 17468—2019《电力变压器选用导则》规定，并联运行时各变压器之间的容量之比应为 0.5~3，各变压器的短路阻抗尽量控制在允许偏差范围 10%以内。

对于实际并联运行的变压器，其变比和短路阻抗不可能完全相等，允许有符合规定的误差，但是变压器联结组标号必须相同，否则极易损坏变压器。

时代楷模

技能大师，劳动模范

姜振军，国家级技能大师工作室领办人，国务院特殊津贴待遇人才。姜振军一直追求精益求精，致力于变压器研发试验和数字化转型，于2019年被评为衢州市劳动模范，又于2021年五一前夕荣获了全国五一劳动奖章。

姜振军从事变压器试验开发30余年，一直坚持在生产技术一线探索工艺方法、研究试验技术、解决质量问题。他设计开发的多个型号中间变压器解决了变压器类产品试验电源不匹配、局部试验外部信号干扰等问题；他主持开发的智能型变压器运输三维冲击监测记录仪，解决了变压器运输监测数据滞后的行业技术难题，促进了大型变压器运输质量及产品质量的提高；他主持的"变压器铁芯自动叠片机器人"项目被列入2015年度浙江省重大科技专项。

姜振军热爱发明创造，已获授权专利30多项。这些专利涉及变压器的原理结构、生产工艺、试验技术、在线监测、智能制造、自动控制等方面，对提升产品质量、改进设计工艺、提高生产效率、促进节能节材等发挥了重要作用。

（资料来源：毛梦瑶，宋超，《为变压器装上"科技芯"——记全国五一劳动奖章获得者姜振军》，江山新闻网，2021年4月30日）

综合测试

1. 填空题

（1）变压器利用_____，将一种电压、电流的交流电，转换成同频率的另一种或多种电压、电流的交流电。

（2）按用途的不同，变压器可分为_____和_____两类。

（3）按电源相数的不同，变压器可分为_____、_____和_____三类。

（4）变压器的额定值是选择和使用变压器的依据，其中常用的有_____、_____、_____、_____等。

（5）按铁芯和绕组组合方式的不同，单相变压器可分为_____和_____两类。

（6）_____是指将三相绕组的各相绕组首尾相接，构成一个闭合的回路，再将三相绕组的首端 U_1、V_1、W_1（或 u_1、v_1、w_1）引出的联结方式。

（7）三相变压器的_____是指将两台或多台变压器的一、二次绕组分别接到各自的公共母线上，共同对负载供电的运行方式。

2. 选择题

（1）我国规定工业及民用交流电的额定频率为（　　）。

  A. 50 Hz　　　　B. 60 Hz　　　　C. 120 Hz　　　　D. 240 Hz

（2）变压器的效率，其值总小于（　　）。

  A. 0.5　　　　B. 1.0　　　　C. 1.5　　　　D. 2.0

（3）GB/T 1094.1—2013 规定：变压器高压绕组的 Y 联结用 Y 表示，有中性点引出时用（　　）表示。

  A. YN　　　　B. Yn　　　　C. yn　　　　D. YY

（4）GB/T 17468—2019 规定：并联运行时各变压器之间的容量之比应为 0.5~3，各变压器的短路阻抗尽量控制在允许偏差范围（　　）以内。

  A. 20%　　　　B. 15%　　　　C. 10%　　　　D. 5%

3. 综合分析题

（1）单相变压器的一次绕组为 2 000 匝，变比 $K=30$，一次绕组接入工频电源时铁芯中的磁通最大值 $\Phi_m=0.015$ Wb。试计算一次绕组、二次绕组的感应电压各为多少？

（2）单相变压器的额定容量是 100 kV·A，额定电压是 6 000 V/230 V，满载下负载的等效电阻 $R_L=0.25\ \Omega$，等效感抗 $X_L=0.44\ \Omega$。试求负载的端电压及单相变压器的电压变化率。

（3）简述三相变压器并联运行的优点。

学习成果评价

指导教师对学生的实际学习成果进行评价,学生配合指导教师共同完成表 1-10。

表 1-10 学习成果评价

班级		组号		日期	
姓名		学号		指导教师	
项目名称			变压器		
评价项目	评价内容		评价方式	满分/分	评分/分
知识 (40%)	变压器的作用和分类		理论测试	2	
	变压器的铭牌数据			4	
	单相变压器的基本结构及工作原理			6	
	单相变压器的运行特性			8	
	小型单相变压器的参数设计			4	
	三相变压器的磁路结构			4	
	三相变压器绕组的联结			4	
	三相变压器的并联运行			8	
技能 (40%)	制作小型单相变压器		实践操作	20	
	测定三相变压器绕组极性及联结组标号			20	
素养 (20%)	积极参加教学活动,主动学习、思考、讨论		综合评判	6	
	认真负责,按时完成学习、实践任务			4	
	团结协作,与组员之间密切配合			4	
	服从指挥,遵守课堂和实训室纪律			4	
	守正创新,自信自强			2	
合计				100	
自我评价					
指导教师评价					

项目 2　三相异步电动机

项目导读

三相异步电动机因具有结构简单、坚固耐用、运行可靠、价格低廉、维护方便等优点，而被广泛地用于各种金属切削机床、起重机、锻压机、离心铸造机、通风机和水泵等设备的电力拖动系统中。

本项目主要介绍三相异步电动机的基本结构、工作原理、铭牌数据、运行原理、功率转换、机械特性及运行特性等内容。

知识目标

- 熟悉三相异步电动机的基本结构
- 掌握三相异步电动机的工作原理
- 掌握三相异步电动机铭牌数据的含义
- 掌握三相异步电动机的运行原理及功率转换方法
- 掌握三相异步电动机的机械特性及运行特性

技能目标

- 能拆装三相异步电动机
- 能测定三相异步电动机的运行特性

素质目标

- 弘扬精益求精、追求卓越的工匠精神
- 践行节能环保、共筑绿色家园的生活理念
- 坚定实现中华民族伟大复兴的中国梦的理想信念

项目 2　三相异步电动机

任务 2.1　认识三相异步电动机

任务引入

家用电器一般使用单相交流电源（一些小型的家用电器也使用直流电源），但近年来变频技术快速发展并逐渐普及，利用变频技术可便捷地将单相交流电源转换成频率可调的三相交流电源，从而使运行性能更好的三相异步电动机能够应用于家用电器（如空调、电冰箱、洗衣机等）中。

请选择合适的工具和器材，对三相异步电动机进行拆装。

任务工单——拆装三相异步电动机

1. 知识准备

三相异步电动机是一种应用广泛的异步电动机，是指由三相交流电源供电，电动机转子的转速与定子绕组产生的旋转磁场的转速不同步的电动机。

三相异步电动机的种类繁多，不同种类的三相异步电动机，其结构虽有所不同，但基本都由定子（包括定子铁芯、定子绕组等）、转子（包括转子铁芯、转子绕组等）、端盖、轴承、风罩和扇叶等组成。

2. 工具和器材准备

准备任务实施所需的工具和器材，补全表 2-1。

表 2-1　工具和器材清单

名称	规格	型号	数量	名称	规格	型号	数量
三相异步电动机			1 台	活扳手			1 把
木锤			1 把	呆扳手			1 把
铜棒			1 个	机械式拉拔器			1 个
套筒			1 个	清洁干布			1 把
记号笔			1 支	润滑脂			
毛刷			1 个	其他			

3. 任务实施

1）拆前准备

在拆卸三相异步电动机之前，应先检查三相异步电动机的外部结构，记录以下原始数据，并在三相异步电动机上做好标记，以便于后期装配。

（1）出线口方向。

（2）皮带轮的轴伸端位置。

(3) 端盖负荷端与非负荷端的位置。

(4) 端盖与机座的配合位置。

2) 拆卸

(1) 拆除三相异步电动机的电源线,并对电源线线头做绝缘处理。

(2) 将皮带轮上的定位螺钉或定位销取下;用机械式拉拔器将皮带轮慢慢拉出,如图2-1所示。

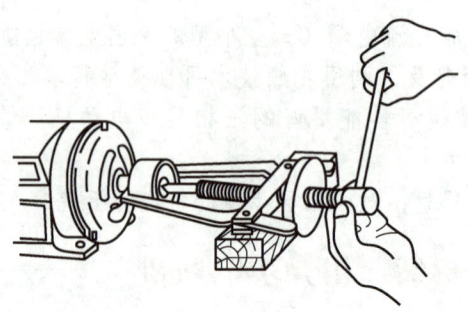

图2-1 拆卸皮带轮

(3) 拆卸风罩和扇叶。

(4) 拆卸端盖,取出转子。在取出转子时,动作要平稳,不可歪斜,以免碰伤定子绕组。

(5) 用机械式拉拔器或铜棒拆卸轴承,如图2-2所示。

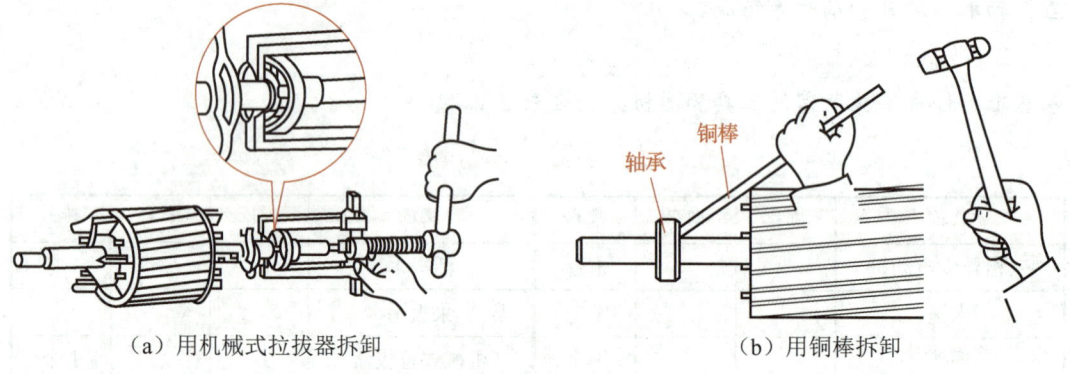

(a) 用机械式拉拔器拆卸　　　　　　(b) 用铜棒拆卸

图2-2 拆卸轴承

3) 装配

装配顺序与拆卸顺序相反。在装配前,应先将零部件清洗干净,具体如下。

(1) 用汽油或煤油将转子上的油污洗净,然后用清洁干布擦干。

(2) 用清洁干布将定子铁芯表面的油污擦净,并用压缩空气吹净定子绕组上的灰尘和污垢。

(3) 用汽油或煤油将轴承上的油污洗净,然后用清洁干布擦干待装。在装配前需要为轴承内外圈、轴承盖注入润滑脂。如果轴承有锈蚀、裂痕、变形的情况,或在安装后转动不灵活或转动时有异常噪声,则应更换同型号的轴承。

> 笔 记

2.1.1 三相异步电动机的基本结构

三相异步电动机种类很多，按转子结构的不同，可分为笼式和绕线式两大类；按外壳防护方式的不同，可分为开启式、防护式、封闭式等类型；按电动机尺寸（定子铁芯外径或机座中心高度）的不同，可分为大型、中型和小型三大类。常见三相异步电动机的外形如图 2-3 所示。下面以笼式三相异步电动机为例来介绍三相异步电动机的基本结构。

（a）笼式三相异步电动机

（b）绕线式三相异步电动机

图 2-3 常见三相异步电动机的外形

笼式三相异步电动机主要由定子和转子两大部分组成。其中，定子主要由机座、定子铁芯、定子绕组和端盖组成，转子主要由转子铁芯和转子绕组组成，如图 2-4 所示。定子和转子之间有一定的空气间隙，称为**气隙**。此外，笼式三相异步电动机中一般还需要一些辅助零部件，如轴承、风扇、风罩、接线盒等。

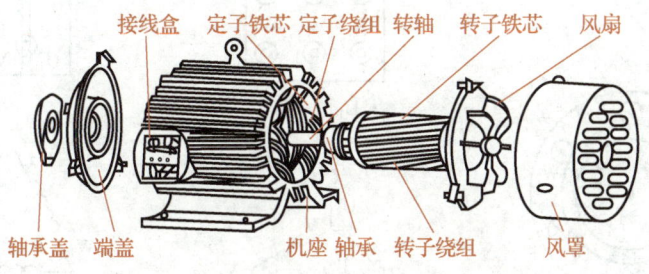

图 2-4 笼式三相异步电动机的基本结构

1. 定子

1）机座

机座一般由铸铁或铸钢浇铸而成，主要起支撑作用，用于固定定子铁芯和定子绕组，并在三相异步电动机运行时承受由负载产生的反作用力；同时，也用于将三相异步电动机运行时所产生的热量散发出去。

2）定子铁芯

定子铁芯装在机座里，是三相异步电动机主磁通磁路的一部分。它由 0.35～0.5 mm

厚的硅钢片叠压而成，具有良好的导磁性能。硅钢片表面涂有绝缘漆，能够减少交变磁通通过铁芯时产生的涡流损耗。定子铁芯的内圆上有均匀分布的槽，用以放置定子绕组，如图 2-5 所示。

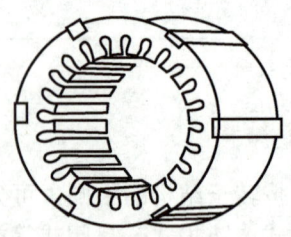

图 2-5　三相异步电动机的定子铁芯

3）定子绕组

三相异步电动机有 3 个定子绕组嵌在定子铁芯的槽里，当为定子绕组通入三相对称交流电流时，其周围就会产生旋转磁场。定子绕组的线圈由绝缘铜导线或绝缘铝导线绕制而成。其中，小型三相异步电动机的绕组一般采用漆包圆线，大中型三相异步电动机的绕组则用较大截面积的漆包扁铜线或绝缘包扁铜线。

三相异步电动机的 3 个定子绕组相互独立，各为一相，结构完全相同，它们的分布如图 2-6（a）所示，这 3 个定子绕组一共有 6 个出线端，即 U_1、U_2、V_1、V_2、W_1、W_2，出线端均位于接线盒内。定子绕组有星形联结和三角形联结两种联结方式，分别用 Y 和 △ 表示，如图 2-6（b）和 2-6（c）所示。图 2-6（a）中"×"表示电流流入，"·"表示电流流出。

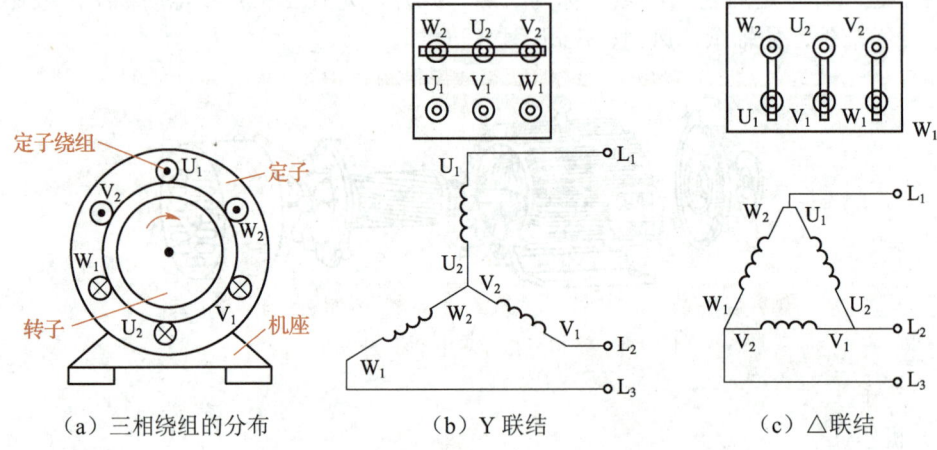

(a) 三相绕组的分布　　　(b) Y 联结　　　(c) △联结

图 2-6　三相异步电动机定子绕组的联结方式

4）端盖

端盖由铸铁或铸钢浇铸而成，主要起防护作用。

2. 转子

1) 转子铁芯

转子铁芯一般由 0.35～0.5 mm 厚的硅钢片叠压而成，是三相异步电动机主磁通磁路的一部分，在其外圆上有均匀分布的槽，用以放置转子绕组。

一般小型三相异步电动机的转子铁芯直接套压在转轴上；大中型三相异步电动机的转子铁芯需要先套压在转子支架上，然后再套装在转轴上。

2) 转子绕组

（1）笼式三相异步电动机的转子绕组。

笼式三相异步电动机的转子绕组有铜排绕组和铸铝绕组两种形式。铜排绕组适用于大型笼式三相异步电动机，是在转子铁芯的每个槽中放置没有进行绝缘处理的铜条，在铜条的两端用端环把铜条连接起来，形成一个笼子的形状，如图 2-7（a）所示。铸铝绕组适用于中小型笼式三相异步电动机，其转子的导条和端环扇叶是用铝液一次性浇铸而成的，如图 2-7（b）所示。

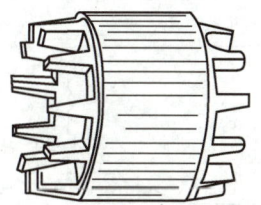

（a）铜排绕组　　　　　　　　　　（b）铸铝绕组

图 2-7　笼式三相异步电动机的转子绕组

（2）绕线式三相异步电动机的转子绕组。

绕线式三相异步电动机的转子绕组同定子绕组类似，也是由绝缘导线绕制而成的三相对称绕组，一般采用 Y 联结。三相转子绕组嵌放在转子铁芯的槽内，引出线分别接在转轴的 3 个滑环上，并通过电刷引出，与外部电路的变阻器相连（变阻器也采用 Y 联结），如图 2-8 所示。绕线式三相异步电动机结构复杂，成本较高，但其启动性能较好，且可通过调节变阻器的电阻来改变转速，具有良好的运行性能，因此适用于需要较大启动转矩的场合。

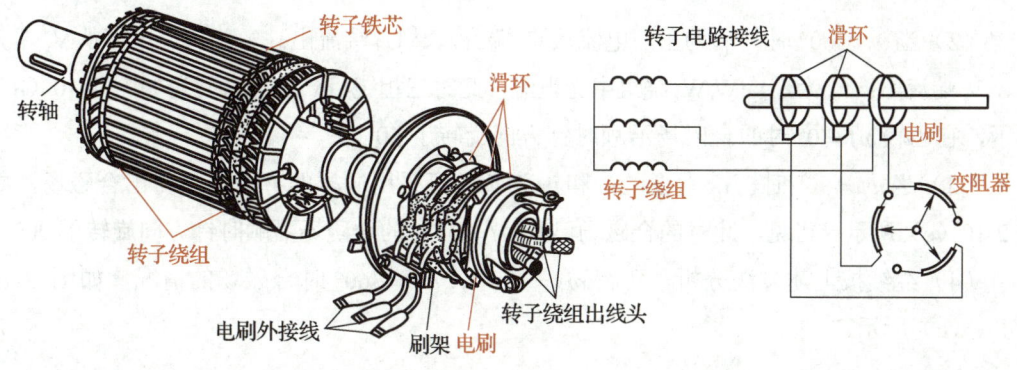

图 2-8　绕线式三相异步电动机的转子绕组

2.1.2 三相异步电动机的工作原理

三相异步电动机的定子绕组是三相对称绕组，如果在定子绕组中通入三相对称交流电流，则会产生旋转磁场。转子绕组切割旋转磁场的磁感线产生感应电流，旋转磁场和感应电流相互作用产生电磁转矩，驱动转子旋转。

单相异步电动机

1. 旋转磁场的产生

当三相异步电动机的定子绕组采用 Y 联结并接入三相交流电源后，绕组 U_1U_2、V_1V_2、W_1W_2 中将有电角度分别相差 120°的三相对称电流 i_U、i_V、i_W 通过，如图 2-9（a）所示，其相序为 U—V—W，波形如图 2-9（b）所示。为了方便讨论，设定交流电流在正半周时，电流从定子绕组的首端流入、末端流出；在负半周时，电流从定子绕组的末端流入、首端流出。

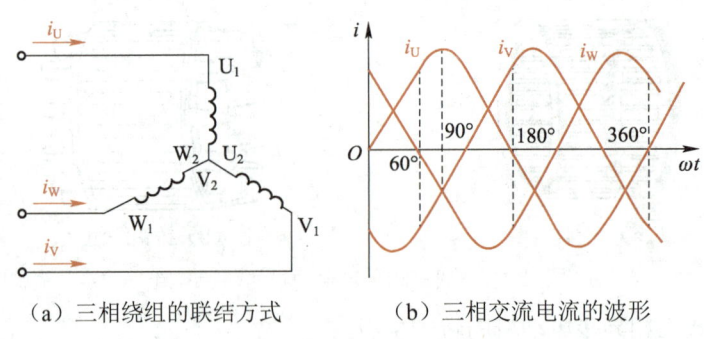

（a）三相绕组的联结方式　　（b）三相交流电流的波形

图 2-9　定子的三相绕组

三相交流电流各自产生相应的交变磁场，该磁场按一定规律分布在定子铁芯、转子铁芯和气隙之间，并随着三相交流电流的变化而绕中心轴不停旋转。

（1）当 $\omega t = 0°$ 时，i_U 为零，U_1U_2 绕组中无电流；i_V 为负，电流从 V_2 端流入、V_1 端流出；i_W 为正，电流从 W_1 端流入、W_2 端流出。此时三相绕组产生的合磁场如图 2-10（a）所示。

（2）当 $\omega t = 60°$ 时，i_U 为正，电流从 U_1 端流入、U_2 端流出；i_V 为负，电流从 V_2 端流入、V_1 端流出；i_W 为零，W_1W_2 绕组中无电流。此时三相绕组产生的合磁场如图 2-10（b）所示，它已较 $\omega t = 0°$ 时的合磁场沿顺时针方向旋转了 60°。

（3）当 $\omega t = 90°$ 时，i_U 为正，i_V 和 i_W 为负，可采用同样的方法分析得出合磁场，如图 2-10（c）所示。可见，此时的合磁场已较 $\omega t = 0°$ 时的合磁场沿顺时针方向旋转了 90°。

（4）继续按上述方法分析，可得 $\omega t = 180°$、$\omega t = 360°$ 时合磁场的情况，如图 2-10（d）、（e）所示。

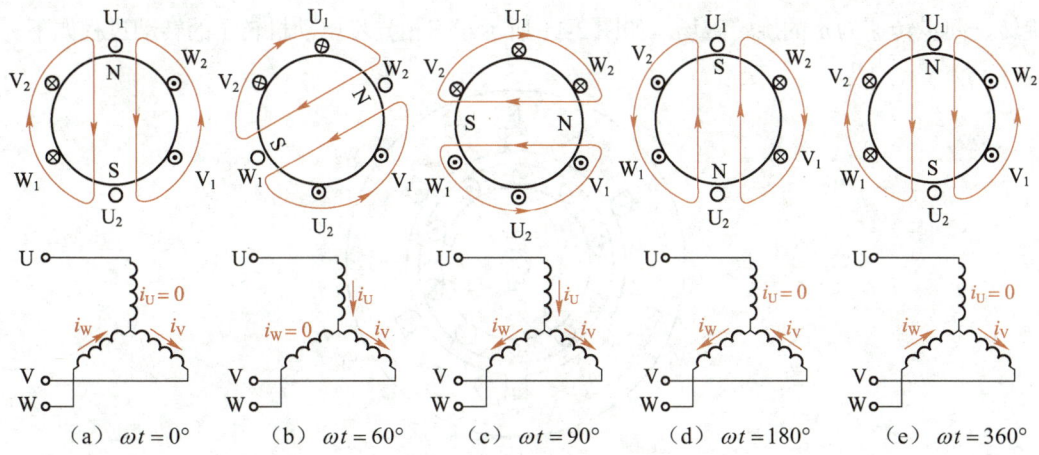

（a）$\omega t = 0°$　　（b）$\omega t = 60°$　　（c）$\omega t = 90°$　　（d）$\omega t = 180°$　　（e）$\omega t = 360°$

图 2-10　三相交流电流旋转磁场的产生过程

由上述可得出结论：在向定子的三相对称绕组中通入三相对称交流电流后，定子中将会产生一个以转轴为中心的旋转磁场。

2．旋转磁场的转向和转速

旋转磁场的转向由通入定子绕组的三相交流电流的相序决定，并与三相交流电流的相序保持一致。若改变定子绕组中任意两相绕组的通电顺序，则旋转磁场将会反转。

由于三相异步电动机中转子的转向与旋转磁场的转向是一致的，改变三相异步电动机的转向只需要改变旋转磁场的转向，因此工程上常采用将三相交流电源中的两相相序对调的方法来实现对三相异步电动机的反转控制。

旋转磁场旋转的速度称为转速，又称同步转速，符号为 n_1，单位为 r/min。在图 2-10 中，定子绕组产生的旋转磁场为两极磁场，即磁极对数 $p=1$，三相交流电流变化一个周期，旋转磁场也转动一周。当 $p=2$ 时，三相交流电流变化一个周期，旋转磁场转动半周。经实践证明，旋转磁场的同步转速是由三相交流电流的频率 f_1 和定子绕组的磁极对数 p 共同决定的，其表达式为

$$n_1 = \frac{60 f_1}{p} \tag{2-1}$$

由式（2-1）可知，旋转磁场的同步转速 n_1 与交流电流的频率 f_1 成正比，与磁极对数 p 成反比。我国规定工业及民用交流电的额定频率为 50 Hz，因此对于不同的磁极对数 p，旋转磁场都有与之对应的同步转速，如表 2-2 所示。

表 2-2　旋转磁场的同步转速

p	1	2	3	4	5	6
n_1 /（r·min^{-1}）	3 000	1 500	1 000	750	600	500

3．转动原理

在定子的三相绕组 U_1U_2、V_1V_2、W_1W_2 中通入三相交流电流，将产生沿顺时针方向

旋转、同步转速为 n_1 的旋转磁场，如图 2-11 所示。三相异步电动机转子的转动过程如下。

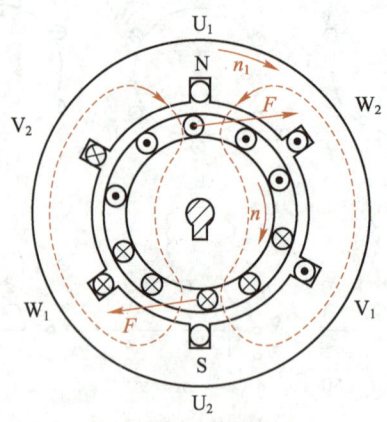

图 2-11 三相异步电动机的转动原理

当定子绕组开始通电时，转子是静止的，旋转磁场是运动的，两者之间产生相对运动，转子绕组将切割旋转磁场的磁感线并产生感应电压。由于转子绕组自成闭合回路，因此转子绕组中便产生感应电流。感应电流与旋转磁场相互作用，产生电磁转矩。通过左手定则可以判定，转子在电磁转矩的作用下将顺着旋转磁场的转向转动。

虽然三相异步电动机转子的转向与旋转磁场的转向相同，但转子转速 n 不可能达到旋转磁场的同步转速 n_1。若两者相等，则转子和旋转磁场之间就不存在相对运动，转子绕组就不会切割旋转磁场的磁感线而产生感应电流，也就不会产生电磁转矩，因此转子的转速 n 必须小于旋转磁场的同步转速 n_1，两者不同步，异步电动机中的"异步"也由此而来。旋转磁场的同步转速 n_1 与转子转速 n 之差称为**转速差**，用 Δn 表示，即 $\Delta n = n_1 - n$。转速差与旋转磁场的同步转速 n_1 之比称为**转差率**，用 s 表示，即

$$s = \frac{n_1 - n}{n_1} = \frac{\Delta n}{n_1} \tag{2-2}$$

砥节砺行

三相异步电动机的转差率很小，一般为 0.02~0.06，因此三相异步电动机的转子转速接近同步转速。若已知三相异步电动机的转速，则可根据与之相近的同步转速判断三相异步电动机的磁极对数。

同步转速可视为交流电动机的"理想"转速，定子的旋转磁场以"理想"转速带动交流电动机旋转。我们也一样，心中有理想，人生才有方向，才有前进的动力。作为新时代的大学生，肩负民族复兴大任，应该坚定理想信念，在实现中国梦的伟大征程中放飞青春梦想，实现人生价值。

2.1.3 三相异步电动机的铭牌数据

电动机的机座上都有铭牌，铭牌上标有电动机的产品型号、主要技术数据（额定值）、接线说明等信息。

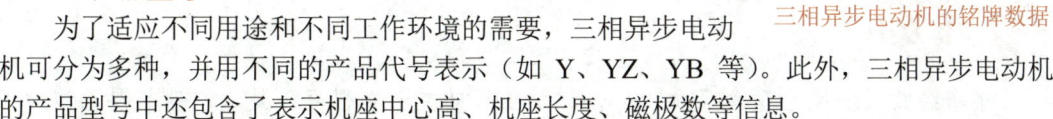

三相异步电动机的铭牌数据

1. 产品型号

为了适应不同用途和不同工作环境的需要，三相异步电动机可分为多种，并用不同的产品代号表示（如 Y、YZ、YB 等）。此外，三相异步电动机的产品型号中还包含了表示机座中心高、机座长度、磁极数等信息。

例如，某三相异步电动机的产品型号为 Y100L-2，其含义如图 2-12 所示。

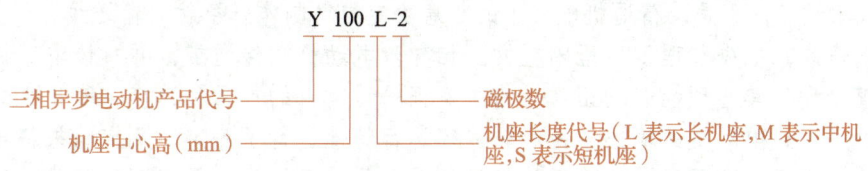

图 2-12 某三相异步电动机产品型号的含义

2. 主要技术数据

1）额定电流

三相异步电动机的额定电流是指在电动机额定运行状态下，流入定子绕组的线电流，符号为 I_N，单位为 A。当三相异步电动机以超过额定电流过载运行时，电动机会过热甚至烧毁。

若铭牌上标有两个电流，则表示定子绕组在两种不同接法时的额定电流。

2）额定电压

三相异步电动机的额定电压是指在电动机额定运行状态下，定子绕组上的线电压，符号为 U_N，单位为 V。三相异步电动机要求所接电源电压的变动不应超过额定电压的 5%。因为若电压过低，则电动机难以正常启动；若电压过高，则电动机容易烧毁。

若铭牌上标有两个电压，则表示定子绕组在两种不同接法时的额定电压。

3）额定功率

三相异步电动机的额定功率是指在电动机额定运行状态下，转轴上输出的机械功率，符号为 P_N，单位为 kW。三相异步电动机的额定功率 P_N 为

$$P_N = \sqrt{3} U_N I_N \eta_N \cos\varphi_N \tag{2-3}$$

式中：

η_N ——在三相异步电动机额定运行状态下的效率；

$\cos\varphi_N$ ——在三相异步电动机额定运行状态下的功率因数。

4）额定转速

三相异步电动机的额定转速是指在电动机额定运行状态下，转子的转速，符号为 n_N，单位为 r/min。

3. 接线说明

三相异步电动机的铭牌上标有该三相异步电动机接线方式的图和文字说明。若铭牌上标有两个电压，如 380 V/220 V，接法为 Y/△，则表明当电源线电压为 380 V 时应采用 Y 联结，当电源线电压为 220 V 时应采用△联结。

任务 2.2　测试三相异步电动机的特性

任务引入

小唐经营着一家小型食品加工厂，该加工厂效益一直很好。最近，他想要为该加工厂引进一条物料输送线，用来为膨化机输送物料。通过了解，他发现在市场上购买一台输送机成本过高，于是，精通机电技术的小唐决定自己制作一条物料输送线。

在制作前，他先整理了厂里闲置的三相异步电动机和传送带，并对该电动机进行了初步检查，发现其各项性能均正常。为了保证输送物料的重量和速度与膨化机的要求相匹配，他又对该电动机的输出转矩和转速等运行特性进行了测定，测定结果符合要求。最后，他从市场上购置了一些合适的机械传动装置，经组装，最终顺利制作出了一条性能良好的物料输送线。

请选择合适的工具和器材，对三相异步电动机的运行特性进行测定。

任务工单——测定三相异步电动机的运行特性

1. 知识准备

三相异步电动机的运行特性曲线是指三相异步电机在额定电压和额定频率下运行时，三相异步电动机的定子电流、电磁转矩、转速、功率因数、效率等与输出功率之间的关系，即在 $U_1 = U_N$、$f_1 = f_N$ 时，I_1、T_{em}、n、$\cos\varphi_1$、η 与 P_2 之间的关系，如图 2-13 所示。

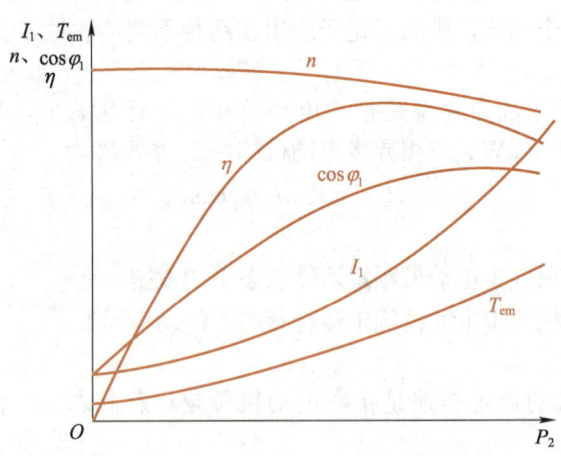

图 2-13　三相异步电动机的运行特性曲线

三相异步电动机的运行特性可通过空载试验、短路试验和负载试验来测定。

2. 工具和器材准备

准备任务实施所需的工具和器材，补全表2-3。

表2-3 工具和器材清单

名称	规格	型号	数量	名称	规格	型号	数量
常用电工工具			1套	三相异步电动机			1台
万用表			1台	直流发电机			1台
转速表			1台	三相调压器	0～380 V		1台
功率表			1台	可变电阻器	3 000 Ω		1个
交流电流表			4台	导线			

3. 任务实施

1）空载试验

（1）观察三相异步电动机的铭牌，确定其各项技术数据符合试验要求；然后按图2-14所示连接电路，其中三相异步电动机的定子绕组采用△联结，额定电压为220 V。

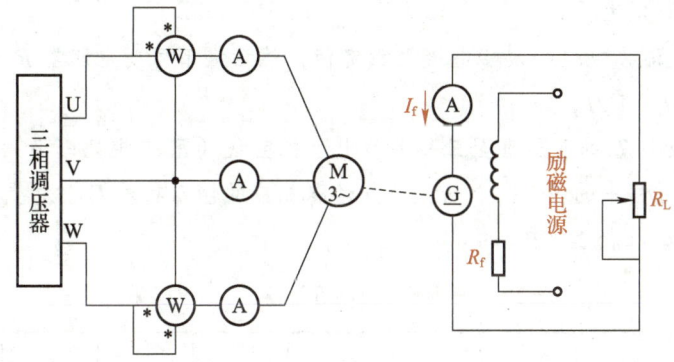

图2-14 测定三相异步电动机运行特性电路

（2）将三相调压器的输出电压调为零，接通电源；然后逐渐增大其输出电压，使三相异步电动机开始运行，观察三相异步电动机的转向。

（3）使三相异步电动机在额定电压下空载运行几分钟，以使其机械损耗达到稳定值；调节三相调压器，使三相异步电动机的输入电压U_0为$1.2U_N$，然后逐渐减小，直至三相异步电动机的定子绕组电流或输入功率显著增大。选取此过程中的7～9个输入电压值，读取相应的空载电流I_0、铁损P_0、功率因数$\cos\varphi_1$的值，并将结果填入表2-4中。

表2-4 三相异步电动机空载试验测试结果

U_0/V									
I_0/A									
P_0/W									
$\cos\varphi_1$									

2）短路试验

将三相异步电动机的转轴固定，并将三相调压器的输出电压调为零，接通电源；调节三相调压器，使三相异步电动机的短路电流 I_S 为 $1.2I_N$，然后开始逐渐减小，直至 $I_S = 0.2I_N$。选取此过程中的 7～9 个短路电流值，读取相应的短路电压 U_S、短路功率 P_S、功率因数 $\cos\varphi_1$ 的值，并将结果填入表 2-5 中。

表 2-5 三相异步电动机短路试验测试结果

I_S/A									
U_S/V									
P_S/W									
$\cos\varphi_1$									

3）负载试验

（1）将三相异步电动机的转轴连接直流发电机，调节三相调压器，使三相异步电动机的输入电压为额定电压。

（2）调节直流发电机的励磁电流至额定值，然后调节可变电阻器 R_L，使三相异步电动机的定子电流 $I_1 = 1.2I_N$。

（3）逐渐减小 R_L 的电阻直至三相异步电动机空载（R_L 与电路断开），使 I_1 由 $1.2I_N$ 减小至 I_0。选取此过程中的 7～9 个电流值，读取相应的输入功率 P_1、负载电流 I_L、转速 n 的值，并将结果填入表 2-6 中。

表 2-6 三相异步电动机负载试验测试结果

I_1/A									
P_1/W									
I_L/A									
n/（r·min^{-1}）									

📋 笔 记

2.2.1 三相异步电动机的运行原理

在三相异步电动机的转子转动之前,三相异步电动机的相关性能可以按照三相变压器的分析方法进行分析。当转子开始转动以后,转子绕组的感应电压、感应电流、感抗、功率因数等物理量都随之变化。下面通过介绍相关物理量来阐述三相异步电动机的运行原理。

1. 定子绕组的感应电压

三相异步电动机的定子绕组在通入三相对称交流电流后会产生旋转磁场。通常认为,旋转磁场也按正弦规律变化,其同步转速为 $n_1 = \dfrac{60 f_1}{p}$,而定子绕组是静止不动的。因此,定子绕组切割磁感线所产生感应电压的频率与电源频率相同,也为 f_1。定子绕组的感应电压为

$$U_{11} = 4.44 K_1 N_1 f_1 \Phi_m \tag{2-4}$$

式中:

U_{11}——定子绕组感应电压的有效值,单位为 V;

K_1——定子绕组的绕组系数;

N_1——定子每相绕组的匝数;

f_1——定子绕组感应电压的频率,单位为 Hz;

Φ_m——旋转磁场每极磁通的最大值,单位为 Wb。

式(2-4)中的感应电压公式与三相变压器绕组的感应电压公式相比,多了一个绕组系数 K_1,这是由于三相异步电动机的绕组是分布式绕组,且多为短距绕组,各线圈的感应电压之间存在相位差,整个绕组的感应电压为各线圈感应电压的相量和,其有效值小于各线圈电压有效值的代数和,因此需要乘上一个绕组系数 K_1。

由于定子绕组自身的阻抗电压降比电源电压要小得多,因此可以近似认为电源电压 U_1 与定子绕组的感应电压 U_{11} 相等,即

$$U_1 \approx U_{11} = 4.44 K_1 N_1 f_1 \Phi_m \tag{2-5}$$

点 拨

在变压器中,绕组集中绕制在同一个铁芯上,因此在任意瞬间穿过绕组各个线圈的主磁通大小和方向都相同,整个绕组的感应电压为各线圈感应电压的相量和,其有效值为各线圈感应电压有效值的代数和。

在三相异步电动机中,一方面,同一相的定子绕组各线圈按规律嵌放在若干个槽内,构成分布式绕组;另一方面,为了节省导线用量,改善定子绕组电压的波形,一般采用边距小于一个极距的绕组,即短距绕组。这就使不同线圈的感应电压之间存在一定的相位差,从而使整个绕组感应电压的有效值相较于整距绕组变小了。

2. 转子绕组的感应电压

在旋转磁场作用下，转子绕组切割磁感线产生感应电压 U_2。转子的转向与旋转磁场的转向一致，设转子的转速为 n，旋转磁场的同步转速为 n_1，则转子绕组与旋转磁场的相对转速为 (n_1-n)，转子绕组中感应电压的频率为

$$f_2 = \frac{p(n_1-n)}{60}$$

转差率为

$$s = \frac{n_1-n}{n_1}$$

因此有

$$f_2 = \frac{p(n_1-n)}{60} = \frac{pn_1}{60}s = sf_1 \tag{2-6}$$

由式（2-6）可知，转子感应电压的频率与转差率成正比。在启动瞬间，即转子未转动（$n=0$）时，$s=1$，$f_2=f_1$。随后，转子在旋转磁场的作用下开始转动，当达到同步转速（$n=n_1$）时，$s=0$，$f_2=0$，转子绕组停止切割磁感线，无法产生感应电压。

当转子旋转时，转子绕组感应电压的大小为

$$U_2 = 4.44K_2N_2f_2\Phi_m = 4.44K_2N_2sf_1\Phi_m \tag{2-7}$$

式中：

K_2——转子绕组的绕组系数；

N_2——转子每相绕组的匝数。

当转子不动（$n=0$，$s=1$）时，转子绕组中的感应电压最大，用 U_{20} 表示，$U_{20}=4.44K_2N_2f_1\Phi_m$，为定值。当转子转动后，随着转子转速的增加，转差率 s 减小，U_2 也逐渐减小。

当三相异步电动机以额定状态运行且 $f_1=50$ Hz 时，转差率 $s=0.02\sim0.06$，$f_2=1\sim3$ Hz，转子中的感应电压只有启动瞬间的 2%~6%。可见当三相异步电动机以额定状态运行时，转子中的感应电压及其频率均很小。

3. 漏电抗和阻抗

与三相变压器相同，三相异步电动机中的磁通可分为主磁通和漏磁通两部分。在定子绕组产生的旋转磁场中，绝大部分磁通通过气隙进入转子铁芯，这部分磁通称为三相异步电动机的主磁通。主磁通同时被定子绕组和转子绕组切割，分别在定子绕组和转子绕组中产生感应电压 U_{11} 和 U_2。还有极少一部分磁通不进入定子铁芯和转子铁芯，只被定子绕组或转子绕组切割，这两部分磁通分别称为定子漏磁通和转子漏磁通。定子漏磁通和转子漏磁通合称为三相异步电动机的漏磁通。漏磁通同样可以产生感应电压 U_{1S} 和

U_{2S},引起定子漏电抗和转子漏电抗,形成电压降。

定子漏磁通产生的感应电压大小为

$$U_{1S} = I_1 X_1 \tag{2-8}$$

式中:

I_1 ——定子电流,单位为 A;

X_1 ——定子漏电抗,单位为 Ω。

$$U_{2S} = I_2 X_2 \tag{2-9}$$

式中:

I_2 ——转子电流,单位为 A;

X_2 ——转子漏电抗,单位为 Ω。

X_2 的大小与转子漏电感 L_2 有关,即

$$X_2 = 2\pi f_2 L_2 = 2\pi s f_1 L_2 \tag{2-10}$$

由式(2-10)可知,当转子不动,即 $s=1$ 时,转子漏电抗最大,为 $X_{20} = 2\pi f_1 L_2$;当转子转动时,转子漏电抗为 $X_2 = sX_{20}$,则

$$Z_2 = \sqrt{R_2^2 + X_2^2} = \sqrt{R_2^2 + (sX_{20})^2} \tag{2-11}$$

式中:

Z_2 ——转子每相绕组的阻抗,单位为 Ω;

R_2 ——转子每相绕组的电阻,单位为 Ω。

由式(2-11)可知,转子绕组的阻抗在启动瞬间最大,并随着转子转速的增大(即 s 的减小)而减小。

4. 转子电流和功率因数

1)转子每相绕组的电流

转子绕组在旋转磁场的作用下产生感应电压 U_2,U_2 对转子电阻 R_2 和漏电抗 X_2 作用并产生感应电流 I_2,其大小为

$$I_2 = \frac{U_2}{Z_2} = \frac{U_2}{\sqrt{R_2^2 + X_2^2}} = \frac{sU_{20}}{\sqrt{R_2^2 + (sX_{20})^2}} = \frac{U_{20}}{\sqrt{\left(\frac{R_2}{s}\right)^2 + X_{20}^2}} \tag{2-12}$$

由于 U_{20} 为定值,且对于某一三相异步电动机而言,其转子电阻 R_2 和最大漏电抗 X_{20} 基本上是不变的,因此由式(2-12)可知,转子每相绕组电流 I_2 的大小与转差率 s 有关,其关系曲线如图 2-15 所示。

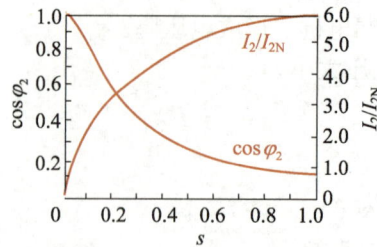

图 2-15 转子电流、转子功率因数与转差率之间的关系曲线

当 $s=0$ 时，转子转速达到同步转速，转子不再切割磁感线，转子绕组中没有电流，$I_2=0$。

当 s 开始增大时，初始由于 s 很小，$\dfrac{R_2}{s} \gg X_{20}$，因此 X_{20} 可以忽略，则式（2-12）可变为 $I_2 \approx \dfrac{U_{20}}{\sqrt{(R_2/s)^2}}=\dfrac{sU_{20}}{R_2}$，即 I_2 与 s 几乎成正比。

当 s 增大到一定数值时，X_{20} 的影响不能忽略，此时 I_2 的增长速度变慢。

当 $s=1$ 时，I_2 达到最大值。

2）转子电路的功率因数

在转子旋转过程中，转子漏电抗 X_2 使转子电流滞后于感应电压一个电角度 φ_2，转子电路的功率因数 $\cos\varphi_2$ 为

$$\cos\varphi_2 = \frac{R_2}{Z_2} = \frac{R_2}{\sqrt{R_2^2+(sX_{20})^2}} \tag{2-13}$$

由式（2-13）可知，转子电路功率因数 $\cos\varphi_2$ 的大小也与转差率 s 有关。当 $s=0$ 时，$\cos\varphi_2=1$，三相异步电动机正常运行时转子电路的功率因数很大；随着 s 的增大，$\sqrt{R_2^2+(sX_{20})^2}$ 增大很快，$\cos\varphi_2$ 减小；当 $s=1$ 时，由于 $R_2 \ll X_{20}$，此时 $\cos\varphi_2$ 很小，三相异步电动机启动时转子电路的功率因数很小。

点 拨

对于三相异步电动机而言，定子与转子之间只有磁的联系，电能从定子绕组通过旋转磁场传递给转子绕组，定子绕组的感应电压与电源电压近似相等，转子绕组的感应电压、漏电抗及转子电路的功率因数都与转差率有关。

2.2.2 三相异步电动机的功率转换

1. 三相异步电动机的功率

三相异步电动机在运行时的输入功率 P_1 为从电源得到的电功率，输出功率 P_2 为机械

功率，这意味着三相异步电动机实现了电能向机械能的转化，而在这个能量转化的过程中必然存在着损耗，因此 P_2 总是小于 P_1。

三相异步电动机从电网得到的电功率大小为

$$P_1 = \sqrt{3} U_N I_N \cos\varphi \tag{2-14}$$

三相异步电动机在运行时的功率损耗与三相变压器大致相同，具体如下。

（1）转子部分存在铜损 P_{Cu2} 和铁损 P_{Fe2}。由于转子电流的频率很低，因此转子部分的铁损 P_{Fe2} 可以忽略不计。

（2）定子部分存在铜损 P_{Cu1} 和铁损 P_{Fe1}。由于 P_{Fe2} 可以忽略不计，因此 P_{Fe1} 可视为三相异步电动机总的铁损 P_{Fe}；从输入功率 P_1 中减去 P_{Cu1} 和 P_{Fe1} 这两项便是传到转子中的电磁功率 P_{em}，即 $P_{em} = P_1 - P_{Cu1} - P_{Fe1} \approx P_1 - P_{Cu1} - P_{Fe}$。

（3）通风、轴承摩擦等机械损耗 P_t。从传到转子的电磁功率 P_{em} 中减去转子铜损 P_{Cu2} 和机械损耗 P_t，就是三相异步电动机的输出功率 P_2。

综上所述，三相异步电动机的功率平衡方程为

$$P_2 = P_{em} - P_{Cu2} - P_t = P_1 - P_{Cu1} - P_{Fe} - P_{Cu2} - P_t = P_1 - \sum P \tag{2-15}$$

式中：

$\sum P$ ——三相异步电动机的功率损耗，单位为 W。

2. 三相异步电动机的效率

三相异步电动机的效率为输出功率 P_2 与输入功率 P_1 之比，通常用百分数表示，即

$$\eta = \frac{P_2}{P_1} \times 100\% = \frac{P_1 - \sum P}{P_1} \times 100\% \tag{2-16}$$

3. 三相异步电动机的电磁转矩

三相异步电动机的电磁转矩是指转子电流在受旋转磁场作用时所产生的旋转力矩，用 T_{em} 表示。根据力学相关知识可知：旋转体的机械功率 P 等于作用在旋转体上的转矩 T 与旋转体转动的角速度 ω 的乘积，即 $P = T\omega$，将其代入式（2-15）中，整理后可得三相异步电动机的转矩平衡方程，为

$$T_2 = T_{em} - T_0$$

即

$$T_{em} = T_2 + T_0 \tag{2-17}$$

式中：

T_{em} ——三相异步电动机的电磁转矩，$T_{em} = \dfrac{P_{em}}{\omega}$，单位为 N·m；

T_2 ——三相异步电动机的输出转矩，$T_2 = \dfrac{P_2}{\omega}$，单位为 N·m；

T_0 ——三相异步电动机的空载转矩，$T_0 = \dfrac{P_{Cu2} + P_t}{\omega}$，单位为 N·m。

2.2.3 三相异步电动机的机械特性

因为三相异步电动机的转速 n 与转差率 s 之间存在一定的关系，所以三相异步电动机的机械特性通常采用 $T_{em} = f(s)$ 的形式表示。

1. 机械特性方程

三相异步电动机的机械特性方程为

$$T_{em} = \frac{3p}{2\pi f_1} U_1^2 \frac{\dfrac{R_2'}{s}}{\left(R_1 + \dfrac{R_2'}{s}\right)^2 + (X_1 + X_2')^2} \quad (2\text{-}18)$$

式中：

R_1 ——定子绕组的电阻，单位为 Ω；

R_2' ——转子绕组的电阻折算值，单位为 Ω；

X_1 ——定子绕组的电抗，单位为 Ω；

X_2' ——转子绕组的电抗折算值，单位为 Ω。

可见，当 U_1、f_1 不变，三相异步电动机的 R_1、R_2'、X_1、X_2' 为常量时，s 是 T_{em} 的参数，因此式（2-18）又称三相异步电动机电磁转矩的参数表达式。

将式（2-18）中的 T_{em} 对 s 求导，并令导数为零，可求得最大电磁转矩 T_m 和临界转差率 s_m，分别为

$$T_m = \frac{3p}{4\pi f_1} U_1^2 \frac{1}{R_1 + \sqrt{R_1^2 + (X_1 + X_2')^2}} \quad (2\text{-}19)$$

$$s_m = \frac{R_2'}{\sqrt{R_1^2 + (X_1 + X_2')^2}} \quad (2\text{-}20)$$

由式（2-19）和式（2-20）可得出以下结论。

（1）当电源的频率及三相异步电动机的参数不变时，最大电磁转矩与定子绕组电压的平方成正比。

（2）最大电磁转矩和临界转差率都与定子绕组的电阻、电抗，以及转子绕组的电抗有关。

（3）最大电磁转矩与转子电路的电阻无关，而临界转差率则与转子绕组的电阻折算值成正比，调节转子电路的电阻，可在相应的转差率下得到最大电磁转矩。

项目 2 三相异步电动机

> **知识链接**
>
> 在工程计算上,利用式(2-18)计算比较烦琐。为了使用方便,可采用电磁转矩的实用表达式计算,即
>
> $$\frac{T_{em}}{T_m} = \frac{2}{\dfrac{s_m}{s} + \dfrac{s}{s_m}} \qquad (2\text{-}21)$$

2. 固有机械特性

三相异步电动机的固有机械特性是指在额定电压和额定频率下,按规定方式接线,当定子、转子外接电阻为零时,T_{em} 与 s 的关系,其曲线即 T_{em}-s 曲线。

当 $U_1 = U_N$、$f_1 = f_N$ 时,三相异步电动机的 T_{em}-s 曲线如图 2-16 所示。下面分析其中的几个特征点及稳定运行区。

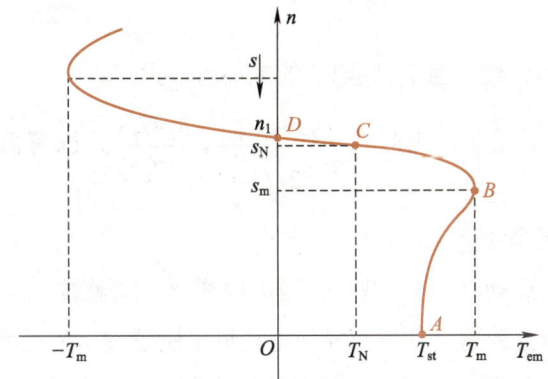

图 2-16 三相异步电动机的 T_{em}-s 曲线

1)理想空载点 D

在理想空载情况下,三相异步电动机的转速 $n = n_1$,对应图 2-16 中的点 D,此时 $s = 0$,$T_{em} = 0$。

2)启动点 A

三相异步电动机刚接入电网尚未开始转动的瞬间,作用在转轴上的输出转矩称为三相异步电动机的启动转矩 T_{st}(又称堵转转矩),对应图 2-16 中的点 A,此时 $n = 0$,$s = 1$,$T_{em} = T_{st}$。只有当 T_{st} 大于负载转矩 T_L 时,三相异步电动机才能启动。

启动转矩与额定转矩的比值称为三相异步电动机的启动转矩倍数,用 K_{st} 表示,即 $K_{st} = \dfrac{T_{st}}{T_N}$。$K_{st}$ 表示启动转矩的相对大小,是三相异步电动机的一个重要指标,对于一般的笼式三相异步电动机,K_{st} 约为 0.8~1.8。

3）临界运行点 B

在临界运行点 B 处，一般三相异步电动机的 s_m 为 0.1～0.2，此时三相异步电动机产生最大电磁转矩 T_m。在实际运行中，T_L 免不了发生波动。如果 T_m 大于 T_L 波动时的峰值，则三相异步电动机能够带动负载；否则不能带动负载。T_m 与 T_N 之比称为过载能力 λ，它也是三相异步电动机的一个重要指标，一般 $\lambda=1.6\sim2.2$。

4）额定运行点 C

当三相异步电动机工作在额定运行点 C 时，$T_{em}=T_N$，$n=n_N$，$s=s_N$，$I_1=I_N$。为了使三相异步电动机能够承受短时间过载而不停转，三相异步电动机必须具有一定的过载能力，因此额定运行点 C 不宜靠近临界运行点 B，一般取 $s_N=0.02\sim0.06$。

5）稳定运行区

三相异步电动机的固有机械特性曲线被 T_m 分成性质不同的两个区域，即 AB 段和 BD 段。

（1）在 AB 段，s 较大，且 $R_1+R_2' \ll X_1+X_2'$，因此 $T_{em} \approx \dfrac{3pU_1^2}{2\pi f_1(X_1+X_2')^2} \cdot \dfrac{R_2'}{s}$，固有机械特性曲线近似为双曲线，且 T_{em} 随着 s 的减小而增大。

（2）在 BD 段，s 很小，因此 $T_{em} \approx \dfrac{3pU_1^2}{2\pi f_1 \dfrac{R_2'}{s}} = \dfrac{3pU_1^2 s}{2\pi f_1 R_2'}$，固有机械特性曲线近似为直线，且 T_{em} 随着 s 的减小而减小。

当三相异步电动机启动时，T_{em} 沿曲线 AB 段变化。随着转速的增大，AB 段中的 T_{em} 一直增大，因此转子一直加速，使三相异步电动机很快越过 AB 段而进入 BD 段。在 BD 段，电磁转矩随着转速的增大而减小。当转速增大到某一定值时，$T_{em}=T_L$，此时转速不再增大，三相异步电动机就稳定运行在 BD 段。因此，AB 段称为非稳定运行区，BD 段称为稳定运行区，即三相异步电动机的稳定运行区域为 $0<s<s_m$。

在 BD 段，当负载转矩变化时，三相异步电动机的转速变化不大，这种机械特性称为硬机械特性。三相异步电动机的这种硬机械特性十分适合普通金属切削机床。

3．人为机械特性

三相异步电动机的人为机械特性是指人为地改变电源参数或电动机参数而得到的机械特性。

1）降低定子绕组电压时的人为机械特性

由式（2-18）可知，当定子绕组电压 U_1 减小时，电磁转矩 T_{em} 与 U_1^2 成比例减小，理想空载点不变，s_m 不变，T_m 与 T_{st} 都随 U_1^2 的减小而减小，如图 2-17 所示。

2）转子电路串联电阻时的人为机械特性

转子电路串联电阻的方法适用于绕线式三相异步电动机。当转子电路串入三相对称电阻时，理想空载点不变，s_m 与转子电路的电阻成正比变化，T_m 与转子电路的电阻无关

（不变化），如图 2-18 所示。

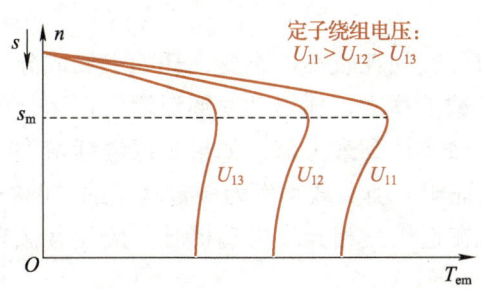
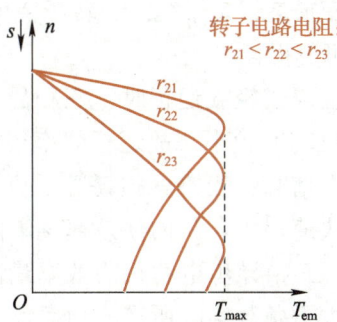

图 2-17　降低定子绕组电压时的人为机械特性曲线　　图 2-18　转子电路串联电阻时的人为机械特性曲线

2.2.4　三相异步电动机的运行特性

1．定子电流特性

当三相异步电动机空载运行时，转子电流 $I_2 \approx 0$，定子电流几乎全部作为励磁电流，即 $I_1 \approx I_0$；随着负载的增大，三相异步电动机转速逐渐减小，转子电流逐渐增大，为保持磁通势平衡，定子电流相应增大，即 I_1 随着 P_2 的增大而增大。

三相异步电动机定子、转子电路的相关物理量

2．电磁转矩特性

由式（2-17）可知

$$T_{em} = T_2 + T_0 = \frac{P_2}{\omega} + T_0$$

当 P_2 增大时，三相异步电动机转动的角速度 ω 变化很小，而空载转矩 T_0 可认为近似不变，因此电磁转矩与输出功率成比例关系，其曲线近似为一条直线。

3．转速特性

当三相异步电动机空载运行时，三相异步电动机的转速接近于同步转速，此时转差率很小。随着 P_2 的增大，三相异步电动机的转速逐渐减小，但由于三相异步电动机的转差率一般较小，因此转速特性曲线是一条略微下降的曲线。

4．功率因数特性

当三相异步电动机空载运行时，大部分定子电流作为主磁通的励磁电流，此时三相异步电动机的功率因数 $\cos\varphi_1$ 很小，为 0.1~0.2。随着输出功率的增大，定子电流中的有功分量逐渐增大，$\cos\varphi_1$ 逐渐增大。在额定负载附近，$\cos\varphi_1$ 达到最大值。如果输出功率继续增大，定子绕组中的铜损将快速增加，定子漏电抗和定子电流中的无功分量也将迅速增大，功率因数将随之减小。

5．效率特性

三相异步电动机的损耗可分为不变损耗和可变损耗两部分。三相异步电动机从空载运行变为负载运行时，主磁通和转速变化较小，铁损和机械损耗近似不变，这部分损耗称为不变损耗；定子绕组、转子绕组的铜损和附加损耗随负载的增大而增大，这部分损耗称为可变损耗。

在空载或轻载运行时，三相异步电动机的可变损耗较小，不变损耗为主要成分，此时输出功率较小，故运行效率很低；随着负载的增大，输出功率逐渐增大，运行效率也随之增高；当不变损耗等于可变损耗时，效率达到最大值；如果负载继续增大，铜损将快速增大，从而使效率逐渐降低。实践证明，当负载功率为额定功率的 70%～80%时，三相异步电动机的效率最高。因此，在选用三相异步电动机时，应使其额定功率稍大于负载实际所需的功率。

 行业资讯

为提升有关产品的能源利用效率，根据《能源效率标识管理办法》的规定，国家发展和改革委员会、国家市场监督管理总局组织制定了《中小型三相异步电动机能源效率标识实施规则》。自 2005 年我国开始实行能源效率标识管理制度以来，节能成效显著。据测算，截至 2021 年，我国已累计节约用电超过 2.5 万亿千瓦时。

综合测试

1. 填空题

（1）按转子结构的不同，三相异步电动机可分为_____和_____两大类。

（2）三相异步电动机有3个定子绕组嵌在定子铁芯的槽里，当为定子绕组通入_____时，其周围就会产生旋转磁场。

（3）旋转磁场的转向由通入定子绕组的三相交流电流的_____决定。

（4）当三相异步电动机空载运行时，大部分定子电流作为主磁通的励磁电流，此时三相异步电动机的功率因数 $\cos\varphi_1$ 为_____。在_____附近，$\cos\varphi_1$ 达到最大值。

（5）实践证明，当负载功率为额定功率的_____时，三相异步电动机的效率最高。

2. 选择题

（1）三相异步电动机定子铁芯由（   ）厚的硅钢片叠压而成。

    A．0.15～0.25 mm   B．0.35～0.5 mm

    C．0.45～0.55 mm   D．0.65～0.85 mm

（2）当三相异步电动机的定子绕组采用 Y 联结并接入三相交流电源后，绕组 U_1U_2、V_1V_2、W_1W_2 中将有电角度分别相差（   ）的三相对称电流 i_U、i_V、i_W 通过。

    A．30°   B．60°

    C．120°   D．180°

（3）转子的额定转速符号为 n_N，单位为（   ）。

    A．m/s   B．N·m

    C．Wb/m^2 D．r/min

3. 综合分析题

（1）已知一台三相异步电动机的 $f_N = 50\text{ Hz}$，$n_N = 960\text{ r/min}$，该电动机的额定转差率是多少？

（2）已知某三相异步电动机的技术数据：$U_N = 380\text{ V}$，$I_N = 15\text{ A}$，$P_N = 7.5\text{ kW}$，$\cos\varphi_N = 0.83$，$n_N = 960\text{ r/min}$。试求该电动机的额定效率 η_N。

（3）已知一台定子绕组做△联结的 Y132M-4 型三相异步电动机的技术数据：$P_N = 7.5\text{ kW}$，$U_N = 380\text{ V}$，$\eta_N = 88.2\%$，$\cos\varphi_N = 0.82$，$n_N = 1440\text{ r/min}$。试求该电动机的额定电流和对应的定子绕组相电流。

（4）已知一台绕线式三相异步电动机的技术数据：$P_N = 7.5\text{ kW}$，$U_N = 380\text{ V}$，$I_N = 15.7\text{ A}$，$\lambda = 3.0$，$T_0 = 0\text{ N·m}$，$n_N = 1460\text{ r/min}$。试求：

① 临界转差率 s_m 和最大电磁转矩 T_m；

② 写出固有机械特性的实用表达式，并绘制固有机械特性曲线。

（5）已知一台绕线式三相异步电动机的技术数据：$P_N = 75$ kW，$U_N = 380$ V，$I_N = 148$ A，$n_N = 720$ r/min，$\eta = 90.5\%$，$\cos\varphi_1 = 0.85$，$\lambda = 2.4$，$E_{N2} = 213$ V，$I_{N2} = 220$ A。试求：

① 额定转矩；

② 最大电磁转矩；

③ 临界转差率；

④ 求出固有机械特性曲线上的 4 个特殊点。

学习成果评价

指导教师对学生的实际学习成果进行评价,学生配合指导教师共同完成表 2-7。

表 2-7 学习成果评价

班级		组号		日期	
姓名		学号		指导教师	
项目名称		三相异步电动机			
评价项目	评价内容		评价方式	满分/分	评分/分
知识 (40%)	三相异步电动机的基本结构		理论测试	4	
	三相异步电动机的工作原理			6	
	三相异步电动机的铭牌数据			4	
	三相异步电动机的运行原理			6	
	三相异步电动机的功率转换			6	
	三相异步电动机的机械特性			7	
	三相异步电动机的运行特性			7	
技能 (40%)	拆装三相异步电动机		实践操作	20	
	测定三相异步电动机的运行特性			20	
素养 (20%)	积极参加教学活动,主动学习、思考、讨论		综合评判	6	
	认真负责,按时完成学习、实践任务			4	
	团结协作,与组员之间密切配合			4	
	服从指挥,遵守课堂和实训室纪律			4	
	守正创新,自信自强			2	
合计				100	
自我评价					
指导教师评价					

项目 3 直流电机

项目导读

直流电机是一种能实现直流电能和机械能相互转换的电磁装置，它是直流电动机和直流发电机的总称。其中，直流电动机可将直流电能转换成机械能；直流发电机可将机械能转换成直流电能。

直流电机的应用非常广泛。大功率的直流电机主要应用于大型起重机、风机、水泵等，而小功率的直流电机主要应用于日常生活中的电器，如可遥控的儿童玩具、可充电的电动推剪等。

本项目主要介绍直流电机的基本结构、工作原理、铭牌数据、机械特性及运行特性等内容。

知识目标

- 了解直流电机的分类
- 掌握直流电机的基本结构及工作原理
- 掌握直流电机铭牌数据的含义
- 了解直流电机的磁场及电枢反应
- 掌握直流电机电枢电压、电磁转矩及电磁功率的基本公式
- 掌握直流电机的机械特性及运行特性

技能目标

- 能拆装直流电动机
- 能测定他励直流电动机的运行特性

素质目标

- 养成脚踏实地、认真负责的工作作风
- 厚植民族自豪感和文化自信心
- 树立历史使命感和社会责任感

项目 3　直流电机

任务 3.1　认识直流电机

⚙ 任务引入

小彭是一名成绩优异的机电技术专业大学生。这天，小彭骑电动自行车去超市购物。在去超市的途中，小彭发现电动自行车虽然是满电状态，但在行驶时噪声很大，速度也比平时变慢了。在购物回来后，小彭对该电动自行车进行了检查，发现它采用的是直流电动机，且直流电动机表面上看无明显异常。小彭将直流电动机拆开，并做了详细检查，判断噪声是直流电动机内的润滑脂硬化所致，于是更换了润滑脂，重新安装并进行了测试，发现电动自行车恢复正常。

请选择合适的工具和器材，对直流电动机进行拆装。

⚙ 任务工单——拆装直流电动机

1. 知识准备

直流电动机是一种将直流电能直接转换成机械能的电动机。它具有启动和调速性能良好、易于控制等优点。通常在对启动和调速等有较高要求的场合，多采用直流电动机。目前，直流电动机广泛应用于轧钢机、无轨电车、挖掘机械、电动机床等设备。

直流电动机主要由后端盖、转轴、定子、转子、电刷装置、前端盖等组成，如图 3-1 所示。其中，定子是直流电动机静止不动的部分；转子是直流电动机旋转的部分。

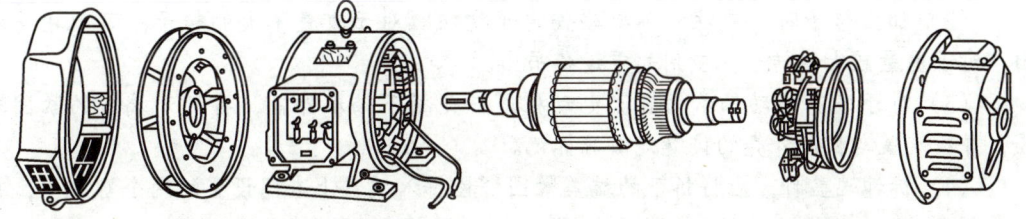

(a) 后端盖　(b) 转轴　(c) 定子　(d) 转子　(e) 电刷装置　(f) 前端盖

图 3-1　直流电动机的主要组成部分

电枢是电机带电枢绕组的部分，包括电枢铁芯和电枢绕组等。直流电机的电枢为转子，交流电机的电枢为定子。

2. 工具和器材准备

准备任务实施所需的工具和器材，补全表 3-1。

表 3-1　工具和器材清单

名称	规格	型号	数量	名称	规格	型号	数量
直流电动机			1 台	记号笔			1 支
木锤			1 把	毛刷			1 个
活扳手			1 把	铜棒			1 个
卡圈钳			1 把	抹布			1 个

3．任务实施

直流电动机的拆卸步骤如下。

（1）在端盖与机座的连接处、刷架处等位置做好标记，以便于装配。

（2）拆除接线盒内的连接线。

（3）拆卸后端盖。拆卸时，在后端盖下方垫上木板等软材料，以免后端盖在落下时被摔坏，然后用木锤通过铜棒沿后端盖的边缘均匀地敲击。

（4）从刷握中取出电刷，拆下刷杆上的连接线，然后取下电刷装置。

（5）拆下前端盖的螺栓，把转子从定子内小心地抽出来（注意不要碰伤电枢绕组、换向器及定子绕组），并用厚纸或布将换向器包好，用绳子扎紧。

（6）拆下前端盖上的轴承盖螺栓，并取下前端盖和轴承。

（7）将前端盖和轴承放在木架或木板上，并用厚纸或布包好。

直流电动机的装配顺序与拆卸顺序相反，装配时应按所做标记校正电刷的位置。

4．注意事项

（1）拆卸带有电刷的直流电动机时，应先将电刷从刷握中取出，然后在电刷中性线的位置做上标记。

（2）抽出转子时，应注意不要碰伤定子绕组。对于重量不大的转子，可以用手抽出；对于重量较大的转子，应用起重设备吊出。

（3）对于装有滚动轴承的直流电动机，应先拆下轴承外盖，再松开端盖的紧固螺栓，并在端盖与机座外壳的接缝处做好标记。

（4）拆卸端盖时，应将拆下的端盖紧固螺栓拧入端盖上专门设置的两个螺孔中，将端盖顶出。

📝 笔 记

3.1.1　直流电机的分类

直流电机在运行时需要为励磁绕组供给励磁电流，励磁电流的供给方式称为励磁方式。如图 3-2 所示，直流电机的励磁方式可分为他励和自励两大类，其中自励又可分为并励、串励和复励三种。其中，I_f 为励磁电流，I_a 为电枢电流。

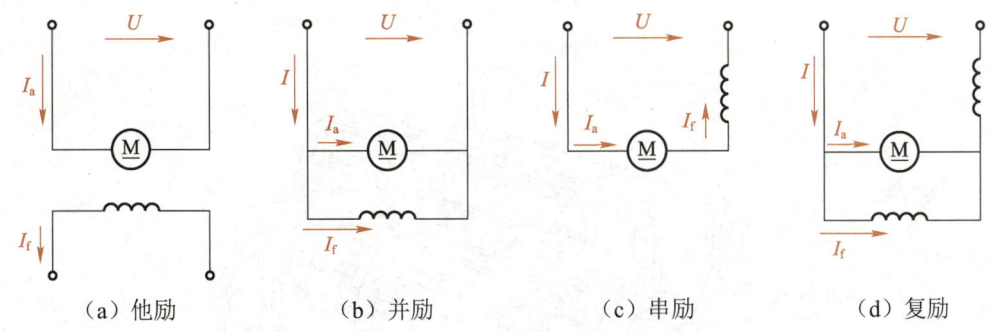

图 3-2　直流电机的励磁方式

按有无励磁和励磁方式的不同，直流电机可分为他励直流电机、并励直流电机、串励直流电机、复励直流电机，以及无须励磁的永磁直流电机。

（1）他励直流电机，其励磁电流是由独立的直流电源供给的。他励直流电机的励磁电流的大小仅取决于励磁电源的电压和励磁电路的电阻，与电枢端电压无关。

（2）并励直流电机，其励磁绕组与电枢绕组并联。并励直流电机的励磁电流不仅与励磁电路的电阻有关，还受电枢端电压的影响。由于并励直流电机的励磁绕组承受了电枢两端的全部电压，其电压较高，因此为了减小铜损，并励直流电机的励磁绕组通常用较细的导线绕成，且匝数较多。

（3）串励直流电机，其励磁绕组与电枢绕组串联。为了减小电压降及铜损，串励直流电机的励磁绕组通常用截面积较大的导线绕成，且匝数较少。

（4）复励直流电机，其磁极上有两个励磁绕组，一个与电枢绕组并联，另一个与电枢绕组串联。对于复励直流电机，如果两个励磁绕组产生磁通的方向相同，则称其为积复励直流电机；如果两个励磁绕组产生的磁通方向相反的，则称其为差复励直流电机。

（5）永磁直流电机，由永磁铁提供固定磁通，无须外部励磁电源。由于没有励磁绕组，因此其尺寸相对较小，效率较高。

> 直流电机也可按照电枢直径的不同来分类：电枢直径小于 425 mm 的，称为小型直流电机；电枢直径为 425～1 000 mm 的，称为中型直流电机；电枢直径大于 1 000 mm 的，称为大型直流电机。

3.1.2　直流电机的基本结构及工作原理

1．直流电机的基本结构

直流发电机与直流电动机在结构上大致相同，均由定子（静止部分）和转子（转动部分）两大部分组成。定子主要用于产生磁场和作为直流电机的机械支撑，它包括主磁极、换向极、机座、电刷装置等。转子包括电枢铁芯、电枢绕组、换向器等，其主要作用是传递电磁转矩。直流电机的基本结构如图 3-3 所示。

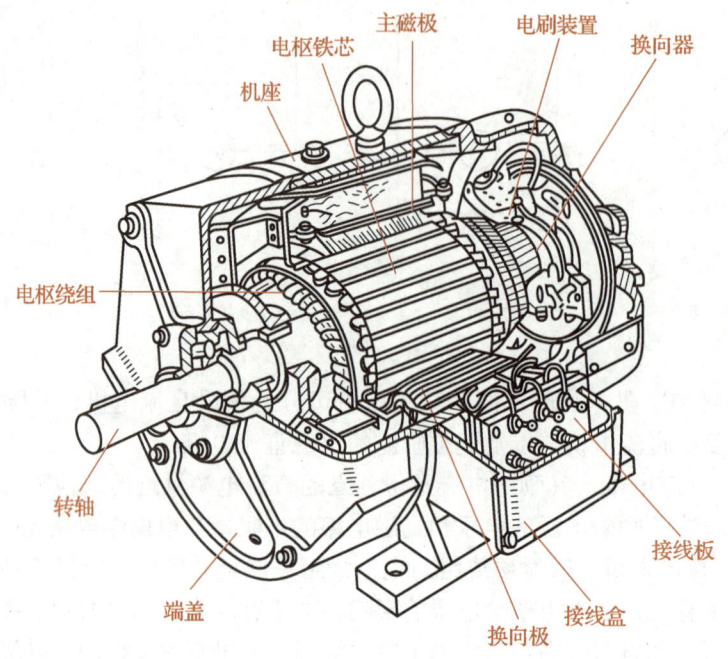

图 3-3　直流电机的基本结构

1）定子

（1）主磁极。

主磁极又称主极，用于产生主磁通。除永磁直流电机的主磁极采用永磁铁外，其他直流电机的主磁极都采用电磁铁。主磁极包括主磁极铁芯和套在主磁极铁芯上的励磁绕组，如图 3-4 所示。

主磁极铁芯靠近电枢的一端称为极靴（又称极掌）。为了减少电枢旋转时极靴表面的涡流损耗，主磁极铁芯一般用 1～5 mm 厚的低碳钢板冲片叠压而成。励磁绕组是用圆截面或矩形截面的绝缘导线绕制而成的集中式绕组，与主磁极铁芯相互绝缘。一般用螺栓将整个主磁极固定在机座上。

当直流电机运行时，在励磁绕组中通以直流电，主磁极将产生励磁磁通势，从而产生主磁通。主磁极总是成对出现的，相邻磁极的极性按 N 极和 S 极交替排列。

（2）换向极。

换向极又称附加极或间极，位于相邻两个主磁极之间，由换向极铁芯和套在上面的换向绕组构成，如图 3-5 所示。一般用螺杆将换向极固定在机座上。换向极的作用是改善直流电机的换向性能。大功率直流电机和对换向要求高的中小功率直流电机，其换向极铁芯用相互绝缘的薄钢片叠成；其他中小功率直流电机的换向极铁芯则用整钢制成。换向绕组要与电枢绕组串联，因此通过的电流较大，一般用截面积较大的矩形导线绕成，且匝数较少。

项目 3　直流电机

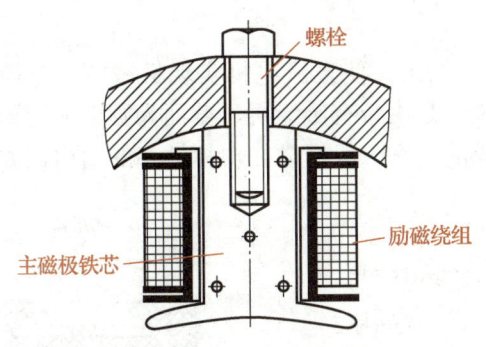

图 3-4　直流电机的主磁极

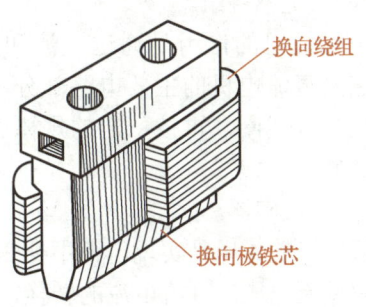

图 3-5　直流电机的换向极

（3）机座。

直流电机的机座有两个作用：① 固定主磁极、换向极和端盖，并借助底脚来固定整个直流电机；② 作为直流电机磁路的一部分。因此，机座都由导磁性能较好的材料制成，通常采用铸钢件或用钢板卷焊而成。机座中有磁通经过的部分称为磁轭。

（4）电刷装置。

电刷装置的作用是通过电刷与换向器的滑动接触，把电枢绕组中的电压、电流引到外电路，或者把外电路的电压、电流引入电枢绕组。

电刷装置由电刷、刷握、刷杆、刷杆座、压力弹簧等组成，如图 3-6 所示。电刷的数量一般与主磁极的数量相同。

2）转子

（1）电枢铁芯。

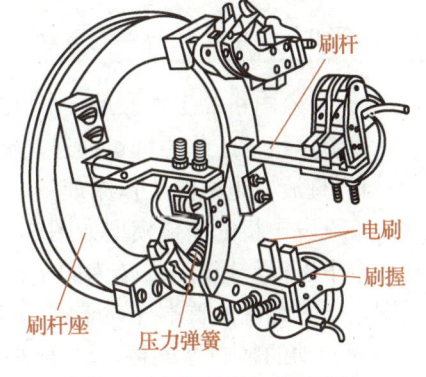

图 3-6　电刷装置的基本结构

电枢铁芯有两个作用：① 作为直流电机磁路的一部分；② 用来嵌放电枢绕组。电枢铁芯和主磁场之间的相对运动会产生铁损，为了减少铁损，电枢铁芯一般用厚 0.5 mm、涂有绝缘漆的硅钢冲片叠压而成，每片冲片上都有用于嵌放电枢绕组的槽，有的还有轴向通风孔。电枢铁芯冲片和装配好的电枢铁芯如图 3-7 所示。

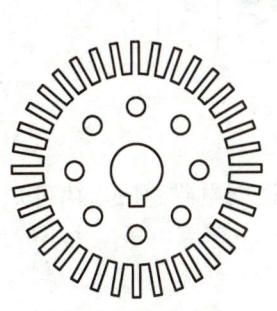

（a）电枢铁芯冲片

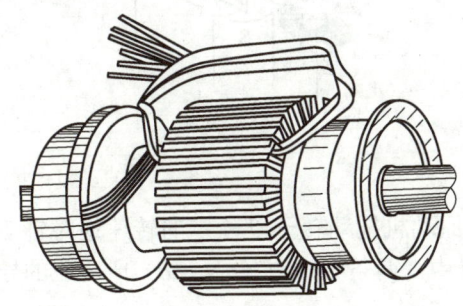

（b）装配好的电枢铁芯

图 3-7　电枢铁芯冲片和装配好的电枢铁芯

(2) 电枢绕组。

电枢绕组的作用是通过电流和产生感应电压，使直流电机实现机械能与电能的转换，它是直流电机的主要电路部分。电枢绕组是由带有绝缘层、截面为圆形或矩形的导线先绕制成线圈，再按一定的规律连接而成的，它一般嵌放在电枢铁芯的槽内，并与换向器连接。

(3) 换向器。

换向器的作用是实现电枢中交变电压、交变电流与电刷中直流电压、直流电流的转换，从而保证所有导体上产生的电磁转矩或感应电压方向一致。

目前，小型直流电机多采用塑料换向器，如图3-8所示。

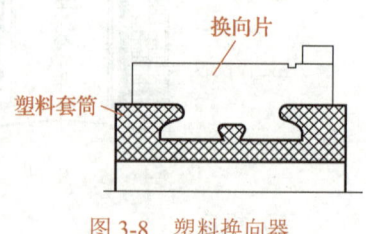

图 3-8　塑料换向器

 头脑风暴

三相异步电动机与直流电动机、三相变压器在结构上有什么相同和不同之处？

2. 直流电机的工作原理

直流电机的工作原理可通过其简化模型进行说明。

1) 直流发电机的工作原理

直流发电机的简化模型如图 3-9 所示。其中，N、S 为固定不动的定子磁极，矩形 abcd 为固定在可旋转的导磁圆柱体上的转子线圈，转子线圈的首端 a、末端 d 与两个相互绝缘并可随转子线圈一同转动的换向器连接。转子线圈与外电路的连接是通过与换向器紧密接触且固定不动的电刷来实现的。

直流发电机的工作原理

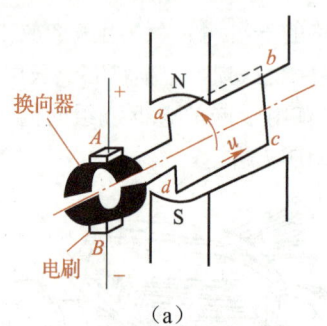　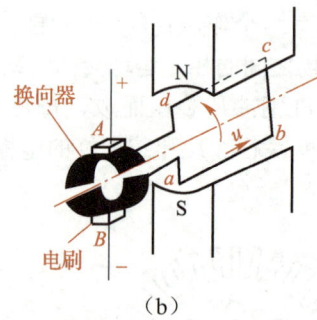

(a)　　　　　　　　　(b)

图 3-9　直流发电机的简化模型

当有原动机拖动转子以一定的转速逆时针旋转时，根据电磁感应定律可知，在转子线圈 abcd 中，两条有效边（ab、cd）所对应的导体中将产生感应电压，大小应为

$$u = B_x l v \tag{3-1}$$

式中：

u ——导体产生的感应电压，单位为 V；

B_x ——导体所在处的磁通密度,单位为 Wb/m²;

l ——导体 ab 或 cd 的有效长度,单位为 m;

v ——导体 ab 或 cd 与 B_x 间的相对线速度,单位为 m/s。

导体中感应电压的方向可用右手定则来判定。

如图 3-9(a)所示,当转子线圈逆时针旋转时,导体 ab 在 N 极一侧,感应电压的方向为由 b 指向 a;导体 cd 在 S 极一侧,感应电压的方向为由 d 指向 c。在此状态下,电刷 A 的极性为正,电刷 B 的极性为负。

如图 3-9(b)所示,当转子线圈旋转 180°时,导体 ab 在 S 极一侧,感应电压的方向为由 a 指向 b;导体 cd 在 N 极一侧,产生的感应电压的方向为由 c 指向 d。此时,虽然导体中感应电压的方向已改变,但由于原来与电刷 A 接触的换向器已经与电刷 B 接触,而原来与电刷 B 接触的换向器则改为与电刷 A 接触,因此电刷 A 的极性仍为正,电刷 B 的极性仍为负。

从图 3-9 中可知,导体 ab 和 cd 中感应电压的方向是交变的,而与电刷 A 接触的导体总是位于 N 极一侧,与电刷 B 接触的导体总是位于 S 极一侧。因此,电刷 A 的极性总为正,而电刷 B 的极性总为负,在电刷两端可获得直流电压。

2)直流电动机的工作原理

直流电动机的简化模型如图 3-10 所示。将电刷 A、B 接到直流电源上,电刷 A 接电源的正极,电刷 B 接电源的负极,此时在转子线圈中将有电流流过。

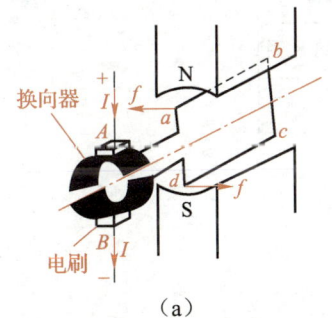
(a)

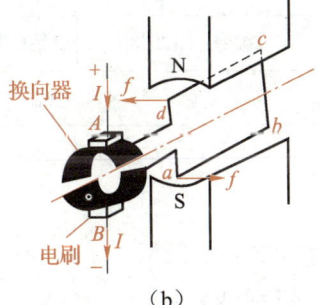
(b)

直流电动机的工作原理

图 3-10 直流电动机的简化模型

设转子线圈的 ab 边位于 N 极一侧,转子线圈的 cd 边位于 S 极一侧,则导体每边所受到的电磁力为

$$f = B_x l I \tag{3-2}$$

式中:

f ——电磁力,单位为 N;

I ——导体中流过的电流,单位为 A。

电磁力的方向可根据左手定则来判定。电磁力与转子半径的乘积即电磁转矩。在图 3-10 中,电磁转矩的方向为逆时针。当电磁转矩大于阻转矩时,转子线圈将按逆时针方向旋转。

> 直流电机的电枢通常有多个转子线圈。转子线圈分布于电枢铁芯表面的不同位置,并按照一定的规律连接起来,构成电枢绕组。通常也会根据需要交替放置多对磁极 N、S。

3.1.3 直流电机的铭牌数据

1. 铭牌

直流电机的铭牌如图 3-11 所示。它提供了直流电机正常运行时的额定数据和其他相关内容,以便于用户能正确使用直流电机。

直流电机		
标准编号:		
型号:Z4-200-21	75 kW	440 V
188 A	1 500 r/min	励磁方式:他励
励磁电压:180 V	励磁电流:5 A	
绝缘等级:B	定额:S1	质量:515 kg
出品编号:212008	出品日期:××年××月	
××电机厂		

图 3-11 直流电机的铭牌

2. 型号

直流电机的型号说明如图 3-12 所示。

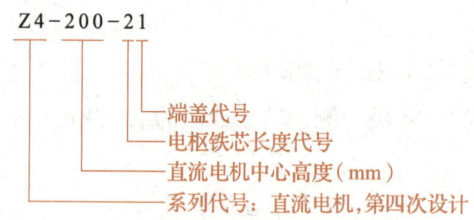

图 3-12 直流电机的型号说明

3. 铭牌数据

直流电机的铭牌数据主要包括额定功率、额定电压、额定电流、额定转速、励磁方式、额定励磁电压、额定励磁电流等。

1)额定功率

直流电机的额定功率 P_N 是指直流电机长期以额定状态运行所允许的输出功率,单位为 kW。对于直流发电机,其额定功率是指其输出的电功率;对于直流电动机,其额定功率是指转轴输出的机械功率。

2）额定电压

直流电机的额定电压 U_N 是指直流电机以额定状态运行时出线端的电压，单位为 V 或 kV。对于直流发电机，其额定电压是指其以额定状态运行时输出的端电压；对于直流电动机而言，其额定电压是指其以额定状态运行时的电源电压。

3）额定电流

直流电机的额定电流 I_N 是指直流电机以额定状态运行时的电流，单位为 A。对于直流发电机，其额定电流是指以额定状态运行时供给额定负载的电流；对于直流电动机，其额定电流是指以额定状态运行时从电源输入的电流。

4）额定转速

直流电机的额定转速 n_N 是指电压、电流和输出功率均为额定值时转子旋转的速度，单位为 r/min。

5）励磁方式

直流电机的励磁方式是指励磁绕组和电枢绕组的接线关系，直流电机常用的励磁方式有他励、并励、串励、复励等。

6）额定励磁电压

直流电机的额定励磁电压 U_{fN} 是指直流电机以额定状态运行时加在励磁绕组两端的额定电压，单位为 V。

7）额定励磁电流

直流电机的额定励磁电流 I_{fN} 是指直流电机以额定状态运行时所需要的励磁电流，单位为 A。

点　拨

上述铭牌数据必须按照相关标准规定的试验方法测定，然后准确标注，不得虚标、错标，否则会影响人们的正常选用，严重的甚至会造成安全生产事故。

任务 3.2　测试直流电机的特性

任务引入

小陈家里的可充电型吸尘器已经使用了很多年,该吸尘器采用的是直流电动机。最近他发现,吸尘器在使用时吸力不足。精通机电技术的小陈决定自己维修。通过检查,他发现吸尘器所采用的直流电动机转速很小,出现这一问题的原因是供电电压太低,且负载过大。于是,他就对该直流电动机进行了维修。维修后,吸尘器可以正常使用,而且吸尘效果也非常好。

请选择合适的工具和器材,对他励直流电动机的运行特性进行测定。

任务工单——测定他励直流电动机的运行特性

1. 知识准备

他励直流电动机的运行特性是指在 $U=U_N$、$I_f=I_{fN}$、电枢电路不串联电阻时,他励直流电动机的转速 n、电磁转矩 T_{em} 和效率 η 分别与输出功率 P_2 之间的关系,其曲线如图 3-13 所示。

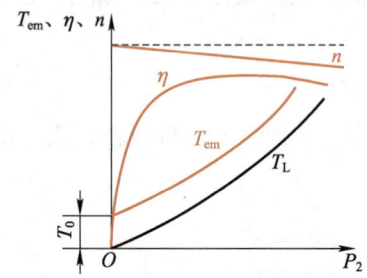

图 3-13　他励直流电动机的运行特性曲线

他励直流电动机的运行特性包括转速特性、电磁转矩特性和效率特性,应分别进行测定。

2. 工具和器材准备

准备任务实施所需的工具和器材,补全表 3-2。

表 3-2　工具和器材清单

名称	规格	型号	数量	名称	规格	型号	数量
常用电工工具			1 套	并励直流发电机			1 台
万用表			1 台	双刀开关			3 个

表 3-2（续）

名称	规格	型号	数量	名称	规格	型号	数量
直流电流表			4 台	可变电阻器	180 Ω×1，900 Ω×2，3 000 Ω×1		4 个
直流电压表			2 台	可调直流电源	0～250 V		2 台
他励直流电动机	$I_N = 0.55$ A，$P_N = 80$ W	M03 系列	1 台	导线			

3. 任务实施

（1）按图 3-14 所示连接电路，其中 $R_{f1} = R_{f2} = 900 \, \Omega$，$R_1 = 180 \, \Omega$，$R_L = 3 \, 000 \, \Omega$。

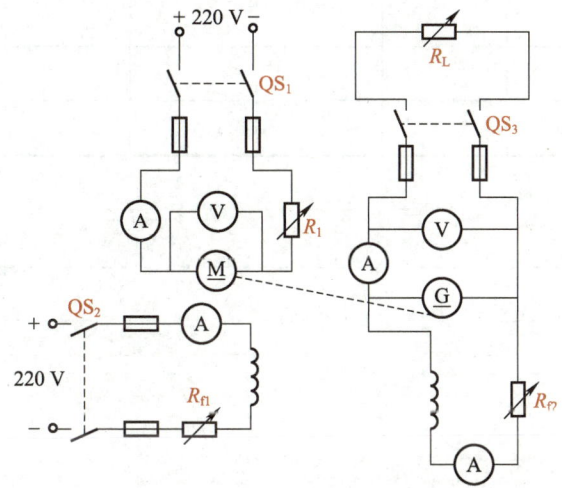

图 3-14 他励直流电动机运行特性测试电路

（2）将启动电阻 R_1 及负载电阻 R_L 调至最大值，励磁绕组的电阻 R_{f1} 调至最小值，并励直流发电机励磁电路中的附加电阻 R_{f2} 调至最大值。

（3）调节直流电源电压，使他励直流电动机输入电压为 220 V。

（4）闭合直流电源开关 QS_1、QS_2，使他励直流电动机启动，其转向应符合要求。

（5）将启动电阻 R_1 调至零，调节直流电源电压，使 $U_a = U_N$、$n = n_N$、$I_a = I_N$，此时 $I_{f1} = I_{fN}$。

（6）并励直流发电机建立电压后，调节 R_{f2}，使 $U_G = U_{GN}$，将 R_L 调至最大值，闭合负载开关 QS_3。

（7）保持 $U_a = U_N$、$I_{f1} = I_{fN}$ 不变，调节 R_L，使 I_a 按照表 3-3 所示从 $1.2I_N$ 开始逐渐减小，直至并励直流发电机空载运行（QS_3 断开）。每次调节后，都要测量他励直流电动机的转速 n，以及并励直流发电机的输出电压 U_G、输出电流 I_G、励磁电流 I_{f2}，并将测量结果填入表3-3中。

（8）计算他励直流电动机的电磁功率 P_2、效率 η 和电磁转矩 T_2，并将计算结果填入表3-3中。

表3-3 他励直流电动机运行特性测试结果

	I_a/A	$1.2I_N$	I_N	$0.8I_N$	$0.5I_N$	$0.3I_N$	0
测量结果	n/（r·min^{-1}）						
	U_G/V						
	I_G/A						
	I_{f2}/A						
计算结果	P_2/W						
	η/%						
	T_2/（N·m）						

3.2.1 直流电机的磁场及电枢反应

直流电机的磁场是由主磁极产生的励磁磁场（主磁场），电枢电流产生的电枢磁场，以及换向绕组、补偿绕组产生的磁场合成的。它对直流电机产生的感应电压和电磁转矩有直接影响，直流电机的运行特性在很大程度上也取决于磁场特性。

知识链接

补偿绕组是指在大容量和工作繁重的直流电机中，串联在电枢绕组上的电阻。通常在极靴上有一些均匀分布的槽，用于嵌放补偿绕组。

1. 直流电机空载运行时的磁场

当直流电机空载运行时，其电枢电流等于或近似等于零，因而可以认为其空载磁场仅仅是由励磁电流在通过励磁绕组时产生的励磁磁通势建立的。如图3-15所示为直流电机空载运行时的磁场分布。

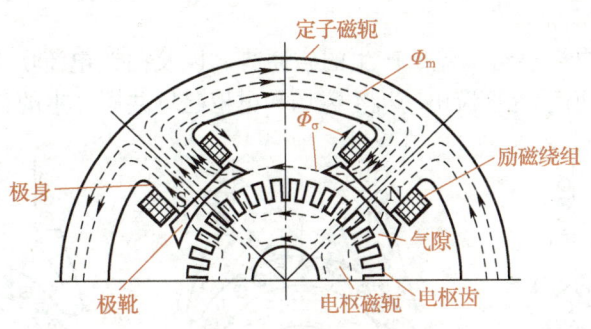

图 3-15 直流电机空载运行时的磁场分布

 点 拨

直流电机的空载运行,对于直流发电机而言,是指其与外电路断开,没有电流输出;对于直流电动机而言,是指其转轴上不带机械负载。直流电机空载运行时的磁场称为空载磁场。

当向直流电机的励磁绕组中通入直流电流时,主磁极产生磁场,磁场间隔均匀地分布在定子内的圆周上,此时只有励磁磁通势单独建立的空载磁场。每对磁极下的磁通所经过的路径不同。绝大部分磁通首先从主磁极的 N 极出来,经过气隙进入电枢齿、电枢磁轭,到达电枢铁芯另一侧的电枢齿;然后穿过气隙,进入主磁极的 S 极;最后通过定子磁轭回到 N 极,形成闭合回路。这部分磁通同时被励磁绕组和电枢绕组切割,是直流电机进行电磁感应和能量转换所必需的,称为主磁通 Φ_m。

此外,还有一小部分磁通从 N 极出来后并不进入电枢,而是经过气隙直接进入相邻的磁极或定子磁轭,形成闭合回路。这部分磁通称为漏磁通 Φ_σ,一般 $\Phi_\sigma = (16\% \sim 20\%)\Phi_m$。漏磁通不仅不对直流电机的能量转换工作起作用,还会增加主磁极磁路的饱和程度,增加直流电机的损耗,使其效率降低。

如图 3-16(a)所示为主磁场在直流电机中的分布情况。按照图 3-16(a)中所示的励磁电流方向,可用右手螺旋定则来判定主磁场的方向。电枢表面磁感应强度为零的地方位于物理中性线 $m-m'$ 上,它与磁极的几何中性线 $n-n'$ 重合。

2. 直流电机带负载运行时的磁场

以直流电动机为例,当其带负载运行时,电枢绕组中有电流通过并产生电枢磁场。电枢磁场与主磁场共同在气隙里建立合成磁场。

如图 3-16(b)所示为直流电动机带负载运行时的电枢磁场。它的方向可根据电枢电流用右手螺旋定则来判断。从图 3-16(b)中可知,不论电枢如何转动,电枢电流的方向总是以电刷为界限来划分的。在电刷两边,N 极下导体的电流方向与 S 极下导体的电流方向始终相反,只要电刷固定不动,电枢两边的电流方向就不变,电枢磁场的方向也不变,即电枢磁场是静止不动的。

3. 直流电机的电枢反应

电枢反应是指电枢绕组电流所产生的磁通势，以及由该电流所造成的气隙磁通的变化。如图 3-16（c）所示为直流电动机主磁场和电枢磁场共同产生的合成磁场。

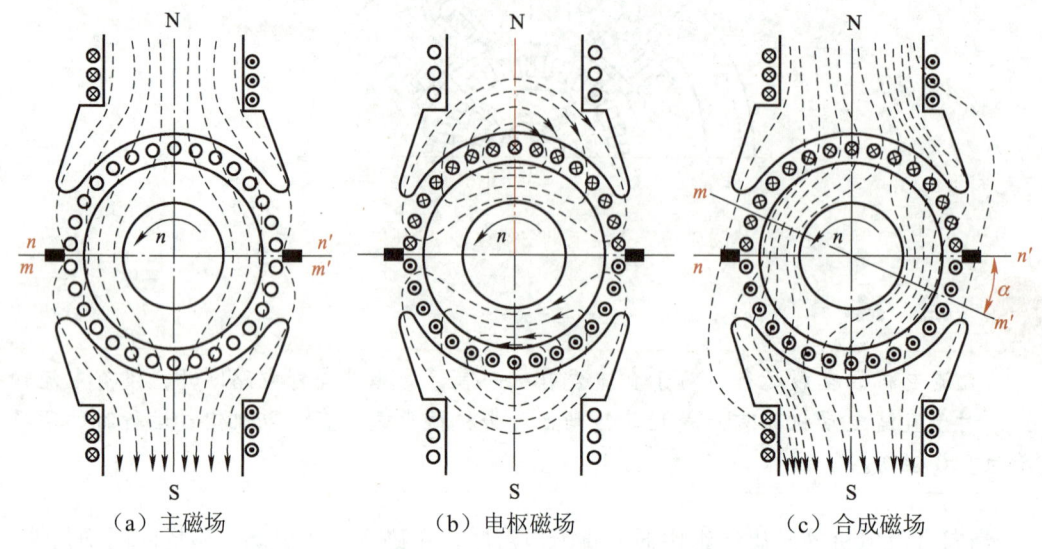

（a）主磁场　　　　　　（b）电枢磁场　　　　　　（c）合成磁场

图 3-16　直流电机主磁场分布

将图 3-16（c）与图 3-16（a）比较可见，带负载后出现的电枢磁场，对主磁场的分布有明显的影响，具体如下。

（1）中心线不重合。电枢反应使磁极下的磁力线扭曲，磁通密度分布不均匀，合成磁场发生畸变。合成磁场发生畸变后，原几何中性线 $n-n'$ 处的磁感应强度不等于零，磁感应强度为零的位置（即物理中性线 $m-m'$）逆向旋转 α 角度，物理中性线与几何中性线不再重合。

（2）合成磁通势被增强或削弱。电枢磁场使每个磁极下的磁通势都发生变化。在前极尖（电枢进入极面的极尖），电枢磁通势方向与主磁通势方向相同，合成磁通势被增强；在后极尖（电枢离开极面的极尖），电枢磁通势方向与主磁通势方向相反，合成磁通势被削弱。

（3）去磁作用。对于线性磁路而言，增加的磁通量与减少的磁通量相等，故每个磁极的合成磁通与空载时的主磁通相同；对于非线性磁路而言，增加的磁通量小于减少的磁通量，故当直流电机带负载运行时每个磁极的合成磁通比空载运行时的主磁通小，这便是电枢反应的去磁作用所致，此时电枢的感应电压略小于空载运行时的感应电压。

 点　拨

电枢反应的结果是使直流电机的功率下降并造成换向困难。

综上所述，电枢反应会削弱磁场并使其产生畸变。直流电机的负载越大，电枢电流越大，电枢磁场越强，电枢反应的影响就越大。在实际工作中，由于负载大小不可能恒定不变，因此电枢反应的强弱也不是一成不变的。

头脑风暴

> 直流电机在主磁场的影响下会产生电枢反应,反作用于主磁场,人在某些环境的影响下也会产生逆反心理或抵触情绪。通过装设补偿绕组可有效控制电枢反应,那我们如何采取有效方法来控制自身的逆反心理或抵触情绪呢?

3.2.2 直流电机的电枢电压、电磁转矩及电磁功率

1. 电枢电压

由电枢绕组在磁场中转动所产生的感应电压称为电枢电压,其值为直流电机正、负电刷之间的感应电压,即每条磁极支路的感应电压。

每条磁极支路所含的绕组元件数量是相等的,而且每条磁极支路里的绕组元件都是分布在同极性磁极下的不同位置上的。这样,先求出一根导体在一个极距范围内切割气隙磁场的平均感应电压,再乘以一条磁极支路里总的导体数,就可以得到电枢电压。

一根导体中的感应电压 u_a 可通过电磁感应定律求得,其表达式为

$$u_a = B_a l v \tag{3-3}$$

式中:

B_a ——一个主磁极下的平均气隙磁通密度,单位为 Wb/m^2;

l ——导体的有效长度,单位为 mm;

v ——线速度,单位为 m/s。

B_a 与每极主磁通 Φ_m 的关系为

$$\Phi_m = B_a l \tau$$

即

$$B_a = \frac{\Phi_m}{l\tau} \tag{3-4}$$

式中:

τ ——极距。

线速度 v 可表示为

$$v = 2p\tau \frac{n}{60} \tag{3-5}$$

式中:

p ——磁极对数;

n ——电枢转速,单位为 r/min。

将式(3-4)和式(3-5)代入式(3-3)中,可得每根导体的电压为

$$u_a = 2p\Phi_m \frac{n}{60}$$

每条支路中的感应电压为

$$U_a = \frac{N}{2a}u_a = \frac{pN}{60a}\Phi_m n = C_e \Phi_m n \tag{3-6}$$

式中：

N ——电枢导体总数；

a ——电枢并联支路对数；

C_e ——电压常数，$C_e = \dfrac{pN}{60a}$，仅与直流电机的结构有关。

式（3-6）表明，直流电机的感应电压与直流电机的结构、主磁通和转速成正比。当直流电机制造完成后，电压常数 C_e 不再变化，因此电枢电压仅与主磁通和转速有关，改变转速或主磁通，均可改变电枢电压的大小。

 点 拨

直流电机的电枢电压，对于直流发电机而言，是输出电压；对于直流电动机而言，是为反抗电流的改变而产生的电压。

2. 电磁转矩

当电枢绕组中有电枢电流流过时，电枢绕组在磁场中将受到电磁力的作用，该力与电枢铁芯半径之积称为电磁转矩。一根导体在磁场中所受的电磁力为

$$f_a = B_a l i_a \tag{3-7}$$

其中

$$i_a = \frac{I_a}{2a}$$

式中：

i_a ——一根电枢导体中流过的电流，单位为 A；

I_a ——电枢总电流，单位为 A。

一根电枢导体产生的电磁转矩为

$$T_a = f_a \frac{D}{2}$$

式中：

D ——电枢铁芯直径，$D = \dfrac{2p\tau}{\pi}$，单位为 mm。

则总的电磁转矩为

$$T_{em} = N T_a = N f_a \frac{D}{2} = N B_a l i_a \frac{D}{2} = B_a l \frac{I_a}{2a} N \frac{D}{2}$$

将式（3-4）代入上式得

$$T_{em} = \frac{\Phi_m}{l\tau} l \frac{I_a}{2a} N \frac{D}{2} = \frac{pN}{2\pi a}\Phi_m I_a = C_T \Phi_m I_a \tag{3-8}$$

式中：

C_T——转矩常数，$C_T = \dfrac{pN}{2\pi a}$，仅与直流电机的结构有关。

当电枢电流的单位为 A，磁通单位为 Wb 时，电磁转矩的单位为 N·m。由式（3-8）可知，直流电机的电磁转矩与直流电机的结构、主磁通和电枢电流成正比。

C_T、C_e 都是直流电机的结构常数，两者之间的数量关系为

$$C_T \approx 9.55 C_e \tag{3-9}$$

点 拨

直流电机的电磁转矩，对于直流发电机而言，是阻转矩；对于直流电动机而言，是拖动转矩。

3. 电磁功率

通过电磁作用传递的功率称为电磁功率，用 P_{em} 表示。直流电机的电磁功率可表示为机械功率的形式，也可表示为电功率的形式。用机械功率来表示，P_{em} 是电磁转矩 T_{em} 和旋转角速度 ω 的乘积，即

$$P_{em} = T_{em}\omega \tag{3-10}$$

用电功率来表示，P_{em} 是电枢电压和电枢电流的乘积，即

$$P_{em} = U_a I_a \tag{3-11}$$

3.2.3 直流电机的机械特性

直流电机的机械特性是指在为直流电机加上一定的电枢电压和一定的励磁电流时，电磁转矩与转速之间的关系，即 $n = f(T_{em})$。机械特性是直流电机机械性能的主要表现，它与运动方程相关联，是分析直流电机启动、调速、制动等问题的重要工具。下面以他励直流电动机为例，分析直流电机的机械特性。

1. 机械特性方程

他励直流电动机的电路原理如图 3-17 所示。他励直流电动机的 3 个基本方程：电磁转矩方程 $T_{em} = C_T \Phi_m I_a$；感应电压方程 $U_a = C_e \Phi_m n$；电枢电路电压平衡方程 $U = U_a + I_a R$。

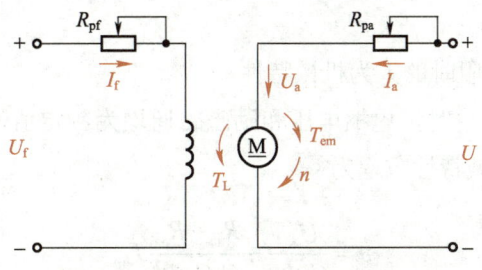

图 3-17 他励直流电动机的电路原理

将电磁转矩方程、感应电压方程代入电枢电路电压平衡方程中，整理后得

$$n = \frac{U}{C_e \Phi_m} - \frac{R}{C_e C_T \Phi_m^2} T_{em} = n_0 - \beta T_{em} \qquad (3\text{-}12)$$

式中：

C_e、C_T ——电压常数和转矩常数；

n_0 ——理想空载转速，$n_0 = \dfrac{U}{C_e \Phi_m}$，单位为 r/min；

β ——机械特性曲线的斜率，$\beta = \dfrac{R}{C_e C_T \Phi_m^2}$。

式（3-12）称为他励直流电动机的机械特性方程。

2. 固有机械特性

他励直流电动机在电枢电压和励磁磁通均为额定值且电枢电路不串联电阻（即 $U = U_N$，$\Phi_m = \Phi_N$，$R = R_a$）时的机械特性称为他励直流电动机的固有机械特性。其表达式为

$$n = \frac{U_N}{C_e \Phi_N} - \frac{R_a}{C_e C_T \Phi_N^2} T_{em} \qquad (3\text{-}13)$$

他励直流电动机的固有机械特性曲线如图 3-18 所示。从图 3-18 中可知，他励直流电动机的固有机械特性曲线是一条斜直线。由于电枢电阻 R_a 一般很小，即直线斜率很小（$n_N \approx 0.95 n_0$），因此他励直流电动机的固有机械特性属于硬机械特性。

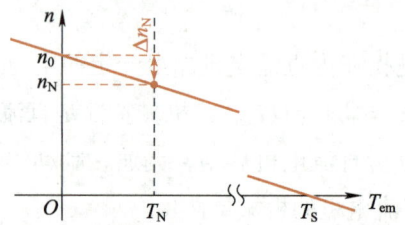

图 3-18 他励直流电动机的固有机械特性曲线

3. 人为机械特性

为达到应用目的，人为地改变他励直流电动机的电路参数（如电压、励磁电流、电枢电路电阻等），所得到的机械特性称为人为机械特性。他励直流电动机的人为机械特性主要有以下三种。

1）电枢电路串联电阻时的人为机械特性

电枢电路串联电阻 R_{pa} 时，电枢电压和励磁磁通均为额定值，即 $U = U_N$，$\Phi_m = \Phi_N$，$R = R_a + R_{pa}$，此时的机械特性方程为

$$n = \frac{U_N}{C_e \Phi_N} - \frac{R_a + R_{pa}}{C_e C_T \Phi_N^2} T_{em} \qquad (3\text{-}14)$$

电枢电路串联电阻时的人为机械特性曲线如图 3-19 所示。从图 3-19 中可知，电枢电路串联电阻时的人为机械特性曲线是一组放射状曲线，它们都过理想空载点。理想空载转速 n_0 与固有机械特性 $T_{em}=0$ 时的 n_0 值相同。斜率 β 与电枢电路串联电阻的大小有关，电阻越大，β 值越大，机械特性越软。

电枢电路串联电阻后，若电磁转矩 T_{em} 为常数，则 $\Delta n \propto \beta \propto (R_a + R_{pa})$，其中 $\Delta n = n_0 - n$。利用这个比例关系，可以根据已知的 Δn 求出电枢电路串联电阻的阻值，也可进行逆运算。

2）改变电枢电压时的人为机械特性

改变电枢电压时，励磁磁通为额定值（$\Phi_m = \Phi_N$）。若电枢电路不串联电阻，只改变电枢电压，则此时的机械特性方程为

$$n = \frac{U}{C_e \Phi_N} - \frac{R_a}{C_e C_T \Phi_N^2} T_{em} \tag{3-15}$$

由于他励直流电动机的额定电压是工作电压的上限，因此电枢电压只能在低于额定电压的范围内变化。除改变电枢电压的大小外，还可以改变电枢电压的方向。改变电枢电压时的人为机械特性曲线如图 3-20 所示。从图 3-20 中可知，改变电枢电压时的人为机械特性曲线是一组平行直线。当 U 改变时，理想空载转速 n_0 随之变化，两者成正比关系。此时，各曲线的斜率都与固有机械特性曲线的斜率相同。

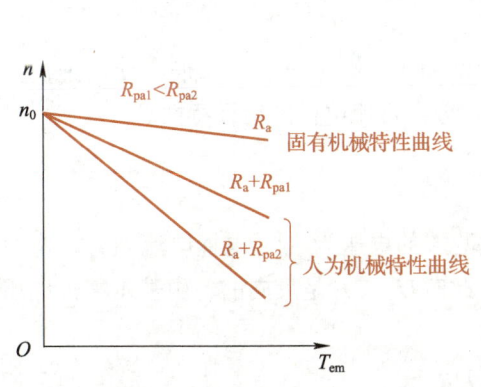
图 3-19 电枢电路串联电阻时的人为机械特性曲线

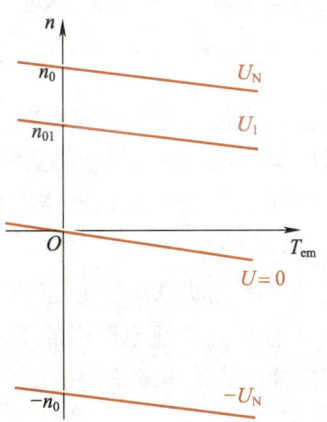
图 3-20 改变电枢电压时的人为机械特性曲线

3）减弱磁通时的人为机械特性

在励磁电路中串联电阻 R_{pf} 或降低励磁电压 U_f，可减弱励磁磁通，此时 $U = U_N$，$R_{pa} = 0$，机械特性方程为

$$n = \frac{U_N}{C_e \Phi_m} - \frac{R_a}{C_e C_T \Phi_m^2} T_{em} \tag{3-16}$$

显然，理想空载转速 $n_0 \propto \dfrac{1}{\Phi_m}$（$n_0 = \dfrac{U_N}{C_e \Phi_m}$），$\Phi_m$ 越小，n_0 越大；而斜率 $\beta \propto \dfrac{1}{\Phi_m^2}$

（$\beta = \dfrac{R_a}{C_e C_T \Phi_m^2}$），$\Phi_m$ 越小，机械特性曲线斜率越大。

减弱磁通时的人为机械特性曲线如图 3-21 所示。它是既不平行又不呈放射状的一组直线。

以上分析，都忽略了电枢反应的影响。实际上，由于电枢反应表现为去磁效应，因此机械特性曲线会出现上翘现象，如图3-22所示。

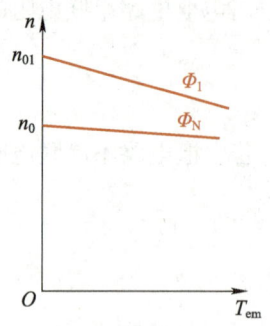

图 3-21　减弱磁通时的人为机械特性曲线　　图 3-22　考虑电枢反应时的机械特性曲线

对于容量较小的他励直流电动机，电枢反应引起的去磁效应一般不严重，对机械特性影响不大，可以忽略不计。对于容量较大的他励直流电动机，可在主磁极上加上一个补偿绕组，使电枢电流通过该绕组，由此产生的磁通即可补偿电枢反应引起的去磁效应，使他励直流电动机的机械特性曲线不出现上翘现象。

3.2.4　直流电机的运行特性

目前，直流发电机的应用较少，已逐渐被体积小、效率高、成本低、使用维护方便的整流电源代替。下面以他励直流电动机为例，分析直流电机的运行特性。

1. 他励直流电动机的基本方程

1）电压平衡方程

他励直流电动机在稳定运行时，加在电枢两端的电压为 U，电枢电流为 I_a，电枢电压为 U_a。由他励直流电动机的工作原理可知，此时 U_a 与 I_a 是反向的。由基尔霍夫电压定律可列出他励直流电动机的电压平衡方程，即

$$U = U_a + I_a R_a \tag{3-17}$$

式中：

R_a——电枢电阻，单位为 Ω。

2）转矩平衡方程

他励直流电动机的电磁转矩 T_{em} 为拖动转矩。当他励直流电动机以恒定的转速稳定运行时，电磁转矩 T_{em} 与负载转矩 T_L、空载转矩 T_0 两者之和相等，即

$$T_{em} = T_L + T_0 \tag{3-18}$$

由此可见，他励直流电动机转轴上的电磁转矩一部分转换为负载转矩，另一部分转换为铁损。

3）功率平衡方程

他励直流电动机在工作时从电网吸收的电功率 P_1，除去电枢电路铜损 P_{Cua}、电刷接触损耗 P_{Cub} 及励磁电路铜损 P_{Cuf} 后，其余均转换为电枢上的电磁功率 P_{em}。

电磁功率并不能全部用来输出，它的一部分转换成运行时的机械损耗 P_Ω、铁损 P_{Fe} 和附加损耗 P_{ad}，剩下的部分才转换成转轴对外输出的机械功率 P_2，即

$$P_1 = P_{Cua} + P_{Cub} + P_{Cuf} + P_{em} = P_{Cua} + P_{Cub} + P_{Cuf} + P_\Omega + P_{Fe} + P_{ad} + P_2 = \sum P + P_2 \quad (3-19)$$

他励直流电动机的功率转换流程如图 3-23 所示。

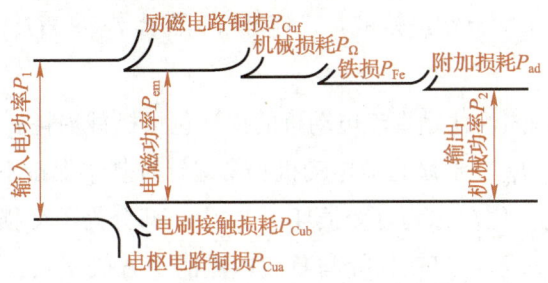

图 3-23 他励直流电动机的功率转换流程

2．他励直流电动机的运行特性

1）转速特性

转速特性是指当 $U = U_N$、$I_f = I_{fN}$、电枢电路不串联电阻时，他励直流电动机的转速 n 与输出功率 P_2 之间的关系，即

$$n = f(P_2)$$

由 $U = U_a + I_a R_a$ 和 $U_a = C_e \Phi_m n$ 可得出他励直流电动机的转速公式，即

$$n = \frac{U_N - I_a R_a}{C_e \Phi_m} \quad (3-20)$$

当输出功率 P_2 增大时，一方面电枢电流 I_a 增大，电枢电压降 $I_a R_a$ 增大，使转速减小；另一方面，由于电枢反应的去磁作用增大，Φ_m 减小，使转速增大。上述两者相互作用的结果是使转速呈略微减小趋势。

转速随负载变化的程度用他励直流电动机的额定转速调整率 $\Delta n_N \%$ 表示，有

$$\Delta n_N \% = \frac{n_0 - n_N}{n_N} \times 100\% \quad (3-21)$$

式中：

n_0——空载转速，单位为 r/min；

n_N——额定负载转速，单位为 r/min。

他励直流电动机的转速调整率很小，一般为 3%～8%，因此其转速的稳定性较好。

2）电磁转矩特性

电磁转矩特性是指当 $U=U_N$、$I_f=I_{fN}$、电枢电路不串联电阻时，他励直流电动机的电磁转矩 T_{em} 与输出功率 P_2 之间的关系，即

$$T_{em}=f(P_2)$$

由于输出功率 $P_2=T_L\omega$，因此

$$T_L=\frac{P_2}{\omega}=\frac{60P_2}{2\pi n}$$

由此可见，当转速不变时，$T_L=f(P_2)$ 为一条过原点的直线。实际上，当 P_2 增大时，转速 n 有所减小，因此曲线 $T_L=f(P_2)$ 将稍微向上弯曲。由于电磁转矩 $T_{em}=T_L+T_0$，因此只要在曲线 $T_L=f(P_2)$ 上加上空载转矩 T_0，便可得到曲线 $T_{em}=f(P_2)$。

3）效率特性

由功率平衡方程可知，他励直流电动机的损耗包括机械损耗 P_Ω、铁损 P_{Fe}、铜损 P_{Cu} 和附加损耗 P_{ad}。P_Ω 和 P_{Fe} 在他励直流电动机正常运行时基本保持不变，称为不变损耗；P_{Cu} 则随负载的变化而变化，称为可变损耗；P_{ad} 中一部分为不变损耗，另一部分为可变损耗。不变损耗用 P_Δ 表示；可变损耗与负载电流的平方成正比，主要为电枢绕组的铜损，用 $I_a^2R_a$ 表示。根据效率公式可得

$$\eta=\frac{P_2}{P_1}\times100\%=\frac{P_2}{P_2+P_\Delta+I_a^2R_a}\times100\% \qquad (3-22)$$

当他励直流电动机空载或轻载运行时，I_a 很小，可变损耗 $I_a^2R_a$ 与不变损耗 P_Δ 比较，可忽略不计。因此，当他励直流电动机空载或轻载运行时，η 随 P_2 的增大而快速增大；I_a 随着负载的增大而增大，可变损耗与电流的平方成正比，式（3-22）中分母增大的速度加快，效率 η 的增速变缓；当负载增大到一定程度时，可变损耗迅速增大，当分母增大的速度超过分子增大的速度时，η 反而随 P_2 的增大而减小。

综合测试

1. 填空题

（1）直流电机的励磁方式有_____、_____、_____和_____等。

（2）直流电机主磁极的作用是产生_____，它由_____和_____两部分组成。

（3）直流电机的电刷装置主要由_____、_____、_____、_____、_____等组成。

（4）电枢绕组的作用是通过_____和产生_____，使直流电机实现机械能与电能的转换。

（5）直流电机的额定功率是指直流电机长期以额定状态运行所允许的_____。

2. 选择题

（1）电枢直径为 425～1 000 mm 的直流电机，称为（　　）。

　　A．小型直流电机　　　　　　　　B．中型直流电机
　　C．中小型直流电机　　　　　　　D．大型直流电机

（2）为了减少铁损，电枢铁芯一般用厚（　　）、涂有绝缘漆的硅钢冲片叠压而成。

　　A．0.3 mm　　　　　　　　　　　B．0.4 mm
　　C．0.5 mm　　　　　　　　　　　D．0.5 mm

（3）平均气隙磁通密度的单位为（　　）。

　　A．m/s　　　　　　　　　　　　　B．N•m
　　C．Wb/m^2　　　　　　　　　　　D．r/min

3. 综合分析题

（1）有一台他励直流电动机，铭牌数据为：$P_N = 100$ kW，$U_N = 220$ V，$I_N = 517$ A，$n_N = 1\,200$ r/min。若已知 $R_a = 0.05\,\Omega$，铁损 $P_{Fe} = 2$ kW，试求：

① 该电动机的效率 η；

② 电磁功率 P_{em}；

③ 输出转矩 T_2。

（2）有一台并励直流电动机，铭牌数据为：$P_N = 96$ kW，$U_N = 440$ V，$I_N = 255$ A，$I_{fN} = 5$ A，$n_N = 1\,550$ r/min。若已知 $R_a = 0.087\,\Omega$，试求：

① 该电动机的额定输出转矩 T_N；

② 该电动机的额定电磁转矩 T_{em}；

③ 该电动机的理想空载转速 n_0。

（3）一台他励直流电动机的铭牌数据：$P_N = 10$ kW，$U_N = 220$ V，$I_N = 53.4$ A，$n_N = 1\ 500$ r/min。若已知 $R_a = 0.4\ \Omega$，试绘制以下几种情况下该电动机的机械特性曲线。

① 固有机械特性曲线；

② 电枢电路串联 1.6 Ω 电阻的机械特性曲线；

③ 电源电压降至额定电压一半的机械特性曲线；

④ 磁通减少 30% 的机械特性曲线。

学习成果评价

指导教师对学生的实际学习成果进行评价,学生配合指导教师共同完成表 3-4。

表 3-4 学习成果评价

班级		组号		日期	
姓名		学号		指导教师	
项目名称			直流电机		
评价项目	评价内容		评价方式	满分/分	评分/分
知识 (40%)	直流电机的分类		理论测试	4	
	直流电机的基本结构及工作原理			6	
	直流电机的铭牌数据			4	
	直流电机的磁场及电枢反应			6	
	直流电机的电枢电压、电磁转矩及电磁功率			6	
	直流电机的机械特性			7	
	直流电机的运行特性			7	
技能 (40%)	拆装直流电动机		实践操作	20	
	测定他励直流电动机的运行特性			20	
素养 (20%)	积极参加教学活动,主动学习、思考、讨论		综合评判	6	
	认真负责,按时完成学习、实践任务			4	
	团结协作,与组员之间密切配合			4	
	服从指挥,遵守课堂和实训室纪律			4	
	守正创新,自信自强			2	
合计				100	
自我评价					
指导教师 评价					

项目 4　特种电机

📌 项目导读

特种电机是一种体积和输出功率相对较小的微型电机或特种精密电机，它的结构、原理等都与常规电机的不同。常见的特种电机有步进电动机、伺服电动机、直线电动机、测速发电机、永磁无刷电动机等，被广泛应用于医疗、航空航天、工业自动化等领域。随着科技的不断发展，特种电机的应用范围还在不断扩大。

本项目主要介绍步进电动机、伺服电动机、直线电动机、测速发电机、永磁无刷电动机等特种电机的结构、原理等内容。

📌 知识目标

- 掌握步进电动机和伺服电动机的基本结构及工作原理
- 熟悉步进电动机的运行方式
- 掌握步进电动机的驱动及控制方式
- 熟悉伺服电动机的应用范围及性能特点
- 掌握直线电动机和永磁无刷电动机的基本结构、工作原理、特点及应用范围
- 掌握测速发电机的基本结构、输出特性、特点及应用范围

📌 技能目标

- 能拆装步进电动机
- 能测试交流伺服电动机
- 能测定直流测速发电机的输出特性

📌 素质目标

- 养成认真负责、求真务实的工作作风
- 弘扬执着专注、精益求精的职业精神
- 践行服务集体、团结协作的团队精神

项目 4 特种电机

任务 4.1 认识步进电动机

任务引入

某机床加工厂最近需要赶制一批对精度要求较高的零部件。由于时间紧、任务重，厂领导决定让机床生产线全天 24 小时运行，以加快生产进度。该生产线采用的是步进电动机，在连续运行一周后，噪声越来越大，控制精度也有所下降。为了确保生产安全和产品质量，厂领导只能暂停该生产线，并找来维修人员对其进行检修。维修人员通过检查，初步判断噪声是步进电动机内部零部件损坏所致，拆卸并更换其内部损坏的零部件即可解决问题。

请选择合适的工具和器材，对步进电动机进行拆装。

任务工单——拆装步进电动机

1. 知识准备

步进电动机又称脉冲电动机，是指定子绕组按一定程序供电时，转子以离散的角度增量旋转的电动机。每当步进电动机接收到一个电脉冲信号时，其转子就会转动一个步距角，步距角越小，步进电动机运转的平稳性就越好。

步进电动机的种类繁多，不同种类的步进电动机，其结构虽有所不同，但基本都由定子、转子、端盖、转轴、减速齿轮和盖板等组成。

2. 工具和器材准备

准备任务实施所需的工具和器材，补全表 4-1。

表 4-1 工具和器材清单

名称	规格	型号	数量
拆装工具			1 套
步进电动机		28BYJ-48 型	1 台

3. 任务实施

（1）待拆装的步进电动机如图 4-1 所示。检查步进电动机的外观，观察并记录步进电动机的型号及相关参数。

（2）拆卸步进电动机的端盖，如图 4-2 所示。拆掉端盖后，可看到步进电动机的转轴和减速齿轮。

（3）取下步进电动机的转轴和减速齿轮，如图 4-3 所示。

（4）取下步进电动机的转子和盖板，如图 4-4 所示。

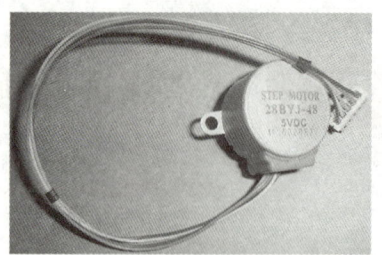

图 4-1　待拆装的步进电动机

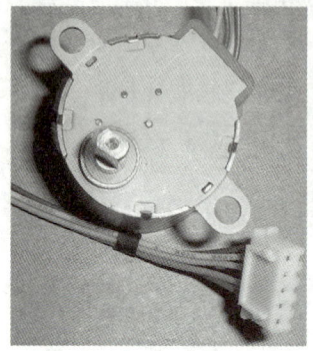
（a）

（b）

图 4-2　拆卸步进电动机的端盖

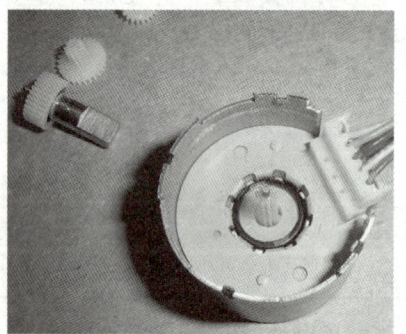

图 4-3　取下步进电动机的转轴和减速齿轮

（a）

（b）

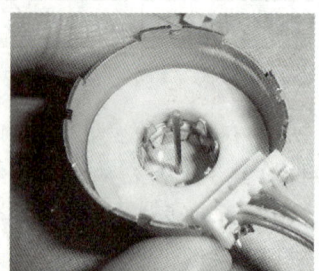
（c）

图 4-4　取下步进电动机的转子和盖板

(5)从步进电动机的机壳中取下定子,如图4-5所示。

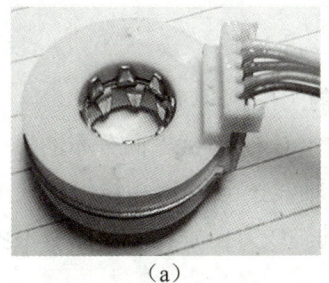 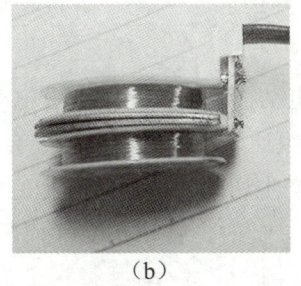 

(a)　　　　　　　　　　　(b)　　　　　　　　　　　(c)

图4-5　从步进电动机的机壳中取下定子

(6)按照拆卸的逆顺序装配步进电动机。

> 笔记
>
>
>

按转子结构的不同,步进电动机可分为永磁式、反应式和混合式三类。其中,反应式步进电动机因其结构简单、成本低、步距角小而被广泛应用。下面以反应式步进电动机为例进行介绍。

4.1.1　步进电动机的基本结构

步进电动机主要由定子和转子两部分组成。定子一般为凸极式结构,由硅钢片叠压而成,而且定子上设置的多相绕组可作为控制绕组(励磁绕组),用来接收电脉冲信号;转子一般也为凸极式结构,由软铁或永磁铁构成,但转子上不设置绕组。

三相反应式步进电动机的基本结构如图4-6所示。该电动机的定子上设有3对磁极,磁极上绕有控制绕组,相对的两个磁极上的控制绕组串联,构成三相独立的控制绕组。当电源向控制绕组输入电脉冲信号后,控制绕组会按一定的通电顺序开始工作,这个通电顺序称为三相反应式步进电动机的相序。

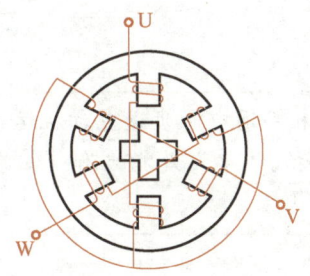 

扫一扫

步进电动机的分类

图4-6　三相反应式步进电动机的基本结构

转子的主要结构为磁性转轴,磁性转轴上设有4个均匀分布的齿。当定子中的控制绕组按相序有规律地通电、断电时,转子周围就会有一个按此规律变化的磁场,相应的电磁力也会作用在转子上,使转子发生转动。

4.1.2 步进电动机的工作原理及运行方式

1. 步进电动机的工作原理

下面以三相反应式步进电动机为例,介绍步进电动机的工作原理。

向步进电动机的 U 相绕组通以直流电,气隙中会产生沿 U_1U_2 轴线方向分布的磁场,转子的齿 1 和齿 3 被磁化,产生切向磁拉力,并把它们的轴线拉至与 U 相绕组轴线重合的位置,如图 4-7(a)所示。此时,转子不受任何与它的轴线方向垂直的力,故不做任何运动,这种状态称为转子自锁。

如果改为向步进电动机的 V 相绕组通以直流电,那么转子的齿 2 和齿 4 就会受到与它们轴线夹角为 30°的磁拉力,使它们的轴线与 V 相绕组的轴线对齐,从而使转子顺时针转动 30°,如图 4-7(b)所示。同理,当向步进电动机的 W 相绕组通以直流电时,转子再顺时针转动 30°,如图 4-7(c)所示。如此按照 U→V→W→U 的顺序,每换相一次,转子就顺时针转动 30°。每次换相转子所旋转的角度称为步距角。

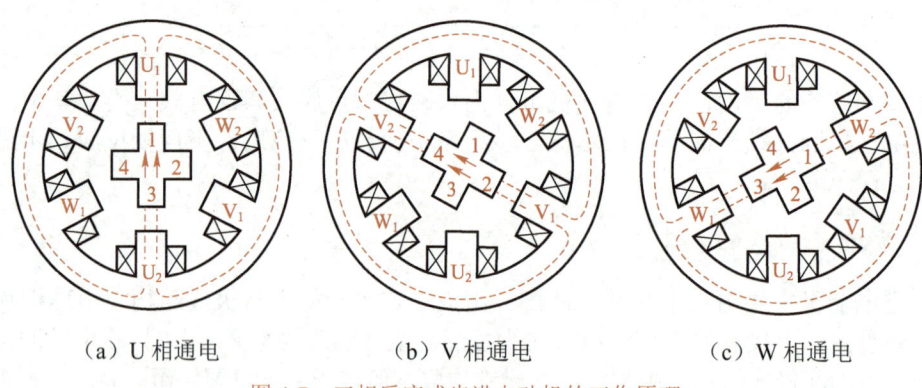

(a)U 相通电　　　　　(b)V 相通电　　　　　(c)W 相通电

图 4-7　三相反应式步进电动机的工作原理

2. 步进电动机的运行方式

按相序的不同,步进电动机的运行方式主要有单三拍运行、双三拍运行、单双六拍运行等。

点　拨

> 此处的"拍"是指电源按相序通电时步进电动机运行的"节拍",在一个相序循环内步进电动机运行一步称为一拍。"单"是指只有一相绕组通电,"双"是指有两相绕组同时通电。

1)单三拍运行

步进电动机以单三拍方式运行时,每次只有一相绕组通电,并且按照 U→V→W→U 的顺序不断接通和切断各相绕组,从而使转子以一定的速度转动起来。不过这种运行方式工作稳定性较差,容易出现失步现象,一般很少采用。

2）双三拍运行

步进电动机以双三拍方式运行时,有两相绕组同时通电,并且按照 UV→VW→WU→UV 的顺序轮流通电。每次通电时,转轴的方向便与通电的两相绕组之间的轴线对齐,步距角也是 30°。这种运行方式定位较准确,稳定性较好,不易出现失步现象。

3）单双六拍运行

步进电动机以单双六拍方式运行时,单相、双相绕组按照 U→UV→V→VW→W→WU→U 的顺序依次通电。此时,转子的步距角变为原来的一半,即 15°,因此需要六拍才能完成一个相序循环。相对于前两种运行方式,单双六拍由于通电方式变换多样,电源会比较复杂,但是转子的步距角明显变小,步进电动机的稳定性更好,因此在实际中多采用这种运行方式。

4.1.3 步进电动机的驱动及控制方式

1. 步进电动机的驱动

步进电动机不能直接接到直流或交流电源上,必须使用专用的驱动电源。步进电动机的驱动电源一般由脉冲信号发生电路、脉冲分配电路、功率放大电路等组成。脉冲信号发生电路用来产生基准频率信号;脉冲分配电路将基准频率信号转换成步进电动机所需的各种电脉冲信号;功率放大电路对脉冲分配电路输出的电脉冲信号进行放大,然后送入步进电动机的各相绕组,从而使步进电动机转动。

随着单片机技术的发展,脉冲信号发生电路、脉冲分配电路的工作可由单片机来完成,而功率放大电路的选择则会直接影响到步进电动机的使用性能。按功率放大电路的不同,步进电动机的驱动方式主要有单电压驱动、双电压驱动、斩波驱动、细分驱动、集成电路驱动等。

2. 步进电动机的控制方式

步进电动机的控制方式主要有开环控制和闭环控制两种。

1）开环控制

步进电动机的运行受输入脉冲控制,其位移量严格受控于输入脉冲的数量,即其平均转速严格正比于输入脉冲的频率。因此,只要准确控制输入脉冲的数量或频率,就能对步进电动机进行精确的位置或速度控制,而不需要系统反馈。这种没有系统反馈的控制方式称为开环控制。

步进电动机开环控制系统的结构如图 4-8 所示。该系统主要由控制器、脉冲分配器、驱动电路及步进电动机等组成。开环控制系统的控制精度主要取决于步进电动机步距角的精度和负载情况。开环控制系统因其结构简单、工作可靠、成本低,而被广泛应用于各种数字控制系统中。

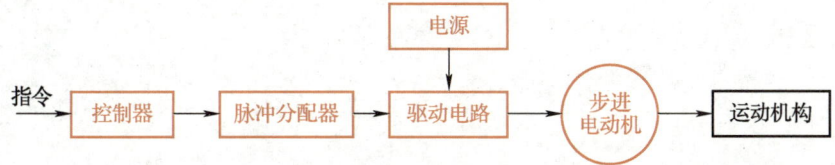

图 4-8 步进电动机开环控制系统的结构

2）闭环控制

由于开环控制系统无法预测和监控步进电动机的实际运行情况，因此在某些运行速度调节范围大、负载大小变化频繁的场合，步进电动机容易出现失步现象；而在对精度要求较高的场合，开环控制系统则无法满足控制精度的要求。为此，可在开环控制系统中增加反馈环节，构成闭环控制系统。步进电动机闭环控制系统的结构如图4-9所示。

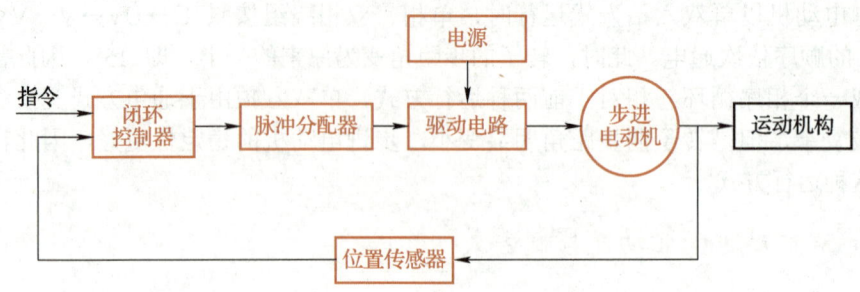

图 4-9　步进电动机闭环控制系统的结构

与开环控制系统相比，闭环控制系统多了一个由位置传感器组成的反馈环节。将位置传感器测出的负载实际位置与目标位置进行比较，再用比较信号进行控制，不仅可防止步进电动机失步，还能消除位置误差，提高系统的控制精度。闭环控制系统的控制精度虽与步进电动机的性能有关，但主要取决于位置传感器的精度。

📝 笔　记

任务 4.2　认识伺服电动机

任务引入

小李在一家生产汽车零部件的工厂上班,他主要负责管理该厂的发动机零部件生产线。该生产线采用的是交流伺服电动机。某日早上,他像往常一样,正打算和工友们一起工作,结果发现该生产线在接通电源后不能正常运行,而且还发出"嗡嗡"的响声。为了不耽误生产进度,精通机电技术的小李立即对该生产线进行了检查。检查后发现,出现这一问题的原因是交流伺服电动机的转子绕组断路。于是,他就对故障进行了维修。维修后,该生产线恢复了正常。

请选择合适的工具和器材,对交流伺服电动机进行测试。

任务工单——测试交流伺服电动机

1. 知识准备

伺服电动机是指在伺服系统中用于控制机械元件运转的电动机,其特点是有控制电压时,转子立即转动;无控制电压时,转子立即停转;转轴的转速和转向是由控制电压的大小和方向决定的。

伺服电动机可分为交流伺服电动机和直流伺服电动机两大类。其中,交流伺服电动机是一种用交流电信号控制的伺服电动机。交流伺服电动机通常用在对位置、速度等控制精度要求较高的场合,如机床、印刷设备、包装设备、纺织设备、激光加工设备、机器人、制药设备、金融机具、自动化生产线等。

2. 工具和器材准备

准备任务实施所需的工具和器材,补全表 4-2。

表 4-2　工具和器材清单

名称	规格	型号	数量	名称	规格	型号	数量
交流伺服电动机			1 台	三相交流电源			1 台
调压变压器			2 台	带熔断器的刀开关			2 个
交流电压表			2 台	导线			
电动测功机			1 台	其他			

3. 任务实施

(1) 按图 4-10 所示连接电路。其中,R_f 为励磁绕组的电阻,R_k 为控制绕组的电阻。

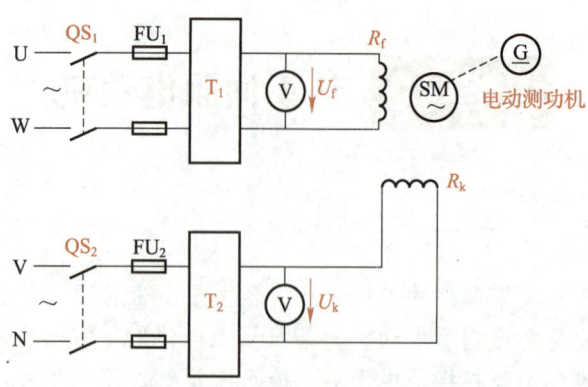

图 4-10 测试交流伺服电动机电路

（2）闭合 QS_1 和 QS_2，启动交流伺服电动机，使交流伺服电动机空载运行。

（3）快速将控制绕组两端开路，或者将调压变压器 T_2 的输出电压快速调至零，观察交流伺服电动机有无自转现象，并比较上述两种方法下交流伺服电动机停转所用的时间。

（4）将 QS_2 的输入端 V 相和 N 相对调后重新连接，使控制电压的相位改变 180°，重新启动交流伺服电动机，观察其转向变化情况。

（5）恢复如图 4-10 所示电路连接，调节 T_1 和 T_2，令 $U_f = U_{fN}$、$U_k = U_{kN}$，使交流伺服电动机在额定状态下空载运行，然后测量交流伺服电动机的空载转速 n_0 并将其填入表 4-3 中。

（6）调节电动测功机，逐步增大交流伺服电动机的负载，直至交流伺服电动机堵转，在此过程中均匀地选取 5~7 组 n-T 数据，并将其填入表 4-3 中。

（7）调节 T_2，使 $U_k = 0.5 U_{kN}$，重复步骤（6），并将其填入表 4-3 中。

表 4-3 交流伺服电动机测试试验数据

	n_0/（r·min^{-1}）							
$U_k = U_{kN}$	n/（r·min^{-1}）							
	T/（N·m）							
$U_k = 0.5 U_{kN}$	n/（r·min^{-1}）							
	T/（N·m）							

笔 记

4.2.1 交流伺服电动机

交流伺服电动机可分为同步交流伺服电动机和异步交流伺服电动机两种。

1. 同步交流伺服电动机

同步交流伺服电动机的基本结构与一般同步电动机的相似,它主要由定子和转子两大部分组成。当同步交流伺服电动机由变频电源供电时,可得到硬机械特性和较大的调速范围。

数控机床等设备的伺服系统多采用永磁同步交流伺服电动机,该电动机的工作原理如图 4-11 所示。永磁同步交流伺服电动机的转子为永磁体,当向定子绕组中通入三相交流电流时,定子绕组会在转子周围产生旋转磁场。旋转磁场的磁极会紧紧吸住转子的磁极,使其以同步转速转动。因此,转子的转速只取决于电源的频率和永磁同步交流伺服电动机的磁极对数,而与负载的大小无关。

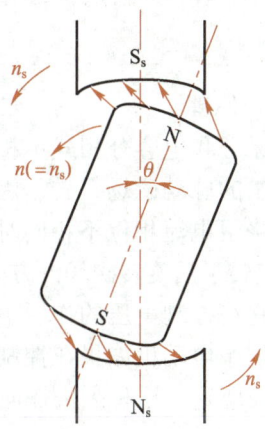

图 4-11 永磁同步交流伺服电动机的工作原理

当永磁同步交流伺服电动机的负载转矩增大时,转子的磁极轴线与旋转磁场的磁极轴线之间的夹角 θ 会增大;反之,θ 会减小。若负载转矩超过一定限度,则永磁同步交流伺服电动机就会失步甚至停转。这个限度的负载转矩称为最大同步转矩。

2. 异步交流伺服电动机

1) 异步交流伺服电动机的基本结构

按转子结构的不同,异步交流伺服电动机又可分为笼式异步交流伺服电动机和杯式异步交流伺服电动机两种。其中,笼式异步交流伺服电动机因利用率高、体积小、机械强度高、可靠性高、制造成本低而被广泛应用。下面以笼式异步交流伺服电动机为例,介绍异步交流伺服电动机的基本结构。

笼式异步交流伺服电动机主要由定子和转子两部分组成。其定子绕组分为两相,一相为励磁绕组,一相为控制绕组,如图 4-12 所示。笼式异步交流伺服电动机的励磁绕组与控制绕组在空间上的电角度相差 90°,其实质上是两相绕组的异步电动机。

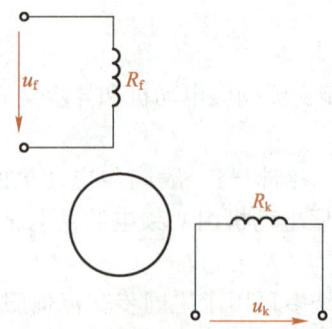

图 4-12 笼式异步交流伺服电动机的定子绕组

 点　拨

控制绕组通常分成两个独立且相同的部分，这两部分之间既可以串联，又可以并联，但需要匹配不同的控制电压。

2）异步交流伺服电动机的工作原理

异步交流伺服电动机的工作原理和电容分相式单相异步电动机的相似。在没有控制电压时，气隙中只有励磁绕组产生的脉动磁场，转子因没有启动转矩而静止不动。当有控制电压且控制绕组电流和励磁绕组电流相位不相同时，气隙中会产生一个旋转磁场，旋转磁场所产生的电磁转矩，会使转子沿旋转磁场的方向转动。

对于伺服电动机，不仅要求它在控制电压的作用下能自行启动，还要求它在控制电压消失后能立即停转。这是因为伺服电动机如果在控制电压消失后仍像一般单相异步电动机那样继续转动，就会出现失控现象。这种因失控而自行转动的现象称为自转。

为消除异步交流伺服电动机的自转现象，可采取增大转子电阻的措施。这是因为当控制电压消失后，异步交流伺服电动机处于单相运行状态，其 T_{em}-s 曲线如图 4-13 所示。其中，正序旋转磁场与转子作用所产生的转矩特性曲线为曲线 1，负序旋转磁场与转子作用所产生的转矩特性曲线为曲线 2，合成转矩特性曲线为曲线 3。合成转矩是一个制动转矩，其方向与异步交流伺服电动机的转向相反，这就保证了当控制电压消失后，异步交流伺服电动机能迅速停转。

增大转子电阻不仅可消除自转现象，还能扩大调速范围、改善调节特性、提高反应速度等。

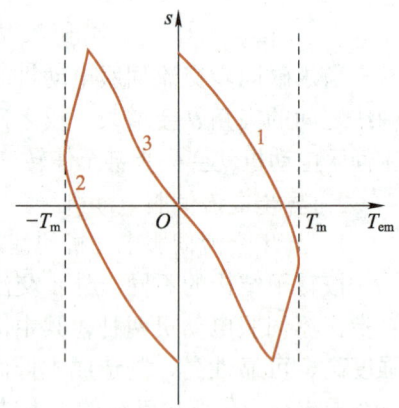

图 4-13 异步交流伺服电动机单相运行时的 T_{em}-s 曲线

3）异步交流伺服电动机的控制方法

在实际应用中，可采用下列三种方法来控制异步交流伺服电动机的转速及转向。

（1）幅值控制：保持控制电压与励磁电压间的相位差不变，仅改变控制电压的幅值。

（2）相位控制：保持控制电压的幅值不变，仅改变控制电压与励磁电压间的相位差。

（3）幅相控制：同时改变控制电压的幅值，以及控制电压与励磁电压间的相位差。

3．交流伺服电动机的应用

交流伺服电动机运行平稳、噪声小，但其控制特性曲线是非线性的，并且因转子电阻大而使其损耗大、效率低。与同容量直流伺服电动机相比，交流伺服电动机体积大、质量大，因此只适用于 100 W 以下的小功率自动控制系统。

点　拨

> 交流伺服电动机的输出功率一般在 100 W 以下。当电源的频率为 50 Hz 时，交流伺服电动机的电压等级有 36 V、100 V、220 V、380 V 等；当电源的频率为 400 Hz 时，交流伺服电动机的电压等级有 20 V、36 V、115 V 等。

下面介绍交流伺服电动机在自动测温系统中的应用。如图 4-14 所示，交流伺服电动机在自动测温系统中作为执行元件，由偏差电压 ΔU 控制，用于驱动显示盘的指针和电位计的滑动触点。热电偶将被测温度转换成控制电压 U_1。当被测温度为 0℃时，$U_1 = 0$，交流伺服电动机不转动，显示盘的指针指向 0℃位置，电位计的输出电压 $U_f = 0$，比较电路的输出电压即偏差电压 $\Delta U = U_1 - U_f = 0$。

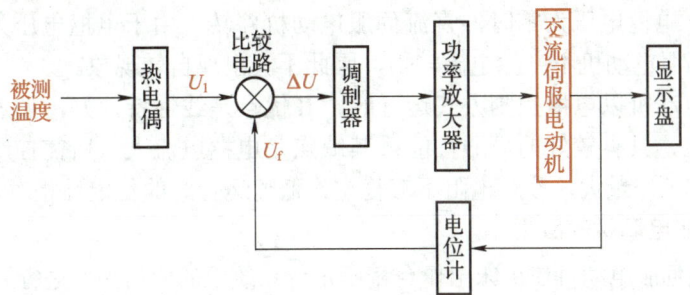

图 4-14　自动测温系统的原理框图

当被测温度变化时，U_1 随之变化，使 $\Delta U \neq 0$，ΔU 经调制器调制为交流电压，再由功率放大器进行功率放大后，驱动交流伺服电动机的控制绕组，使交流伺服电动机转动，从而驱动显示盘指针转动、电位计滑动触点移动，U_f 相应发生变化，使 ΔU 逐步减小，至 $\Delta U = U_1 - U_f = 0$ 时交流伺服电动机停转，显示盘的指针停留在与 U_1 对应的刻度上。

4.2.2　直流伺服电动机

1．直流伺服电动机的基本结构

直流伺服电动机的基本结构与普通他励直流电动机的相似。不同的是，直流伺服电动机的电枢电流很小，不存在换向困难，因此无须采用换向磁极，并且其转子细长，气隙较小，磁路不饱和，电枢电阻较大。直流伺服电动机的外形如图 4-15 所示。

图 4-15　直流伺服电动机的外形

按励磁方式的不同,直流伺服电动机可分为电磁式和永磁式两类。电磁式直流伺服电动机的磁场由励磁绕组产生;永磁式直流伺服电动机的磁场由永磁体产生,不需要励磁绕组和励磁电流,可减小永磁式直流伺服电动机的体积和损耗。为了适应不同系统的需要,直流伺服电动机还发展出了低惯量型无槽电枢直流伺服电动机、空心杯式直流伺服电动机、印制绕组直流伺服电动机和无刷直流伺服电动机等。

2．直流伺服电动机的工作原理

传统直流伺服电动机的工作原理与普通直流电动机的相似,都是依靠电枢电流与气隙磁通的作用产生电磁转矩,使转子转动。直流伺服电动机通常采用电枢控制方式,即在保持励磁电压不变的条件下,通过改变电枢电压来控制直流伺服电动机。电枢电压越小,转速越低;电枢电压为零时,直流伺服电动机停转。由于电枢电压为零时电枢电流也为零,直流伺服电动机不产生电磁转矩,因此不会出现自转现象。

直流伺服电动机以电枢控制方式运行时,其优点是线性特性好,调速范围大,效率高,启动转矩大,具有较好的伺服性能;其缺点是电枢电流大,所需控制功率大,电刷和换向器的维护工作量大,接触电阻不够稳定,低速运行时的稳定性相对较差。

3．直流伺服电动机的应用

下面以直流伺服电动机在机床工作台精确定位系统中的应用为例进行介绍。如图 4-16 所示,直流伺服电动机在机床工作台精确定位系统中作为执行元件,由偏差电压 ΔU 控制,用于驱动机床工作台。运算控制电路将机床工作台移动的位置指令转换成控制电压 U_1。

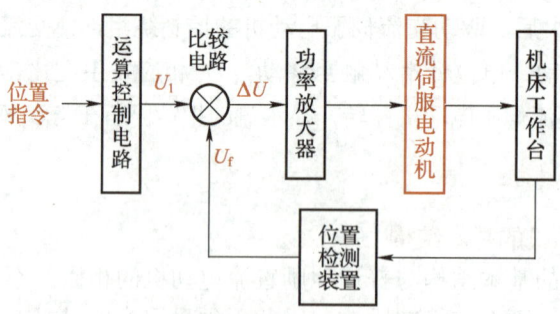

图 4-16　机床工作台精确定位系统的原理框图

当不需要机床工作台移动时,$U_1 = 0$,直流伺服电动机不转动,位置检测装置的输出电压 $U_f = 0$,比较电路的输出电压即偏差电压 $\Delta U = U_1 - U_f = 0$。

当需要机床工作台向前移动到某一位置时，U_1 是一个相应的正值，使 $\Delta U > 0$，ΔU 由功率放大器进行功率放大后，驱动直流伺服电动机的控制绕组，使直流伺服电动机转动，从而带动机床工作台移动，U_f 相应发生变化，使 ΔU 逐步减小，至 $\Delta U = U_1 - U_f = 0$ 时直流伺服电动机停转，机床工作台停留在与 U_1 对应的位置。

4.2.3 交、直流伺服电动机的性能比较

在自动控制系统中，交、直流伺服电动机的应用都很广泛，在此对这两类伺服电动机的性能加以比较，说明其优缺点，以供选用时参考。

1．机械特性

直流伺服电动机的转矩随转速的增大而均匀地减小。直流伺服电动机在不同控制电压下的机械特性曲线是平行的，即机械特性曲线是线性的，且为硬机械特性，负载转矩的变化对转速的影响很小。

交流伺服电动机的机械特性曲线是非线性的，当采用电容移相控制时非线性尤为严重，而且机械特性曲线的斜率会随控制电压的变化而变化，这不仅会影响系统的稳定性，还会给校正带来困难。交流伺服电动机负载转矩的变化对转速的影响很大，阻尼系数较小，时间常数较大，系统品质较差。

2．自转现象

直流伺服电动机无自转现象。

交流伺服电动机如果设计参数选择不当，或者制造工艺不良，那么在单相状态下将会出现自转现象。

3．体积、重量和效率

交流伺服电动机的转子电阻相当大，会造成交流伺服电动机在运行时损耗大、效率低。而且交流伺服电动机通常运行在椭圆形旋转磁场下，反向磁场所产生的制动转矩会使交流伺服电动机输出的有效转矩减小，因此当输出功率相同时，交流伺服电动机比直流伺服电动机体积大、质量大、效率低。故交流伺服电动机只适用于小功率伺服系统，功率较大的伺服系统普遍采用直流伺服电动机。

4．结构

直流伺服电动机结构复杂，不便于制造；运行时电刷和换向器滑动接触，接触电阻不稳定，会影响直流伺服电动机运行的稳定性，还容易产生电火花，给运行和维护带来不便。

交流伺服电动机结构简单，维护方便，运行可靠，适用于不易检修的场合。

伺服电动机
和步进电动机的区别

5．控制装置

直流伺服电动机的控制绕组通常由直流放大器供电，直流放大器比交流放大器结构复杂，且有零点漂移现象，会影响系统的稳定性和控制精度。

任务 4.3　认识其他特种电机

任务引入

某风景区有一条 8 人吊厢循环脱挂式索道，该索道采用地下驱动方式，其驱动轮测速采用的是直流测速发电机。某日，维修人员在对设备进行例行检查时，发现直流测速发电机的换向器磨损严重，于是便将之前进厂维修过的直流测速发电机更换上。更换后，维修人员发现该索道运行时的实际速度远小于给定速度。

为了保证索道的安全运行，维修人员对维修过的直流测速发电机进行了细致的检测，判断该直流测速发电机在运输或拆装过程中可能因磕碰导致励磁线圈出现故障，从而使磁场减弱、磁通量减少，对应的转速和输出电压也随之下降。随后，维修人员将新的直流测速发电机更换上，该索道便正常运行了。

请选择合适的工具和器材，对直流测速发电机的输出特性进行测定。

任务工单——测定直流测速发电机的输出特性

1. 知识准备

直流测速发电机的输出特性是指在带负载运行时输出电压 U_a 与转速 n 之间的关系，即 $U_a = f(n)$。直流测速发电机在带不同负载时的理想输出特性曲线如图 4-17 所示。

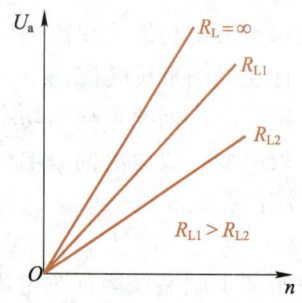

图 4-17　直流测速发电机在带不同负载时的理想输出特性曲线

直流测速发电机的输出特性包括空载输出特性和负载输出特性，应分别对其进行测定。

2. 工具和器材准备

准备任务实施所需的工具和器材，补全表 4-4。

表 4-4　工具和器材清单

名称	规格	型号	数量	名称	规格	型号	数量
直流测速发电机			1 台	直流电压表			1 台
直流励磁电源			1 台	转速表			1 台

表 4-4（续）

名称	规格	型号	数量	名称	规格	型号	数量
电枢电源			1 台	可调电阻器			3 个
直流电机			1 台	其他			

3．任务实施

（1）按图 4-18 所示连接电路。其中，$R_{pf} = 1800\ \Omega$，$R_{pa} = 180\ \Omega$，$R_L = 5400\ \Omega$。

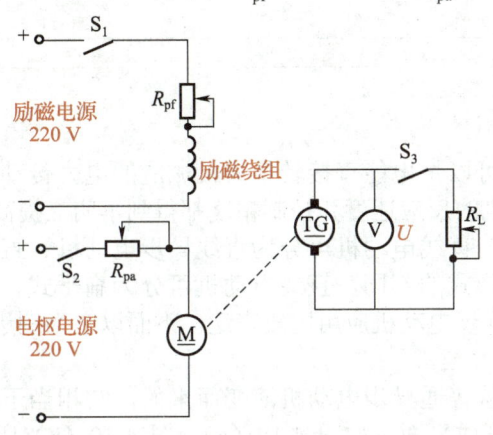

图 4-18　直流测速发电机的输出特性测试电路

（2）校正直流电机，使其按照他励直流电动机方式工作。将 R_{pf} 和电枢电源输出电压调至最小值，将 R_{pa} 和 R_L 调至最大值，将直流电压表调至 100 V，将 S_3 断开。

（3）先接通 S_1，再接通 S_2，在直流电机启动后，将 R_{pa} 调至最小值，升高电枢电源输出电压并适当减小励磁绕组的电阻 R_{pf}，使直流电机转速达到 2 000 r/min。然后，减小电枢电源输出电压并调节 R_{pa}，使直流电机逐渐减速。记录对应的转速和输出电压，测算 7~8 组数据，并将其记录于表 4-5 中。

（4）闭合 S_3，重复步骤（3），测算 7~8 组数据，并将其记录于表 4-6 中。

表 4-5　直流测速发电机空载输出特性测试结果

$n/(\mathrm{r \cdot min^{-1}})$								
U/V								

表 4-6　直流测速发电机负载输出特性测试结果

$n/(\mathrm{r \cdot min^{-1}})$								
U/V								

（5）测试结果经指导教师确认后，依次断开 S_3、S_2 和 S_1。

4. 注意事项

（1）在启动直流电机前，必须串联足够的电枢电阻，否则系统会自动开启保护功能。

（2）在启动直流电机时，必须先接通励磁电源，否则会导致直流电机"飞车"。因此，接通开关的顺序应为 $S_1 \rightarrow S_2 \rightarrow S_3$；断开开关的顺序应为 $S_3 \rightarrow S_2 \rightarrow S_1$。

📝 笔记

4.3.1 直线电动机

直线电动机是一种可以将电能直接转换成机械能的电力传动装置，它省去了中间的传动机构，使直线电动机的反应速度和控制精度都得到了明显提高。

按工作原理的不同，直线电动机可分为直线异步电动机、直线同步电动机和直线直流电动机三种；按结构形式的不同，直线电动机可分为扁平式、圆筒式、圆盘式和圆弧式等类型。其中，直线异步电动机应用比较广泛，下面以它为例进行介绍。

1. 直线电动机的基本结构

直线异步电动机是从普通异步电动机演变而来的，它相当于把普通旋转电机沿径向剖开，将定子、转子展开成平面，如图 4-19（a）、图 4-19（b）所示。由定子演变而来的一侧称为初级，由转子演变而来的一侧称为次级。与普通旋转电机不同，直线电动机的运动方式不限于初级固定而次级运动，有时也可以是次级固定而初级运动。初级固定而次级运动的运动方式称为动次级，反之称为动初级。

有时初级和次级长度不等，有短次级和短初级之分，如图 4-19（c）、图 4-19（d）所示。直线异步电动机一般采用短初级形式。

（a）沿径向剖开　　（b）将定子、转子展开成平面

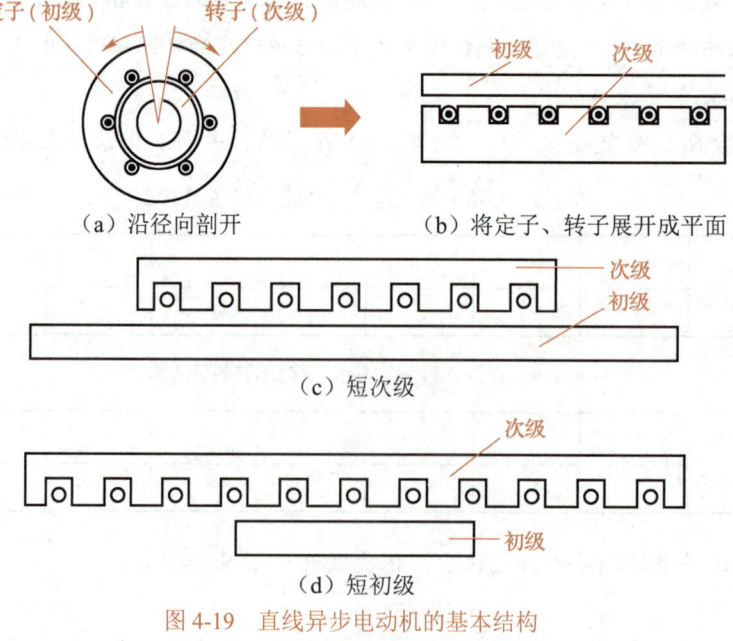

（c）短次级

（d）短初级

图 4-19　直线异步电动机的基本结构

2. 直线电动机的工作原理

以直线异步电动机为例,其工作原理与普通异步电动机的相似。如图 4-20 所示为直线异步电动机的工作原理。

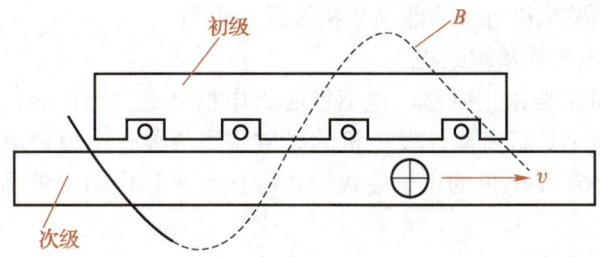

图 4-20　直线异步电动机的工作原理

当接通交流电源时,气隙中会产生磁感应强度为 B 的磁场,该磁场被称为行波磁场。当电源电压的大小随时间变化时,行波磁场的磁感应强度也随之变化。行波磁场的移动方向为水平移动,移动速度和旋转磁场在定子内圆表面的线速度是一样的,该速度被称为同步速度。次级导条在行波磁场的切割下,会产生感应电压和感应电流,从而产生水平方向的推力。如果初级固定不动,那么磁推力将带动次级以速度 v 做直线运动。

直线异步电动机的换向和调速都与交流伺服电动机的相似。通过改变通电的相序,可改变直线异步电动机的方向,从而使其做往复运动;通过改变电源电压的幅值或相位,可达到调速的目的。

3. 直线电动机的特点及应用

与普通旋转电机相比,直线电动机具有以下优点。
(1) 无须采用传动机构,系统较为简单,控制精度较高,成本较低。
(2) 驱动时,不受中间传动机构的影响,响应速度快。
(3) 磁推力直接驱动电力传动装置运动,噪声较小或无噪声。
(4) 散热面积大,散热性好。
(5) 机械磨损小。
(6) 可靠性高。
(7) 装配灵活。

与此同时,直线电动机也存在以下缺点。
(1) 效率和功率因数较低。
(2) 受电源电压影响较大。

直线电动机被广泛应用于吊车、金属传送带、高速电力列车中。除此之外,直线电动机也被广泛应用于航空航天仪器、自动化仪器、医疗器械等精密仪器设备中,以及电动门、电动桌等各种民用装置中。

4.3.2　测速发电机

在自动控制系统中,为了便于控制,有时需要把机械旋转量转换成电信号。测速发电机就是能够完成这一任务的一种电磁装置,它不仅可用于测量转速,还可用于校正元件。

按输出电压的不同,测速发电机可分为直流测速发电机和交流测速发电机两种。

1. 直流测速发电机

直流测速发电机是一种能够将转速信号转换成直流电压信号的测速元件。按励磁方式的不同,直流测速发电机可分为他励式和永磁式两类。

1) 直流测速发电机的基本结构

直流测速发电机主要由主磁极、电枢铁芯、电枢绕组、换向器、电刷装置等组成,如图 4-21 所示。他励式直流测速发电机的励磁绕组需要一个恒定电源供电,因此比较少用。永磁式直流测速发电机的定子磁极为永磁体,无须电源提供励磁电流,因此应用较多。

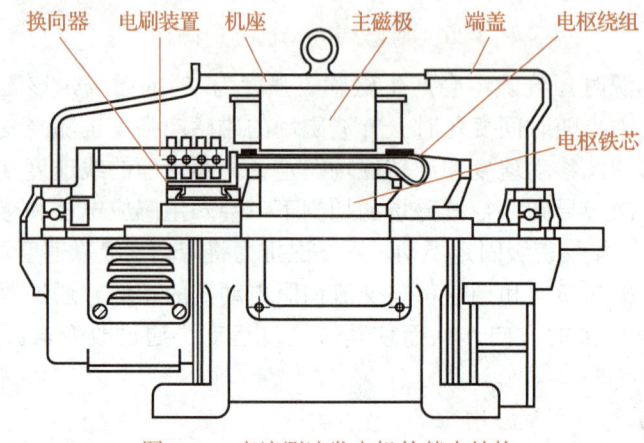

图 4-21 直流测速发电机的基本结构

2) 直流测速发电机的输出特性

直流测速发电机实际上是一台微型的直流发电机,其工作原理与一般直流发电机的相似,如图 4-22 所示。

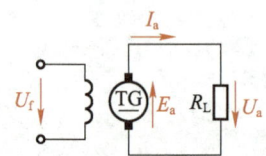

图 4-22 直流测速发电机的工作原理

在恒定的磁场中,当电枢以转速 n 转动时,电枢上的导体切割磁通 Φ,在电刷中产生感应电压 U_{a1},其大小为

$$U_{a1} = C_e \Phi n \tag{4-1}$$

式中:

Φ ——直流测速发电机空载运行时的每极磁通,单位为 Wb;

C_e ——电压常数;

n ——直流测速发电机的转速,单位为 r/min。

当直流测速发电机空载运行时,其电枢电流为零,输出电压就是空载电压,即

$U_a = U_0 = U_{a1}$,输出电压与转速成正比。

当直流测速发电机带负载运行时,其电枢电流不为零,直流测速发电机的输出电压为

$$U_a = U_{a1} - I_a R_a \tag{4-2}$$

式中:

R_a——电枢电阻,包括电枢绕组电阻和电刷接触电阻,单位为Ω。

负载电流为

$$I_a = \frac{U_a}{R_L} \tag{4-3}$$

式中:

R_L——负载电阻,单位为Ω。

将式(4-3)代入式(4-2)中,可得

$$U_a = U_{a1} - \frac{U_a}{R_L} R_a$$

则直流测速发电机的输出电压为

$$U_a = U_{a1}/(1 + R_a/R_L) \tag{4-4}$$

将式(4-1)代入式(4-4)中,可得

$$U_a = C_e \Phi n/(1 + R_a/R_L) = Cn \tag{4-5}$$

式中,C为直流测速发电机输出特性曲线的斜率,$C = C_e \Phi/(1 + R_a/R_L)$。当$C_e$、$\Phi$、$R_a$及$R_L$均为常数时,$C$为固定值。

由此可知,直流测速发电机在理想状态下的输出特性曲线是线性的。其理想输出特性曲线如图4-17所示。

3)直流测速发电机的特点及应用

直流测速发电机的灵敏度比交流测速发电机的高约20倍,且没有相位误差,可以明显地将转向反映出来;输出特性不随负载的变化而变化,但由于换向器和电刷的存在,因此会产生换向电火花和电磁干扰,使直流测速发电机的可靠性变差。近年来,无刷直流测速发电机的发展改善了直流测速发电机的性能,提高了它的可靠性。

直流测速发电机广泛应用于自动控制系统、测量技术装置及计算机装置中。如图4-23所示为恒速自动调节系统的原理框图。

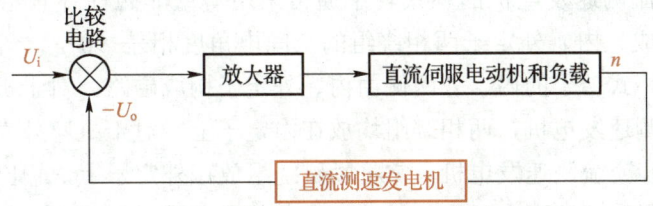

图4-23 恒速自动调节系统的原理框图

当旋转机械的转速发生变化时,直流伺服电动机的负载转矩和转速也将发生变化。为了使旋转机械的转速恒定,可在直流伺服电动机的输出轴上,同轴连接一台直流测速发电机,将直流测速发电机的输出电压与给定电压的差值加在放大器的输入端,经放大器放大后再供给直流伺服电动机。例如,当负载转矩减小时,直流伺服电动机的转速增大,此时直流测速发电机的输出电压 U_o 增大,给定电压 U_i 与 U_o 的差值减小,经放大器放大后加到直流伺服电动机上的电压减小,直流伺服电动机开始减速,直至其稳定在给定的转速上。

2. 交流测速发电机

交流测速发电机可分为同步交流测速发电机和异步交流测速发电机两种。

同步交流测速发电机是将由永磁铁制成的磁极作为转子的交流发电机。它的输出电压和频率会随着转速的变化而变化,因此它的输出特性曲线不是线性的。同步交流测速发电机不能对转向做出准确的判别,因此在自动控制系统中很少使用,通常只用于指针式转速计。

异步交流测速发电机又可分为杯式异步交流测速发电机和笼式异步交流测速发电机两种。其中,杯式异步交流测速发电机因其控制精度较高、结构相对简单、噪声低而被广泛应用;笼式异步交流测速发电机的输出线性度较差,仅用于对控制精度要求不高的场合。

下面以杯式异步交流测速发电机为例进行介绍。

1) 交流测速发电机的基本结构

杯式异步交流测速发电机主要由内定子、外定子及夹在它们之间的杯式转子等组成,如图 4-24 所示。

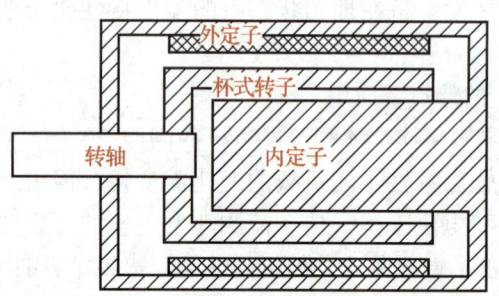

图 4-24 杯式异步交流测速发电机的基本结构

杯式异步交流测速发电机的杯式转子通常采用薄壁非磁性杯状结构,由高电阻率的非磁性材料制成。内、外定子两相绕组的空间电角度相差 90°,一个为励磁绕组,一个为输出绕组。杯式转子的内、外两侧由内、外定子构成磁路。对于机座外壳直径较小的杯式异步交流测速发电机,两相绕组均放在内定子上;对于机座外壳直径大于或等于 36 mm 的杯式异步交流测速发电机,常将励磁绕组放在外定子上,输出绕组放在内定子上,并且在内定子上还装配有一个可转动的调节装置,通过调节内、外定子间的相对位置来减小或消除剩余电压。

2）交流测速发电机的工作原理

如图 4-25 所示为杯式异步交流测速发电机的工作原理，其中励磁绕组应接到幅值和频率均不发生变化的电压 u_1 上。

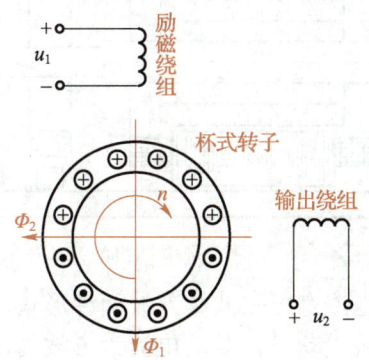

图 4-25　杯式异步交流测速发电机的工作原理

当杯式转子静止（$n=0$）时，励磁绕组产生磁通为 Φ_1 的脉动磁场（纵轴方向），该磁场穿过杯式转子绕组，在杯式转子绕组中产生相应的感应电流。由于杯式转子绕组的电阻远大于电抗，感应电流所产生磁场的方向与纵轴方向基本一致，仍与输出绕组正交，因此在输出绕组中不会产生感应电压，输出电压 u_2 为零。

当杯式转子以转速 n 转动时，杯式转子会切割磁通为 Φ_1 的脉动磁场，并在杯式转子绕组中产生相应的感应电流。由于杯式转子绕组的电阻远大于电抗，感应电流所产生磁场的方向与输出绕组的轴线方向基本一致，因此在输出绕组中有感应电压产生，并且输出电压 u_2 的大小与杯式转子的转速 n 成正比。

当杯式转子反转时，输出电压 u_2 的大小仍然与杯式转子的转速 n 成正比，但相位与杯式转子正转时输出电压 u_2 的相位相反。

3）交流测速发电机的特点及应用

杯式异步交流测速发电机的技术性能比其他类型的交流测速发电机的优越。杯式异步交流测速发电机结构相对简单且噪声低，无干扰，体积较小，但受电源频率和电机本身温度的影响较大，稳定性较差。

杯式异步交流测速发电机常用于反馈稳速系统中，作为阻尼元件；还用于计算机、解算装置中，作为微分元件、积分元件等。

4.3.3　永磁无刷电动机

1. 永磁无刷电动机的基本结构

永磁无刷电动机是指依赖转子位置信息，通过电子电路进行换相或电流控制的永磁电动机。它主要由定子、转子、传感器定子、传感器转子等组成，如图 4-26 所示。

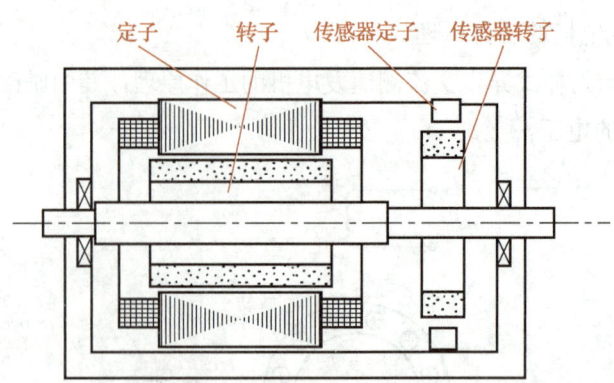

图 4-26 永磁无刷电动机的基本结构

永磁无刷电动机的驱动电流有正弦波和方波两种形式，其中驱动电流为正弦波的电动机通常被称为永磁交流伺服电动机，驱动电流为方波的电动机通常被称为永磁无刷直流电动机。按电动机有无传感器，永磁无刷电动机可分为有传感器电动机和无传感器电动机两种。

2. 永磁无刷电动机的工作原理

永磁无刷电动机的转子由多级永磁体构成，可通过外部电源供给电脉冲信号来控制永磁无刷电动机的转速和输出转矩。永磁无刷电动机通常需要根据其转子位置信息来确定电源的开关时间和磁极的正反转，通过不断改变磁场和电力状况，从而推动永磁无刷电动机正常转动。

3. 永磁无刷电动机的特点及应用

永磁无刷电动机不仅具有与直流电动机相似的调速性能，还具有结构简单、节能、运行效率高、使用寿命长、质量小、噪声小等特点。

在家用电器领域，永磁无刷电动机被广泛应用于洗衣机、风扇、排风机等中；在汽车领域，永磁无刷电动机被广泛应用于发动机油泵、水泵、风扇等中；在工业控制领域，永磁无刷电动机被广泛应用于数控机床、激光切割机、印刷机等各类机器设备中；在航空航天领域，永磁无刷电动机被广泛应用于无人机、模型飞机中。随着新一代信息技术的革新和智能化生产的到来，永磁无刷电动机还将有更加广泛的应用前景。

综合测试

1．填空题

(1) 每当步进电动机接收到一个_____时，其转子就会转动一个步距角，步距角越_____，步进电动机运转的平稳性就越好。

(2) 步进电动机的控制方式主要有_____和_____两种。

(3) 伺服电动机是指在伺服系统中用于控制_____运转的电动机。

(4) 笼式异步交流伺服电动机的定子绕组分为两相，一相为_____，一相为_____，它们在空间上的电角度相差_____。

(5) 异步交流伺服电动机的控制方法有_____、_____和_____三种。

(6) 直流测速发电机是一种能够将_____转换成_____的测速元件。

(7) 永磁无刷电动机的驱动电流有_____和_____两种形式。

2．选择题

(1)（　　）运行方式定位较准确，稳定性较好，不易出现失步现象。

    A．单三拍　 B．双三拍

    C．单双三拍　 D．单双六拍

(2) 交流伺服电动机的输出功率一般在（　　）以下。

    A．60 W　 B．90 W

    C．100 W　 D．180 W

(3) 交流伺服电动机的机械特性曲线是（　　）曲线。

    A．非线性　 B．线性

    C．正比例　 D．反比例

(4) 直流测速发电机的灵敏度比交流测速发电机的高约（　　）倍，且没有相位误差。

    A．10　 B．20

    C．30　 D．40

(5) 杯式异步交流测速发电机的内、外定子两相绕组的空间电角度相差（　　）。

    A．180°　 B．60°

    C．30°　 D．90°

3．综合分析题

(1) 简述步进电动机的工作原理。

(2) 简述直流伺服电动机的工作原理。

(3) 简述交流测速发电机的工作原理。

学习成果评价

指导教师对学生的实际学习成果进行评价,学生配合指导教师共同完成表 4-7。

表 4-7 学习成果评价

班级		组号		日期	
姓名		学号		指导教师	
项目名称			特种电机		
评价项目	评价内容		评价方式	满分/分	评分/分
知识 (40%)	步进电动机的基本结构		理论测试	2	
	步进电动机的工作原理及运行方式			6	
	步进电动机的驱动及控制方式			6	
	交流伺服电动机			6	
	直流伺服电动机			6	
	交、直流伺服电动机的性能比较			6	
	直线电动机、测速发电机和永磁无刷电动机			8	
技能 (40%)	拆装步进电动机		实践操作	10	
	测试交流伺服电动机			15	
	测定直流测速发电机的输出特性			15	
素养 (20%)	积极参加教学活动,主动学习、思考、讨论		综合评判	6	
	认真负责,按时完成学习、实践任务			4	
	团结协作,与组员之间密切配合			4	
	服从指挥,遵守课堂和实训室纪律			4	
	守正创新,自信自强			2	
合计				100	
自我评价					
指导教师评价					

项目 5

常用低压电器

项目导读

电器是指在电能的产生、输送、分配和应用中，起着通断、保护、控制和调节作用的器件或多个器件的组合。电器可分为高压电器和低压电器两大类。生产机械上大多采用低压电器。低压电器是电路实现各种电气控制功能的基础，被广泛应用于工厂、商场、住宅等建筑中的配电系统，机床等各类工业设备的电气控制系统，以及电网配套系统等诸多领域。

本项目主要介绍低压电器的分类、型号、主要技术参数，以及常用低压电器的结构、使用方法和检修方法等内容。

知识目标

- 掌握低压电器的分类
- 掌握低压电器的型号及其编制规则
- 掌握低压电器的主要技术参数
- 熟悉常用低压电器的结构
- 掌握常用低压电器的工作原理、常见故障及检修方法

技能目标

- 能熟练识别常用低压电器
- 能根据低压电器的型号判断低压电器的类型及特点
- 能熟练拆装常用低压电器
- 能检修常用低压电器的简单故障

素质目标

- 养成求真务实、恪尽职守的工作作风
- 弘扬追求突破、追求卓越的创新精神
- 树立科技成才、技能报国的人生理想

任务 5.1 认识常用低压电器

任务引入

小刘是某职业院校机电设备技术专业的学生,毕业后在一家工厂的生产车间实习。该工厂为小刘指定了一位带他的师傅——李师傅。李师傅平时主要负责机床的维护工作。这天,小刘和李师傅在检查机床电气控制电路时,发现其中一个交流接触器坏了。于是,李师傅就让小刘去仓库取一个相同型号的新交流接触器来。小刘来到仓库,看到在物料箱中存放着各式各样的低压电器,这令他不知所措。小刘暗自思忖,如何才能从里面快速、准确地找出自己想要的交流接触器呢?

请选择合适的工具和器材,对常用低压电器进行识别。

 任务工单——识别常用低压电器

1. 知识准备

低压电器是指用于交流 50 Hz 或(60 Hz)、额定电压不大于 1 000 V,或者直流额定电压不大于 1 500 V 的电路中的电器。低压电器的种类繁多,构造各异,在日常生产与生活中的应用十分广泛。识别常用低压电器,熟悉各类低压电器的型号、主要技术参数、作用和结构特点等,是学习后续电气控制电路相关知识的基础。

2. 工具和器材准备

准备任务实施所需的工具和器材,补全表 5-1。

表 5-1 工具和器材清单

名称	规格	型号	数量	名称	规格	型号	数量
常用低压电器				其他			

3. 任务实施

指导教师准备各类常用低压电器若干,均匀分配至各组。每组学生对本组低压电器进行编号,然后观察各低压电器的铭牌数据及结构特点,将低压电器的名称、型号、主要技术参数、作用、结构特点等详细信息,填入表 5-2 中。

表 5-2 常用低压电器观察记录

编号	名称	型号	主要技术参数	作用	结构特点
1					
2					

表 5-2（续）

编号	名称	型号	主要技术参数	作用	结构特点
3					
4					
5					
6					
7					

📋 笔记

5.1.1 低压电器的分类

低压电器可按动作原理、用途、工作原理等进行分类，具体如下。

1. 按动作原理分类

按动作原理的不同，低压电器可分为手动电器和自动电器两种。

（1）手动电器：需要人工操作或外部机械助力才能完成指令任务的低压电器，如按钮、行程开关等。

（2）自动电器：不需要人工操作或外部机械助力，而是依靠自身电磁力或其他物理量的变化自动完成指令任务的低压电器，如接触器、各类继电器等。

2. 按用途分类

按用途的不同，低压电器可分为控制电器、主令电器、保护电器、配电电器和执行电器等。

（1）控制电器：用于控制受电设备，使其达到预定工作状态的低压电器，如接触器、继电器等。

（2）主令电器：用于闭合或断开控制电路，以发出指令或进行程序控制的开关电器，如按钮、行程开关、万能转换器等。

（3）保护电器：用于保护电路及用电设备的低压电器，如熔断器、热继电器、避雷器等。

（4）配电电器：用于输送和分配电能的低压电器，如刀开关、低压断路器等。

（5）执行电器：用于实现某种动作或完成传动功能的低压电器，如电磁铁、电磁离合器等。

3．按工作原理分类

按工作原理的不同，低压电器可分为电磁式电器和非电量控制电器两种。

（1）电磁式电器：利用电磁感应原理来实现控制功能的低压电器，如接触器、各类电磁继电器等。

（2）非电量控制电器：利用外力或某种非电物理量的变化来实现控制的低压电器，如按钮、行程开关、热继电器等。

5.1.2　低压电器的型号及其编制规则

为便于统一管理，我国有关部门发布了低压电器型号编制方法及型号登记办法，明确了低压电器通用型号的编制规则。根据 JB/T 2930—2007《低压电器产品型号编制方法》，我国低压电器通用型号的编制规则如图 5-1 所示。

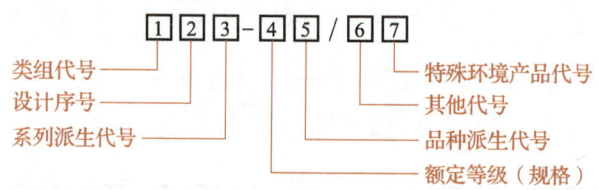

图 5-1　我国低压电器通用型号的编制规则

1．类组代号

类组代号为两位或三位汉语拼音字母。其中，第一位为类别代号，代表产品所属类别；第二、第三位为组别代号，代表产品名称。

例如，在类别代号中，C 代表接触器，D 代表断路器，H 代表空气式开关、隔离器、隔离开关及熔断器组合电器，J 代表控制继电器，K 代表控制器，M 代表电磁铁，Q 代表启动器，R 代表熔断器，Z 代表电阻器、变阻器。

又如，在 D（断路器）类别下，第一位组别代号中的 K 代表真空，M 代表灭磁，S 代表快速，W 代表万能式，Z 代表塑料外壳式；第二位组别代号中的 L 代表漏电，T 代表可通信，X 代表限流。因此，DK 代表真空断路器，DS 代表快速断路器，以此类推。

2．设计序号

设计序号为阿拉伯数字，位数不限。

3．系列派生代号

系列派生代号一般为一位或两位汉语拼音字母，代表全系列产品变化的特征。

4．额定等级（规格）

额定等级（规格）为阿拉伯数字，位数不限，根据各产品的主要技术参数确定，一般用电流、电压、容量等参数的额定值表示。

5．品种派生代号

品种派生代号一般为一位或两位汉语拼音字母，代表系列内个别品种的变化特征。

例如，C 代表插入式、抽屉式，E 代表电子式。

6. 其他代号

其他代号为阿拉伯数字或汉语拼音字母，位数不限，代表除品种以外的需要进一步说明的产品特征，如极数、脱扣方式、用途等。

7. 特殊环境产品代号

特殊环境产品代号用于代表产品的环境适应性特征。例如，TH 代表湿热带产品，TA 代表干热带产品，G 代表高原型。

【示例 1】HD13-300/31。其中，HD 为类组代号，表示该电器为隔离器；13 为设计序号；300 为额定等级，表示该电器的额定电流为 300 A；31 为其他代号，其中 3 表示该电器为 3 极，1 表示该电器带灭弧罩。

【示例 2】JZ3-33JS/1。其中，JZ 为类组代号，表示该电器为中间继电器；3 为设计序号；33 为规格，表示该电器的触点组合形式为 3 动合触点与 3 动断触点；JS 为品种派生代号，其中 J 表示该电器带有交流线圈，S 表示该电器带有保持式线圈；1 为其他代号，表示该电器采用敞开式板前安装。

5.1.3 低压电器的主要技术参数

低压电器的主要技术参数有额定电压、额定电流、操作频率和负载因数、通断能力和短路通断能力、机械寿命和电寿命等。

1. 额定电压

额定电压包括额定工作电压、额定绝缘电压和额定冲击耐压三种。

（1）额定工作电压：在规定条件下，保证低压电器正常工作的电压。

（2）额定绝缘电压：在规定条件下，用于度量低压电器及其部件不同电位部分的绝缘强度、电气间隙和爬电距离的标称电压。除非另有规定，此电压为低压电器的最大额定工作电压。

（3）额定冲击耐压：在规定条件下，低压电器能耐受而不被击穿的具有规定形状和极性的冲击电压的峰值。此值与电气间隙有关。

 点　拨

额定绝缘电压和额定冲击耐压共同决定了低压电器的绝缘特性。

2. 额定电流

额定电流包括额定工作电流、约定自由空气发热电流、约定封闭发热电流及额定持续电流。

（1）额定工作电流：在规定条件下，保证开关电器正常工作的电流。

（2）约定自由空气发热电流：不封闭电器在自由空气中进行温升试验时的最大试验电流，此电流应不小于不封闭电器在 8 h 工作制下最大额定工作电流。

点拨

自由空气是指在正常的室内条件下的无通风和外部辐射的空气。

（3）约定封闭发热电流：安装在规定外壳中的低压电器在进行温升试验时的最大试验电流，此电流应不小于封闭电器在 8 h 工作制下最大额定工作电流。

（4）额定持续电流：在规定条件下，低压电器在长期工作制下，各部件温升不超过规定极限值时所能承载的电流。

3．操作频率和负载因数

（1）操作频率：开关电器在每小时内可能实现的操作循环次数。

（2）负载因数：通电时间与整个通断操作周期之比，通常用百分数表示。

4．通断能力和短路通断能力

（1）通断能力：在规定的使用和性能条件下，开关电器在规定电压下接通和分断的预期电流。

（2）短路通断能力：在规定条件下，包括开关电器接线端短路在内的接通或分断能力，即在规定条件下接通或分断的短路电流。

5．机械寿命和电寿命

（1）机械寿命：开关电器的机械部分在需要修理或更换机械零件前所能承受的无载操作循环次数。

（2）电寿命：在规定的正常工作条件下，开关电器的机械部分在无须修理或更换零件时的负载操作循环次数。

砥节砺行

对于有触点的低压电器，其触点在工作中除机械磨损外，还有比机械磨损更为严重的电磨损。低压电器的电寿命一般小于其机械寿命。在设计低压电气控制系统时，一般要求低压电器的电寿命为其机械寿命的 20%～50%。低压电器只有具备足够耐久的机械结构，才能保证其正常的电气功能，使其拥有完整的"电"生。

俗话说，身体是革命的本钱。一个人要想实现远大的人生理想，就必须具有多方面的素质，但所有这些都必须依托于一个前提条件——要有健康的体魄。

任务 5.2 检修常用低压电器

任务引入

小刘在校期间成绩优异,专业能力突出。虽然物料箱中存放的低压电器有很多,但是他凭借着自身过硬的专业素养,很快便找到了自己想要的新交流接触器,并将它交给了李师傅。李师傅更换上该交流接触器,调试后发现机床故障依然存在。经过检查,李师傅发现该交流接触器的触点不吸合,出现这一问题的原因可能是控制电路电源电压过低。随后,李师傅将电源电压进行了调整,经测试,机床故障已被排除。

请选择合适的工具和器材,对常用低压电器进行检修。

任务工单——检修常用低压电器

1. 知识准备

电气控制电路中使用的低压电器有很多。常用的低压电器有熔断器、刀开关、组合开关、低压断路器、按钮、行程开关、交流接触器、继电器等。

当熔断器、交流接触器、继电器等低压电器发生故障时,电气控制电路将会丧失部分或全部功能。此时,需要根据故障现象,找到故障原因,对相应的元器件进行检修,方可排除故障,使电气控制电路恢复正常。

2. 工具和器材准备

准备任务实施所需的工具和器材,补全表 5-3。

表 5-3 工具和器材清单

名称	规格	型号	数量	名称	规格	型号	数量
常用电工工具			1 套	塑铜线	BV1.5 mm^2		
熔断器及熔断管		RL1-60/30A 型	1 台	按钮			
交流接触器		CJ10-20 型	1 台	万用表			1 台
时间继电器		JS7-2A 型		绝缘电阻表			1 台
低压断路器		DZ47-3P(32 A)型		其他			
指示灯	220 V,40 W	黄、绿、红					

3. 任务实施

1)检修熔断器

RL1-60/30A 熔断器为螺旋式熔断器,当熔体熔断时,熔体顶部的红色熔断指示器会弹出。若通过熔断器瓷帽上的玻璃孔观察到红色熔断提示器弹出,则应更换熔断管,具体方法如下。

(1) 拆卸熔断器。

① 拧开并取下瓷帽。在拧开瓷帽时,要用手按住瓷底。

② 取下熔断管,注意不要使熔断指示器脱落。

(2) 检查熔断器。

① 检查熔断器有无破裂、损伤或变形,检查瓷帽绝缘部分有无破损。

② 检查熔断器的实际负载是否与熔体的额定值相匹配。

③ 检查熔断器各部件的连接是否牢固。

④ 检查熔断管的氧化、腐蚀及损伤情况。

(3) 装配熔断器。

选择同等规格的熔断管,按拆卸的逆顺序装配熔断器。装配完成后,用万用表检测熔断器进、出线端之间的导通性,正常应导通。

2) 检修交流接触器

(1) 拆卸交流接触器。

① 拧下灭弧罩紧固螺钉,取下灭弧罩。

② 拉紧主触点定位弹簧夹,取下主触点及触点压力弹簧片。拆卸主触点时,必须将主触点侧转45°后取下。

③ 松开辅助动合静触点的线桩螺钉,取下静触点。

④ 松开交流接触器底部的盖板螺钉,取下盖板。在松开盖板螺钉时,要用手按住螺钉并慢慢放松。

⑤ 取下铁芯缓冲绝缘纸片及铁芯。

⑥ 取下铁芯支架及缓冲弹簧。

⑦ 拔出线圈接线端的弹簧夹片,取下线圈。

⑧ 取下反作用弹簧。

⑨ 取下衔铁和支架总成。

⑩ 从支架上取下衔铁定位销。

⑪ 取下衔铁及缓冲绝缘纸片。

(2) 检查交流接触器。

① 检查灭弧罩有无破裂或烧损,清除灭弧罩内的金属飞溅物和颗粒。

② 检查触点的磨损程度,磨损严重的应及时更换。若不需要更换,则应清除触点表面烧毛的颗粒。

③ 清除铁芯极面的油垢,检查铁芯有无变形及极面接触是否平整。

④ 检查触点压力弹簧片及反作用弹簧是否变形或弹力不足,若有,则应进行更换。

 **点　拨**

触点压力的测量与调整:将一张厚约 0.1 mm、比触点稍宽的纸条夹在触点间,使触点处于闭合状态,用手拉纸条。若触点压力合适,则稍用力便可将纸条拉出。若纸条很容易被拉出,则说明触点压力不够;若纸条被拉断,则说明触点压力过大,可调整或更换触点压力弹簧片,直到触点压力符合要求。

⑤ 检查线圈是否有短路、断路及发热变色现象。

⑥ 用万用表检测线圈电阻及各触点接触电阻是否正常；用绝缘电阻表测量各触点间及主触点对地之间的绝缘电阻是否符合要求；用手按动主触点检查运动部分是否灵活，以防产生接触不良，产生振动和噪声。

（3）装配交流接触器。

按拆卸的逆顺序装配交流接触器。

3）调校时间继电器

JS7-2A 型时间继电器的结构如图 5-2 所示。

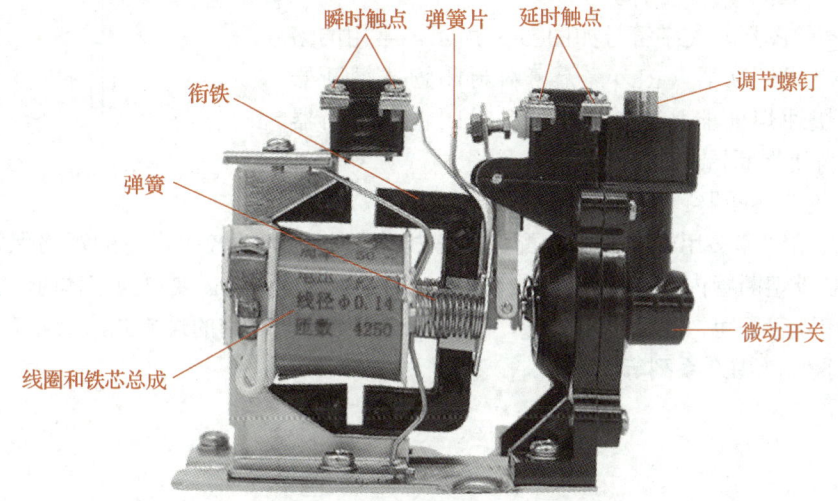

图 5-2　JS7-2A 型时间继电器的结构

（1）修整时间继电器触点。

① 拧下时间继电器微动开关的紧固螺钉，取下微动开关。

② 均匀用力，缓慢地撬开微动开关盖板，取下微动开关盖板。

③ 小心取下动触点及其附件，防止因用力过猛而丢失小弹簧和薄垫片。

④ 修整触点。修整时，不允许用砂纸或其他磨研材料，而应使用锋利的刀片或细锉刀修平，修整后的触点应接触良好。若修复无法达到要求，则应更换新触点。

⑤ 按拆卸的逆顺序进行装配。

（2）调校时间继电器触点。

手动操作微动开关，检查触点接触是否良好。若触点接触不良，则应将触点调校到最佳位置，方法如下。

① 调校延时触点：拧松线圈和铁芯总成部件的固定螺钉，将线圈和铁芯总成向上或向下移动至合适位置后再拧紧螺钉。

② 调校瞬时触点：拧松微动开关底板上的固定螺钉，将微动开关向上或向下移动至合适位置后再拧紧螺钉。

③ 拧紧各固定螺钉，手动检查，若达不到要求，则应重新调整。

5.2.1 熔断器

1. 熔断器的类型及结构

熔断器的图形及文字符号如图 5-3 所示。常用的熔断器有螺旋式熔断器（RL）、无填料封闭管式熔断器（RM）、快速熔断器（RS）、有填料封闭管式熔断器（RT）和自复熔断器（RZ）等。

图 5-3　熔断器的图形及文字符号

1）螺旋式熔断器

螺旋式熔断器多用于控制箱、配电屏、机床及其他振动较大设备的短路保护。它是将熔体封装于熔断管内，其外形及内部结构如图 5-4 所示。当需要更换熔体时，拧开瓷帽直接更换熔断管即可，操作简单方便，不需要任何工具。常用的螺旋式熔断器有 RL1 系列、RL6 系列和 RL7 系列等。

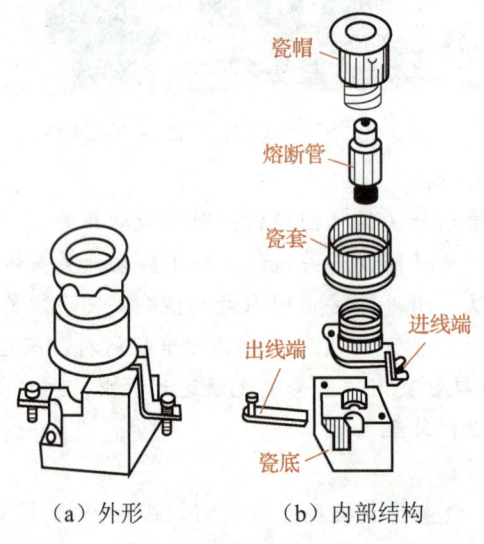

（a）外形　　（b）内部结构

图 5-4　螺旋式熔断器的外形及内部结构

2）无填料封闭管式熔断器

无填料封闭管式熔断器多用于低压电网、成套配电设备中导线、电缆以及大容量电气设备的短路保护和连续过载保护。它是将熔体封装于熔断管内，其外形及内部结构如图 5-5 所示。常用的无填料封闭管式熔断器有 RM7 系列和 RM10 系列等。

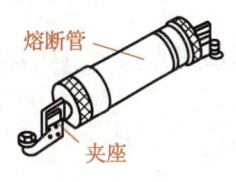 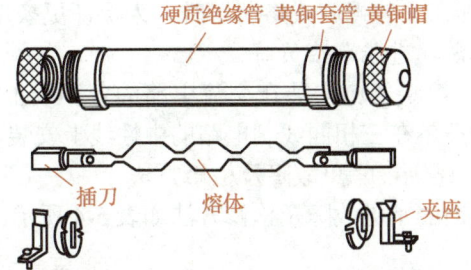

（a）外形　　　　　　　　　　　　（b）内部结构

图 5-5　无填料封闭管式熔断器的外形及内部结构

3）快速熔断器

快速熔断器主要用于硅整流管及其成套设备的保护，其特点是熔断时间短、动作快。常用的快速熔断器有 RS0 系列、RS8 系列等。

4）有填料封闭管式熔断器

有填料封闭管式熔断器的熔断管内装有 SiO_2（石英砂）材料，可用于具有较大短路电流的电力输配电系统。常用的有填料封闭管式熔断器有 RT0 系列等。

5）自复熔断器

自复熔断器的特点是其熔体熔断后无须更换而可重复使用。其熔体为金属钠材质，常温时熔体的电阻很小，当流过熔断器的电流过大时，熔体会因自身温度的升高而在熔断管内气化，使熔体的电阻骤升，从而起到分断电路的作用；当故障排除后，熔断管温度下降，熔断管中的气态钠变为固态钠，熔体恢复良好的导电性。

2. 熔断器的使用与安装

（1）在使用熔断器时，应注意以下事项。

① 应根据安装场所选择合适的熔断器类型。

② 应根据被保护负载的性质和电路短路电流的大小，选择具有相应分断能力的熔断器。

③ 熔断器的额定电压应不小于被保护电路的工作电压，其额定电流应不小于所装熔体的额定电流。

 点　拨

> 熔体的额定电流是指长时间流过熔体而不致熔体熔断的最大电流，其大小与熔体线径的大小有关，熔体线径越大，熔体的额定电流就越大。

④ 当电路中含有多个熔断器时，上一级熔断器熔体的额定电流应大于下一级熔断器熔体的额定电流，且各级熔断器熔体的额定电流应与所在电路的工作电流相匹配。

⑤ 当发现电路中熔断器的熔体熔断时，应认真检查电路，找出熔断原因，不能在未确定原因的情况下直接更换熔体并贸然送电。

（2）在安装或更换熔断器时，应注意以下事项。

① 必须在断电的情况下进行。

② 在安装时，应选择合适的安装位置，以便于更换熔体。

③ 在安装螺旋式熔断器时,为保证更换熔断管时的安全,应将螺旋式熔断器的出线端接电源,进线端接负荷。

④ 熔断器应安装在交流电路的各相线上,单相交流电路的中性线上也应安装熔断器,但严禁在三相四线制电路的中性线上安装熔断器。

3. 熔断器常见故障及检修方法

熔断器常见故障及检修方法如表 5-4 所示。

表 5-4 熔断器常见故障及检修方法

故障现象	故障原因	检修方法
电路接通瞬间熔体熔断	熔体的额定电流偏小	更换额定电流与电路工作电流相匹配的熔体
	负载短路或非正常接地	排除负载故障或接地故障
	熔体在安装时受到机械损伤	更换熔体
电路过载但熔体不熔断	熔体的额定电流偏大	更换额定电流与电路工作电流相匹配的熔体
熔体未熔断但电路不导通	熔体、接线座接触不良	紧固接线或重新连接

5.2.2 刀开关

刀开关是指带有刀形触刀(动触点),在闭合位置与底座上的静插座(静触点)相契合的开关。它是一种结构简单、应用广泛的手控电器,主要用于不频繁地接通、分断空载电路和小电流电路,也用于隔离电路电源。

1. 刀开关的类型及结构

常用的刀开关有单掷刀开关(HD)、双掷刀开关(HS)、开启式负荷开关(HK)、倒顺开关(HY)等普通刀开关以及熔断器式隔离开关(HR)。

1) 普通刀开关

以 HK2 系列刀开关为例,它主要由手柄、静触点、动触点、铰链支座和绝缘底座等组成,如图 5-6 所示。刀开关的图形及文字符号如图 5-7 所示。

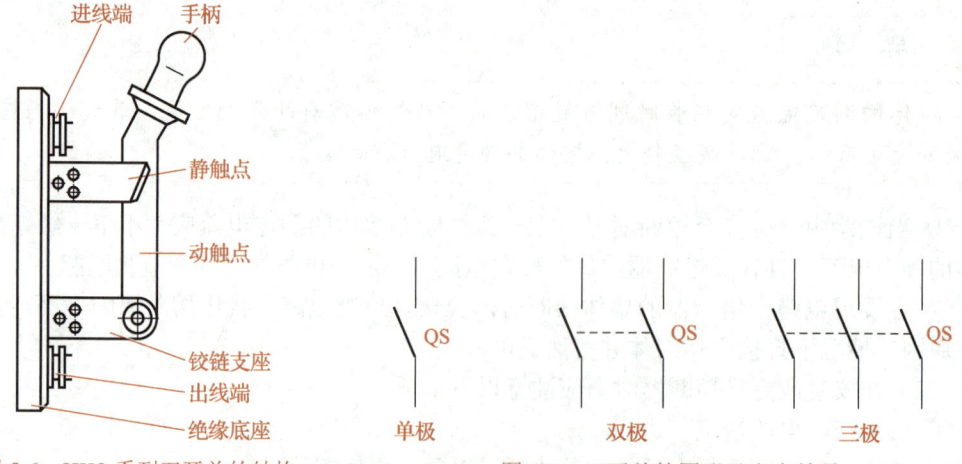

图 5-6 HK2 系列刀开关的结构　　图 5-7 刀开关的图形及文字符号

刀开关的动触点应与静触点接触良好，故要求它们之间应保持一定的接触压力。对于额定电流较小的刀开关，其静触点多由硬紫铜制成，利用材料的弹性即可产生足够的接触压力；对于额定电流较大的刀开关，可在静触点两侧加装弹簧以增加接触压力。

刀开关在分断有负载的电路时，其动触点与静触点之间会产生电弧。采用速断刀刃结构可使动触点迅速拉开，从而加快分断速度，保护动触点不被电弧灼伤。对于额定电流较大的刀开关，为了防止各极之间发生闪络，导致电源相间短路，刀开关各极间一般设有绝缘隔板，部分型号的刀开关还设有灭弧罩。

2）熔断器式隔离开关

以 HR5 系列熔断器式隔离开关为例，它是一种动触点有熔断体或带有熔断体的载熔件所组成的隔离开关，其结构如图 5-8 所示。熔断器式隔离开关的熔断器固定在带有弹簧、锁板的绝缘横梁上，使用者可通过手柄控制绝缘横梁的升降，从而控制熔断器式隔离开关的通断。

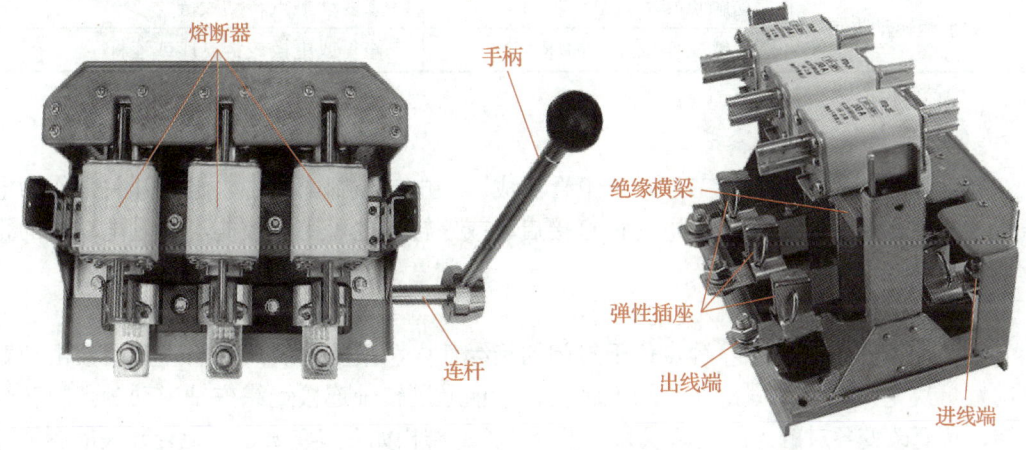

图 5-8 HR5 系列熔断式隔离开关的结构

熔断器式隔离开关同时具有熔断器和隔离开关的功能。在电路正常通电的情况下，使用者可操作手柄来接通和切断电源；当电路短路或过载时，熔断器中的熔体会熔断，并及时切断电源，以保护电路和用电设备。

2. 刀开关的使用与安装

在使用与安装刀开关时，应注意以下事项。

（1）应根据刀开关在电路中的作用和安装位置选择刀开关的结构形式。例如，若仅用于隔离电源，则可选不带灭弧罩的刀开关；若用于分断负载，则必须选择带灭弧罩的刀开关。

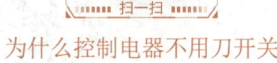

为什么控制电器不用刀开关

（2）在安装时，应将刀开关竖直安装在开关板上，使手柄向上动作为合闸、向下动作为分闸，从而避免动触点等运动部件因铰链支座等松动而掉落，发生误合闸。

（3）若刀开关用作隔离开关，合闸时应先闭合刀开关，然后闭合其他用于控制负载的开关设备；分闸时，应先断开用于控制负载的开关设备，然后断开刀开关。

（4）对于多极刀开关，应保证各极刀开关动作一致且接触良好，以免负载因发生缺相运行而损坏。

（5）若刀开关未安装在封闭的控制箱内，则应定期对其进行检查，以保证其触点接触良好，防止因积尘过多而引发线间闪络；在操作部件工作一定次数后，应为其添加润滑剂。

3．刀开关常见故障及检修方法

刀开关常见故障及检修方法如表 5-5 所示。

表 5-5　刀开关常见故障及检修方法

故障现象	故障原因	检修方法
触点过热或烧蚀	电路工作电流过大，超过刀开关的额定电流	更换额定电流与电路工作电流相匹配的刀开关
	动触点表面被电弧烧蚀	修复动触点表面或更换刀开关
	静触点与动触点之间接触不良	调整静触点与动触点之间的位置
开关手柄转动失灵	动触点转动铰链过松	修复动触点转动铰链
	铰链支座或连杆损坏	修复或更换铰链支座或连杆

5.2.3　组合开关

组合开关一般由一组或三组触点组合而成。在电气控制电路中，组合开关常作为电源引入开关，用于控制小容量电动机直接启动或停转，也可用于控制小容量电动机的正反转及调速。

1．组合开关的结构

组合开关的动触点和静触点位于封闭的绝缘件内，采用叠装式结构，其层数由动触点的数量决定；动触点固定在绝缘方轴上，手柄通过转轴连接绝缘方轴，动触点随转轴旋转，从而改变各对触点的通断状态。组合开关的结构如图 5-9 所示。组合开关的图形及文字符号如图 5-10 所示。常用的组合开关有 HZ5 系列、HZ10 系列和 HZ15 系列等。

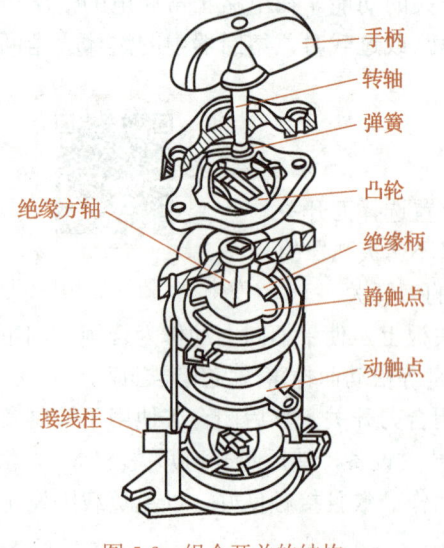

图 5-9　组合开关的结构　　图 5-10　组合开关的图形及文字符号

2. 组合开关常见故障及检修方法

组合开关常见故障及检修方法如表 5-6 所示。

表 5-6 组合开关常见故障及检修方法

故障现象	故障原因	检修方法
手柄转动时内部触点不动	手柄上的轴孔磨损变形	更换手柄
	绝缘柄磨损变形	更换绝缘柄
	手柄与绝缘方轴或绝缘方轴与绝缘柄配合松动	紧固松动部件
手柄转动时动、静触点不能按要求动作	组合开关选型错误	更换合适型号的组合开关
	触点角度装配错误	重新装配
	触点失去弹性或接触不良	更换触点或清除氧化层和尘污
接线柱间短路	接线柱间有铁屑或油污,产生导电层,将胶木烧毁,造成绝缘保护层损坏而形成短路	更换组合开关

5.2.4 低压断路器

低压断路器不仅具有手动开关的作用,可接通和分断正常负荷电路和过负荷电路;还具有一定的保护功能,可自动进行失压保护、欠压保护、过载保护和短路保护。它可用于分配电能、不频繁地启动电动机及保护电源电路和电动机。

1. 低压断路器的结构与工作原理

低压断路器主要由触点、各种脱扣器,以及按钮(SB)、传动杆、弹簧等组成,如图 5-11 所示。其图形及文字符号如图 5-12 所示。

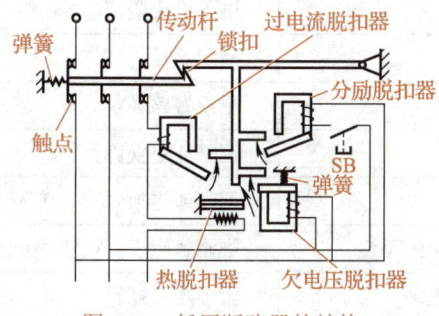
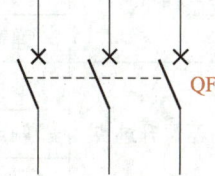

图 5-11 低压断路器的结构　　图 5-12 低压断路器的图形及文字符号

正常情况下,分励脱扣器分断电路可通过手动操作;当电路发生短路或过电流故障时,过电流脱扣器的衔铁吸合,锁扣脱开,触点分离,可自动分断故障电流;当电路发生过载故障时,过载电流通过热脱扣器来分离触点,从而起到过载保护作用;当电路电压过低或为零时,欠电压脱扣器的衔铁被释放,锁扣脱开,触点分离,从而实现对电路中电气设备的欠电压保护或失电保护。

2. 低压断路器的类型

常用的低压断路器有万能式低压断路器、快速断路器和限流断路器等。

万能式低压断路器的框架底座具有绝缘衬底，该断路器可用于配电网络的保护；快速断路器具有快速电磁铁和强有力的灭弧装置，最快动作时间可在 0.02 s 以内，可用于半导体整流元件和整流装置的保护；限流断路器利用短路电流产生巨大的吸力使触点迅速断开，可用于交流短路电流非常大（可达 70 kA）的电路中。

低压断路器的一般选用原则

3. 低压断路器常见故障及检修方法

低压断路器常见故障及检修方法如表 5-7 所示。

表 5-7 低压断路器常见故障及检修方法

故障现象	故障原因	检修方法
手动操作时低压断路器无法合闸	欠电压脱扣器无电压或线圈损坏	检查、调整电路或更换线圈
	弹簧变形，闭合力过小	更换弹簧
	脱扣机构不能复位	调整脱扣面
启动电动机时低压断路器自动分闸	过电流脱扣器瞬动整定电流过小	调整瞬动整定电流
	脱扣器阀门失灵或橡皮膜破裂	更换脱扣器
低压断路器合闸时某一相触点无法闭合	该相触点的连杆损坏	更换连杆
	连杆之间的角度偏大	调整连杆之间的角度至规定值
低压断路器工作一段时间后自动分闸	过电流脱扣器延时整定值不符合要求	调整延时整定值至规定值
	热元件或半导体元件损坏	更换故障元件
	外部磁场干扰	进行电磁隔离
欠电压脱扣器有噪声或振动	铁芯极面有污垢	清除污垢
	短路环断裂	更换短路环
	弹簧的反作用力过大	调整或更换弹簧
低压断路器温升过快	触点接触压力过小	调整或更换触点、弹簧
	触点表面磨损严重导致接触不良	维修触点表面或更换触点
	导电零件间的连接螺钉松动	紧固连接螺钉
辅助开关无法接通	动触杆卡死或脱落	调整或重装动触杆
	传动杆断裂或滚轮脱落	更换故障零件

5.2.5 按钮

按钮属于典型的主令电器，是一种由人力操作并具有储能（弹簧）复位功能的控制开关。按钮通常用于短时间接通或断开小电流的控制电路中。

1．按钮的结构

按钮主要由按钮帽、复位弹簧、各种触点等组成，如图 5-13 所示。按钮的图形及文字符号如图 5-14 所示。

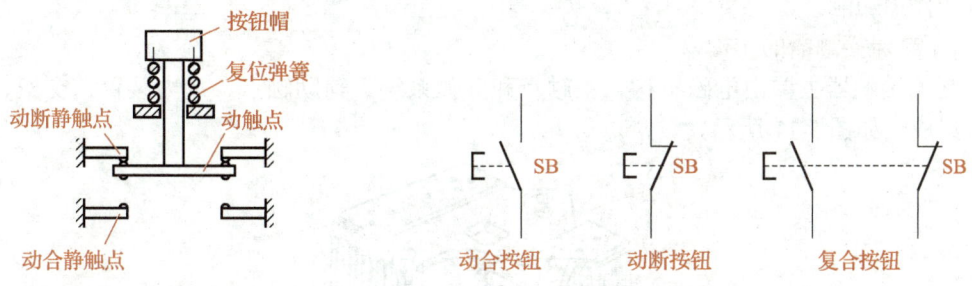

图 5-13　按钮的结构　　　　　图 5-14　按钮的图形及文字符号

2．按钮的类型

按钮的种类很多，按结构形式的不同，按钮可分为旋钮式按钮、指示灯式按钮和紧急按钮三种。其中，旋钮式按钮主要用手动旋钮进行操作；指示灯式按钮内装有信号指示灯，可显示工作状态；紧急按钮中装有蘑菇形按钮帽，用于紧急动作。

按触点形式的不同，按钮可分为动合按钮、动断按钮和复合按钮三种。

（1）动合按钮：外力未作用时，触点断开；外力作用时，触点闭合；外力消失后，在复位弹簧作用下触点自动恢复为断开状态。

（2）动断按钮：外力未作用时，触点闭合；外力作用时，触点断开；外力消失后，在复位弹簧作用下触点自动恢复为闭合状态。

（3）复合按钮：既有动合按钮又有动断按钮的按钮组。按下复合按钮时，所有的触点都改变状态，即动合触点闭合，动断触点断开。但这两对触点的变化是有先后次序的，按下复合按钮时，动断触点先断开，动合触点后闭合；松开复合按钮时，动合触点先复位（断开），动断触点后复位（闭合）。

5.2.6　行程开关

行程开关属于位置开关，是一种常用的小电流主令电器。它利用机械运动部件的碰撞使其触点动作，以控制电路的通断，从而控制机械运动的行程。行程开关通常用于运动机械的自动停止、反向运动、变速运动或自动往返运动等控制电路中。

按结构的不同，行程开关可分为直动式、滚轮式和微动式三类。其中，直动式行程开关的结构如图 5-15 所示。行程开关的图形及文字符号如图 5-16 所示。

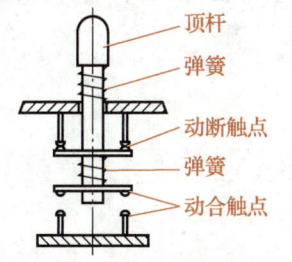 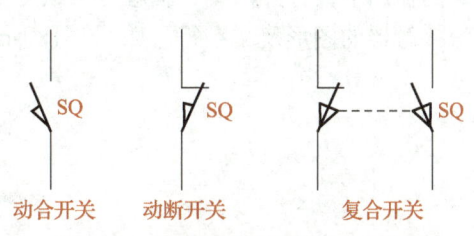

图 5-15　直动式行程开关的结构　　　图 5-16　行程开关的图形及文字符号

5.2.7 交流接触器

交流接触器可快速切断交流电路,并可频繁地接通和分断大电流控制电路,还具有低电压保护功能。

1. 交流接触器的结构

交流接触器主要由电磁机构、主触点和灭弧系统、辅助触点、反力装置、支架、底座等组成,如图 5-17 所示。

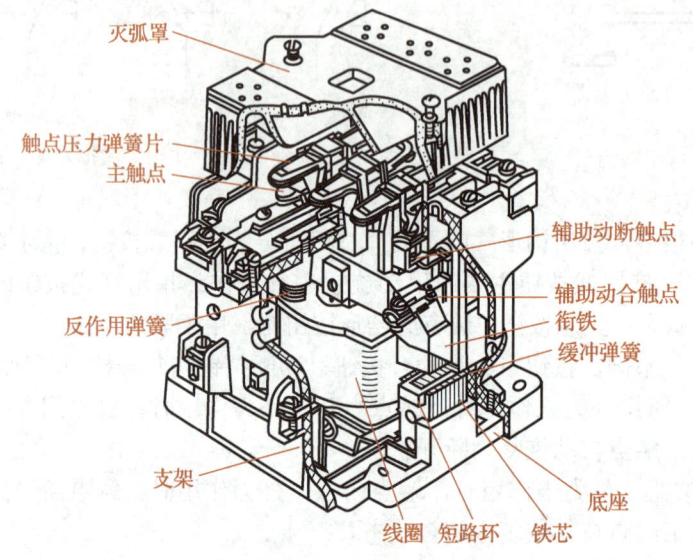

图 5-17 交流接触器的结构

(1) 电磁机构:用于驱动触点的闭合和分断。它由铁芯、线圈和衔铁三部分组成。

(2) 主触点和灭弧系统:主触点用于通断电流较大的主电流,一般由接触面积较大的常开触点组成;灭弧系统用于在断开电路时迅速熄灭触点间的电弧,交流接触器一般采用灭弧罩灭弧。

(3) 辅助触点:用于通断小电流,它由辅助动合触点和辅助动断触点成对组成。

(4) 反力装置:包括反作用弹簧、缓冲弹簧等,它们均不能进行松紧的调节。

(5) 支架和底座:用于交流接触器的固定和安装。

交流接触器线圈通电后会在铁芯中产生磁通,由此在衔铁气隙处产生吸力,使衔铁产生闭合动作,主触点在衔铁的带动下闭合,辅助动合触点也同时闭合,而原来闭合的辅助动断触点断开。当线圈断电或电压降低至极限值时,吸力会消失或减弱,衔铁在反作用弹簧的作用下被打开,主、辅触点又恢复到初始状态。

交流接触器的图形及文字符号如图 5-18 所示。

项目 5　常用低压电器

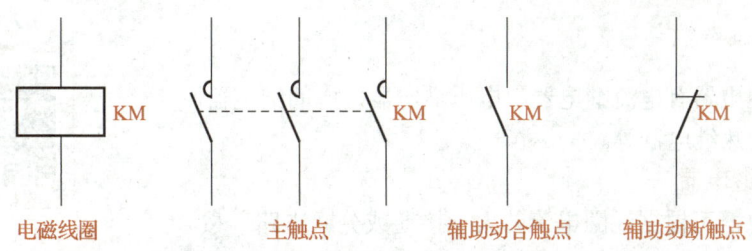

图 5-18　交流接触器的图形及文字符号

2. 交流接触器常见故障及检修方法

交流接触器常见故障及检修方法如表 5-8 所示。

表 5-8　交流接触器常见故障及检修方法

故障现象	故障原因	检修方法
触点不吸合或吸合不牢	电路电源电压过低或波动过大	调整电源电压
	线圈断路	更换线圈
	机械机构锈蚀或变形	维修或更换故障机械机构
线圈电路断电后触点不释放或释放缓慢	铁芯极面油污过多，与衔铁发生粘连	清理铁芯极面的油污
	触点压力弹簧片压力过小或反作用弹簧损坏、疲劳	调整触点压力弹簧片或更换反作用弹簧
	衔铁或机械部分卡顿或迟滞	维修或更换衔铁或机械部分
触点熔焊	操作频率过高或电路过载	更换合适的交流接触器或减小电路负载
	负载侧短路	排除短路故障
	触点压力弹簧片压力过小	调整触点压力弹簧片
	触点脏污或老化导致接触电阻过大	清理脏污，将触点打磨光滑
线圈过热或烧毁	操作频率过高	降低操作频率或更换合适的交流接触器
	线圈额定电压与电路实际电压不符	更换合适的交流接触器
	线圈通电后衔铁吸合不紧或错位	清理衔铁、纠正错位
	线圈匝间短路	更换线圈
触点过热或烧蚀	触点压力弹簧片压力过小	调整触点压力弹簧片
	触点上有油污或表面不平整	清理触点表面
	环境温度过高或位于密闭的控制箱中	将交流接触器降容使用
	操作频率过高或工作电流过大，导致触点的断开容量不够	更换断开容量较大的交流接触器

5.2.8 继电器

常用的继电器有电流继电器、电压继电器、中间继电器、时间继电器、热继电器等。

拓展小课堂：速度继电器

1. 电流继电器

电流继电器可根据线圈电流的大小接通或分断电路，按用途的不同可分为过电流继电器和欠电流继电器两种。

（1）过电流继电器：当线圈电流小于或等于额定值时，所产生的电磁吸力不足以克服反作用弹簧的弹力，衔铁处于释放状态，过电流继电器不动作；当线圈电流大于额定值时，衔铁吸合，过电流继电器动作（即动合触点闭合、动断触点断开）。过电流继电器主要用于频繁启动和重载启动的电动机的主电路中，负责主电路的过载保护和短路保护。

（2）欠电流继电器：当线圈电流大于额定值时，衔铁吸合，欠电流继电器的动合触点保持闭合，动断触点保持断开；当线圈电流小于或等于额定值时，衔铁释放，欠电流继电器的动合触点断开，动断触点闭合。欠电流继电器主要用于直流电动机励磁电路和电磁吸盘的弱磁保护。

电流继电器的图形及文字符号如图 5-19 所示。

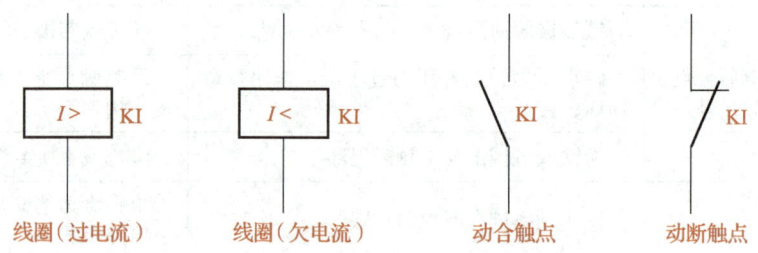

图 5-19 电流继电器的图形及文字符号

2. 电压继电器

电压继电器根据线圈两端电压的大小来接通或分断电路，按用途的不同可分为过电压继电器和欠电压继电器两种，其图形及文字符号如图 5-20 所示。电压继电器的结构和动作原理与电流继电器相似，不同的是电压继电器的线圈与被测电路并联，以反映被测电路电压的变化。因此，它的线圈匝数多、导线细、电阻大。

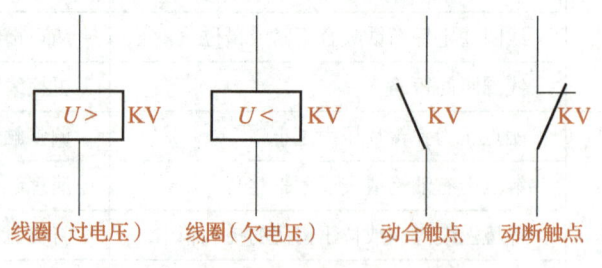

图 5-20 电压继电器的图形及文字符号

3. 中间继电器

中间继电器可将一个输入信号变成多个输出信号或将信号放大（即增大触点容量），

其实质为电压继电器,但它的触点数量(可达 8 对)较多、容量较大且动作灵敏。中间继电器的图形及文字符号如图 5-21 所示。

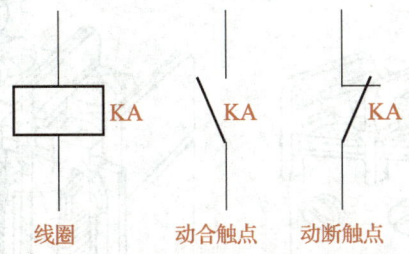

图 5-21 中间继电器的图形及文字符号

4. 时间继电器

时间继电器又称延时继电器,主要用于实现触点电路的延时接通或断开。时间继电器的种类很多,常用的有电磁式、空气阻尼式、电动式、电子式等类型。不同类型的时间继电器,其延时时间的设定方式和控制精度各不相同。

时间继电器的延时方式有通电延时和断电延时两种。其中,通电延时继电器的图形及文字符号如图 5-22 所示,断电延时继电器的图形及文字符号如图 5-23 所示。

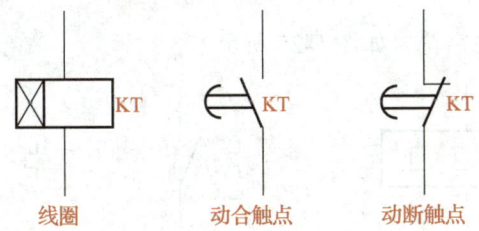

图 5-22 通电延时继电器的图形及文字符号

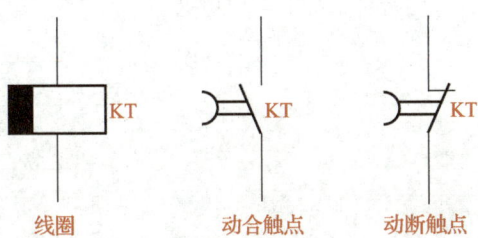

图 5-23 断电延时继电器的图形及文字符号

时间继电器一般同时具有延时触点和瞬时触点。对于通电延时继电器,其线圈通电后,瞬时触点立即动作,延时触点在延时计时结束后动作;当线圈断电后,延时触点与瞬时触点均立即复位。对于断电延时继电器,其线圈通电后,延时触点和瞬时触点立即动作;当线圈断电后,瞬时触点立即复位,延时触点在延时计时结束后复位。

5. 热继电器

热继电器利用电流的热效应来保护设备,使设备免受长期过载危害。它主要用于电动机的过载保护、缺相保护、三相电流不平衡运行的保护以及其他电气设备发热状态的控制。热继电器的结构如图 5-24 所示。

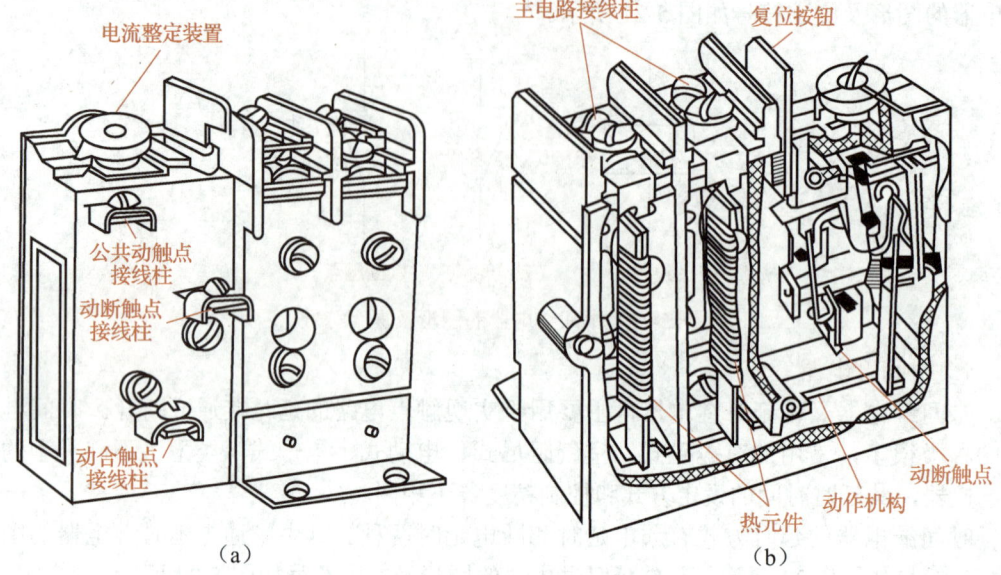

图 5-24 热继电器的结构

热继电器的图形及文字符号如图 5-25 所示。

图 5-25 热继电器的图形及文字符号

综合测试

1. 填空题

(1) 按动作原理的不同，低压电器可分为_____和_____两种。

(2) 按用途的不同，低压电器可分为_____、_____、_____、_____和_____等。

(3) 根据我国低压电器通用型号的编制规则，类别代号中的 C 代表_____。

(4) 在特殊环境产品代号中，TA 代表_____。

(5) _____是指在规定条件下，低压电器在长期工作制下，各部件温升不超过规定极限值时所能承载的电流。

(6) 时间继电器的延时方式有_____和_____两种。

2. 选择题

(1) 低压电器的电寿命一般（　　）其机械寿命。

　　A. 等于　　　　　　　　　　B. 小于

　　C. 大于　　　　　　　　　　D. 小于或等于

(2) HZ 代表（　　）。

　　A. 刀开关　　　　　　　　　B. 行程开关

　　C. 低压断路器　　　　　　　D. 组合开关

(3) 按触点形式的不同，按钮可分为（　　）三种。

　　A. 动合按钮、动断按钮和复合按钮

　　B. 旋钮式按钮、指示灯式按钮和紧急按钮

　　C. 动合按钮、动断按钮和紧急按钮

　　D. 旋钮式按钮、指示灯式按钮和复合按钮

(4) 行程开关属于位置开关，是一种常用的（　　）电流主令电器。

　　A. 欠　　　　　　　　　　　B. 过

　　C. 小　　　　　　　　　　　D. 大

(5) 当线圈电流（　　）额定值时，衔铁释放，欠电流继电器的动合触点断开，动断触点闭合。

　　A. 小于　　　　　　　　　　B. 小于或等于

　　C. 大于　　　　　　　　　　D. 大于或等于

3. 综合分析题

(1) 低压电器的主要技术参数有哪些？

(2) 熔断器的常用类型有哪些？

(3) 在使用与安装熔断器时，应注意哪些事项？

(4) 交流接触器的线圈电路断电后触点不释放或释放缓慢，导致这一问题的原因有哪些？对应地应采取哪些检修方法？

学习成果评价

指导教师对学生的实际学习成果进行评价,学生配合指导教师共同完成表5-9。

表5-9 学习成果评价

班级		组号		日期	
姓名		学号		指导教师	
项目名称			常用低压电器		
评价项目	评价内容		评价方式	满分/分	评分/分
知识 (40%)	低压电器的分类		理论测试	6	
	低压电器的型号及其编制规则			9	
	低压电器的主要技术参数			9	
	常用低压电器的结构			4	
	常用低压电器的工作原理、常见故障及检修方法			12	
技能 (40%)	识别常用低压电器		实践操作	20	
	检修常用低压电器			20	
素养 (20%)	积极参加教学活动,主动学习、思考、讨论		综合评判	6	
	认真负责,按时完成学习、实践任务			4	
	团结协作,与组员之间密切配合			4	
	服从指挥,遵守课堂和实训室纪律			4	
	守正创新,自信自强			2	
合计				100	
自我评价					
指导教师评价					

项目 6
三相异步电动机电气控制电路

📍 项目导读

电气控制电路是由电气设备及元器件按一定的技术规范连接而成的。它一般由主电路、控制电路、信号及照明电路、保护电路等组成。电气控制电路以电动机为动力,通过改变控制电路来实现不同的运动控制。常用的三相异步电动机电气控制电路主要包括启动控制电路、调速控制电路、可逆控制电路、制动控制电路等。在生产作业中,应根据电气设备的实际控制需求,选择合适的电气控制电路。

本项目主要介绍三相异步电动机各控制电路的工作原理等内容。

📍 知识目标

- 掌握三相异步电动机直接启动控制电路的工作原理
- 掌握三相异步电动机延时启停与顺序控制电路的工作原理
- 掌握三相异步电动机定子绕组串联电阻降压启动控制电路的工作原理
- 掌握三相异步电动机 Y-△降压启动控制电路的工作原理
- 掌握双速电动机手动、自动调速控制电路的工作原理
- 掌握三相异步电动机常见正反转控制电路和自动往返控制电路的工作原理
- 掌握三相异步电动机能耗、反接制动控制电路的工作原理

📍 技能目标

- 能测试三相异步电动机 Y-△降压启动控制电路
- 能测试双速电动机的手动调速控制电路
- 能测试三相异步电动机双重互锁正反转控制电路
- 能测试三相异步电动机反接制动控制电路

📍 素质目标

- 弘扬执着专注、科学严谨的工匠精神
- 养成沉着冷静、积极主动的工作作风
- 弘扬勇于探索、敢为人先的创新精神

任务 6.1 测试三相异步电动机启动控制电路

任务引入

实习生小陈所在的实验室最近引进了一台大功率搅拌器，这让本已挤满各种电气设备的实验室变得更加拥挤，也让实验室的电源难堪重负。每次启动搅拌器时，照明灯都会明显变暗，其他正在运行的电气设备也会受到影响。为了改善这一状况，小陈仔细研究了这台搅拌器的结构及电气连接情况，发现该搅拌器的电动机定子绕组采用的是△联结。经过分析后，他认为可以采用 Y-△降压启动的方式来解决此问题。于是，他在请示领导并获得领导批准后，就按照上述思路设计方案并改装调试。调试后明显可以看出，实验室里的照明灯变亮了，其他正在运行的电气设备也恢复正常了。小陈也因此受到了领导的褒奖。

请选择合适的工具和器材，对三相异步电动机 Y-△降压启动控制电路进行测试。

任务工单——测试三相异步电动机 Y-△降压启动控制电路

1. 知识准备

降压启动是指在电动机启动时，降低加在电动机定子绕组上的电压，启动后再将电压恢复至电动机额定电压，从而使电动机顺利启动，并在额定电压下正常运行。降压启动的方式主要有定子绕组串联电阻降压启动、Y-△降压启动等，其中以 Y-△降压启动应用较广泛。Y-△降压启动是将正常运行时定子绕组采用△联结的电动机，在启动时切换为 Y 联结，待启动完成后再切换为△联结，从而实现降压启动的。

Y-△降压启动操作简便，经济性好，但电动机启动电压只有额定电压的 $1/\sqrt{3}$，故启动转矩只有额定转矩的 1/3。因此，Y-△降压启动只适用于空载或轻载启动。

2. 工具和器材准备

准备任务实施所需的工具和器材，补全表 6-1。

表 6-1 工具和器材清单

名称	规格	型号	数量	名称	规格	型号	数量
常用电工工具			1套	热继电器			1个
万用表			1台	动断按钮			1个
绝缘电阻表			1台	动合按钮			1个
熔断器			5个	三相异步电动机			1台
交流接触器			3个	电工板			1块
低压断路器			1个	端子排			1个
通电延时继电器			1个	导线			

3. 任务实施

1）安装接线

（1）如图 6-1 所示为时间继电器控制的三相异步电动机 Y-△降压启动控制电路，根据电路配齐所需元器件，时间继电器选用通电延时继电器。

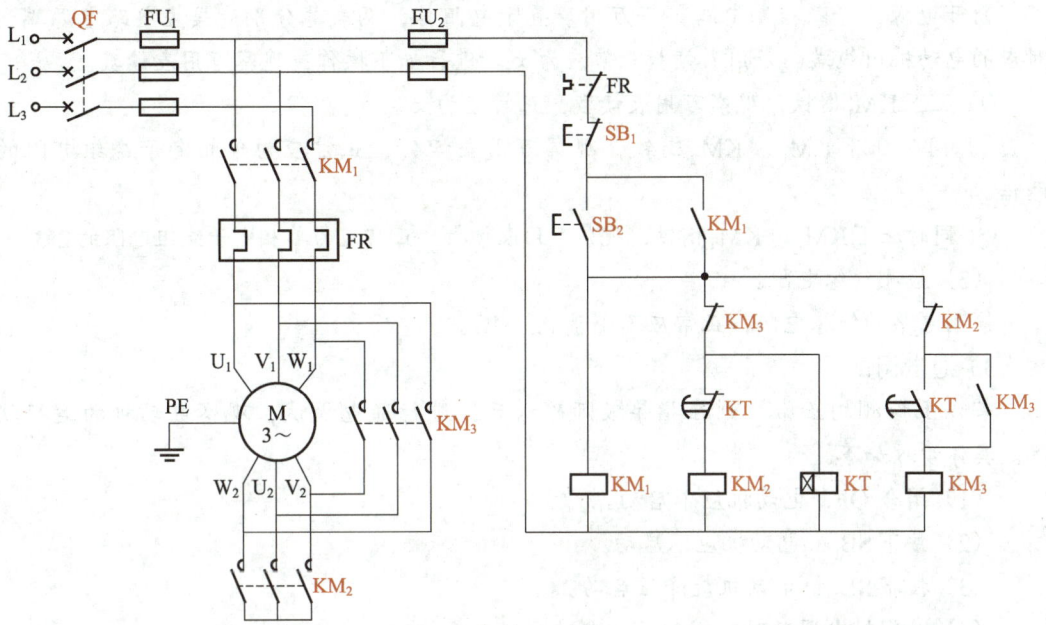

图 6-1　时间继电器控制的三相异步电动机 Y-△降压启动控制电路

（2）检查元器件。检查按钮的连接螺钉和熔断器的熔体是否正常；检查交流接触器线圈的额定电压和电源电压是否匹配；检查各触点、接线端子是否正常；检查时间继电器整定时间的设置是否正常。

（3）根据图 6-1 绘制电路的布置图与接线图。

（4）将绘制的布置图与接线图交由指导教师检查、纠正，然后按照布置图安装元器件，并根据接线图进行板前明线布线；连接完成后检查主电路与控制电路的接线，检查无误后安装电动机，电动机选用三相异步电动机。

2）断电调试

（1）调试控制电路。

断开电源，分断主电路，将万用表置于电阻挡，两表笔分别连接熔断器 FU_2 的两个出线端，万用表读数正常应为 ∞。进行如下操作，观察万用表读数。

① 按下 SB_2，观察万用表读数，正常应为 KM_1、KM_2、KT 线圈并联后的电阻。

② 压下 KM_1 衔铁，观察万用表读数，正常应为 KM_1、KM_2、KT 线圈并联后的电阻。

③ 同时压下 KM_1、KT 衔铁，观察万用表瞬时读数和延时读数，瞬时读数正常应为 KM_1、KM_2、KT 线圈并联后的电阻，延时读数应为 KM_1、KM_3、KT 线圈并联后的电阻。

④ 同时压下 KM_1、KM_3 衔铁并保持，万用表读数应为 KM_1、KM_3 线圈并联后的电

阻；此时，压下 KM_2 衔铁，观察万用表读数，正常应由 KM_1、KM_3 线圈并联后的电阻变为 KM_1 线圈的电阻。

⑤ 同时按下 SB_1、SB_2，观察万用表读数，正常应为 ∞。

（2）调试主电路。

断开电源，分断控制电路，将万用表置于电阻挡，两表笔分别连接主电路电源端和对应的电动机出线端，万用表读数正常应为 ∞。进行如下操作，观察万用表读数。

① 压下 KM_1 衔铁，观察万用表读数，正常应为 ∞。

② 同时压下 KM_1、KM_2 衔铁，观察万用表读数，正常应为单相定子绕组电阻的两倍。

③ 同时压下 KM_1、KM_3 衔铁，观察万用表读数，正常应为单相定子绕组电阻的 2/3。

（3）检测绝缘电阻。

检测电路的绝缘电阻，正常应不小于 0.5 MΩ。

3）通电调试

若以上检测均正常，则在指导教师确认后，进行通电调试，观察电动机的运行状况。具体步骤如下。

（1）闭合 QF，电动机应不启动。

（2）按下 SB_1，电动机应不启动。

（3）按下 SB_2，电动机应降压启动。

（4）时间继电器延时时间到后，电动机应全压运行。

（5）再次按下 SB_1，电动机应停止运行。

> 笔 记

常见的三相异步电动机启动控制电路主要有直接启动控制电路、延时启停与顺序控制电路、定子绕组串联电阻降压启动控制电路、Y-△降压启动控制电路等。以下所述电动机均指三相异步电动机。

6.1.1 直接启动控制电路

1. 点动控制电路

点动控制是指电动机由按钮控制，按下按钮电动机开始运行、松开按钮电动机停止运行的工作模式。它是一种短时间、断续的控制方式，主要应用于机械设备的快速移动（如机床刀架、横梁和立柱的快速移动）和校正，机床试车调整和对刀等场合。如图 6-2 所示为三相异步电动机的点动控制电路。

项目 6　三相异步电动机电气控制电路

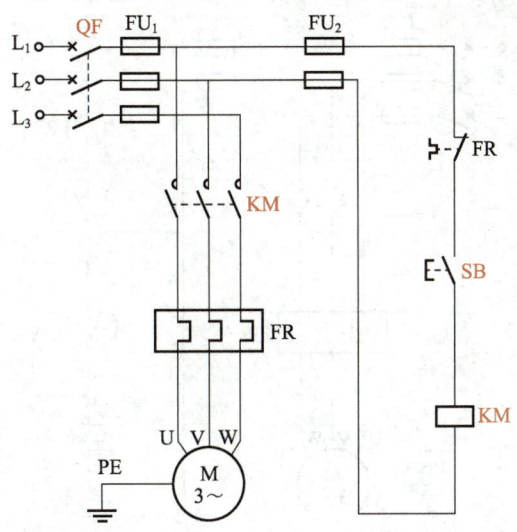

图 6-2　三相异步电动机的点动控制电路

图 6-2 所示电路可分为左、右两部分，其中左侧为主电路，右侧为控制电路。电动机点动控制电路通过按钮控制交流接触器线圈回路的通断，使交流接触器主触点闭合或断开，从而接通或分断电动机电源电路，实现电动机的点动控制。电路的工作原理如下。

（1）闭合 QF，接通电路的三相交流电源。

（2）按下 SB 并保持，KM 线圈通电。

（3）KM 主触点在线圈产生的电磁力作用下闭合，主电路通电，电动机开始运行。

（4）松开 SB，KM 线圈断电。

（5）KM 主触点断开，电动机停止运行。

砥节砺行

电动机停止运行后，若仍有后续任务需要电动机来执行，则可暂时使 QF 保持闭合；若无其他任务，则应断开 QF，以免发生误操作。在实际操作过程中，我们要时刻牢记安全规范，做到"人走断电"。

2. 连续运行控制电路

在实际应用中，常需要电动机启动后能够连续运行，若采用点动控制电路，则需要操作人员按住按钮不放，不便于操作。因此，在这种场合可采用电动机连续运行控制电路。如图 6-3 所示为三相异步电动机的连续运行控制电路。

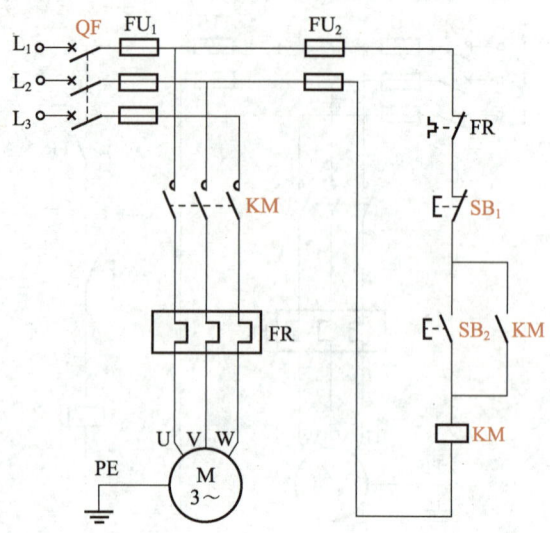

图 6-3 三相异步电动机的连续运行控制电路

1) 电路的工作原理

图 6-3 所示电路的工作原理如下。

（1）闭合 QF，接通电路的三相交流电源。

（2）按下 SB_2，KM 线圈通电，KM 主触点闭合，电动机开始运行；同时，KM 自锁触点（SB_2 右侧的辅助动合触点）闭合，此时 SB_2 被短路，无论 SB_2 接通或断开，KM 线圈电路都将保持通电，电动机连续运行。

 点 拨

自锁是指电器动作后能自行锁住电路状态，以免发生误操作。在图 6-3 所示电路中，当按下 SB_2 后 KM 辅助动合触点闭合，使 KM 线圈保持通电状态，此时即便松开 SB_2，电路状态也不会发生改变。因此，该电路中的 KM 辅助动合触点又称 KM 自锁触点。

（3）按下 SB_1，KM 线圈断电，KM 主触点、KM 自锁触点均断开，电动机停止运行。此时，无论 SB_2 接通或断开，电动机都不工作，直至松开 SB_1，SB_2 才恢复功能。

2) 电路的保护功能

图 6-3 所示电路具有短路保护、过载保护和失电及欠电压保护功能。

（1）短路保护：当电路发生短路时，电路中 FU_1（主电路短路时）或 FU_2（控制电路短路时）的熔体熔断，自动分断电路，以防止电路中的元器件及连接导线被烧坏。

（2）过载保护：当电动机发生过载时，与电动机电源电路串联的 FR 热元件过热，会使 FR 动断触点断开，进而使 KM 线圈回路断开，KM 主触点断开，分断电动机电源电路，从而防止电动机因过热而被烧坏。

（3）失电及欠电压保护：若电路在正常运行时突然失电或严重欠电压，则KM各触点将自动断开，电动机将停止运行。

3. 点动与连续运行混合控制电路

对于图 6-3 所示的三相异步电动机的连续运行控制电路，若要实现电动机的点动控制，则需要SB_1与SB_2配合使用，这在实际应用时略有不便。因此，可在电动机连续运行控制电路中增加点动控制按钮，以实现电动机的点动与连续运行混合控制。如图6-4所示为三相异步电动机的点动与连续运行混合控制电路。

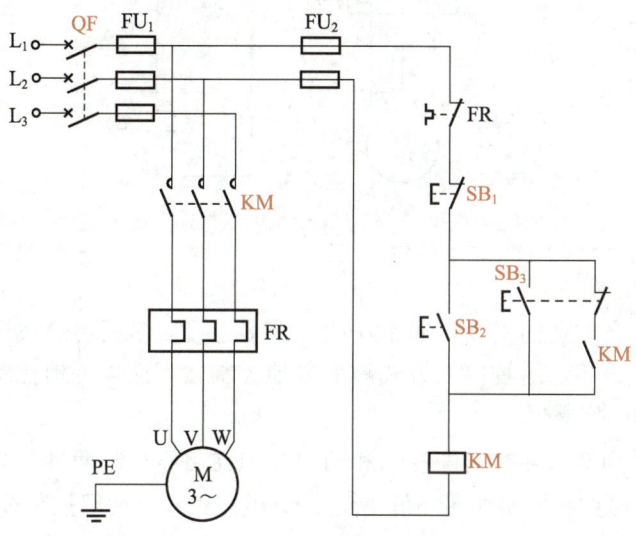

图 6-4　三相异步电动机的点动与连续运行混合控制电路

在图 6-4 所示电路中，SB_1为停止按钮，SB_2为连续运行控制启动按钮，SB_3为点动控制启动按钮。未按下SB_3时，电路的运行流程与连续运行控制电路的相同。

若要实现电动机的点动控制，可在闭合 QF 后，按下SB_3，SB_3动断触点断开，KM自锁触点闭合与否不影响电动机的运行；同时，SB_3动合触点闭合，KM 线圈通电，电动机开始运行。松开SB_3，SB_3动合触点恢复断开，KM 线圈断电，KM 主触点、KM 自锁触点均断开，电动机停止运行；同时，SB_3动断触点恢复闭合，电路恢复初始状态。

如图6-5所示，用组合开关 QS 替换图6-4所示电路中的SB_3及 KM 自锁触点，同样可以实现电动机的点动与连续运行混合控制。试分析该电路的工作原理。

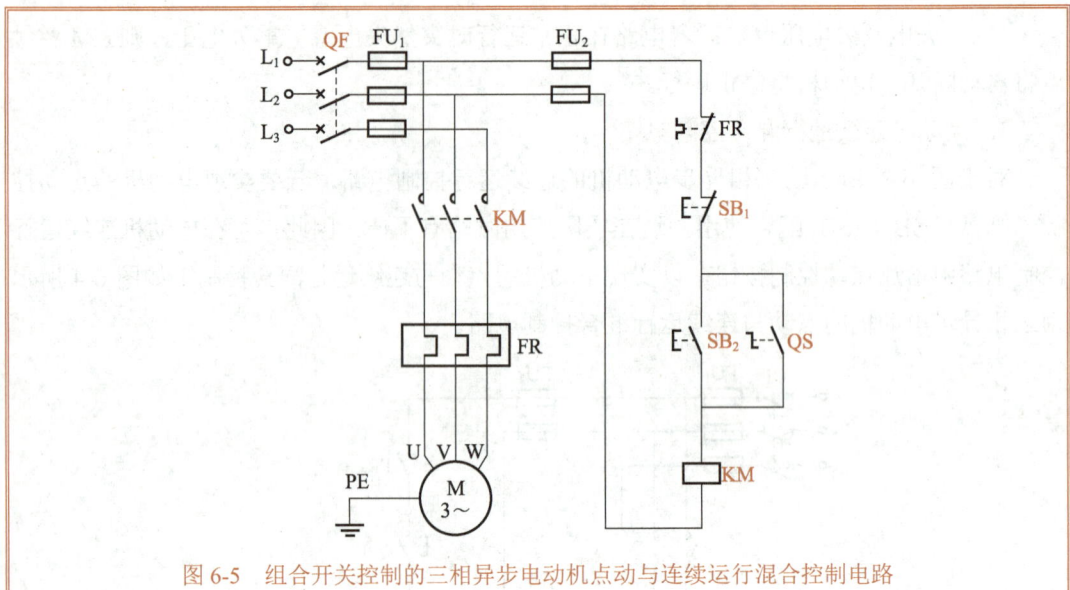

图 6-5　组合开关控制的三相异步电动机点动与连续运行混合控制电路

4．多地控制电路

为满足实际生产作业的需要，通常在两地或多地设置多组启动按钮和停止按钮，以同时控制一台电气设备，这种控制方式称为多地控制。下面以两地控制为例，介绍电动机多地控制电路的工作原理。

两地控制可分为两地独立启停控制和两地非独立启停控制两种。其中，三相异步电动机的两地独立启停控制电路如图 6-6 所示。该电路中设有两组控制按钮（SB_1、SB_3 和 SB_2、SB_4），若要启动电动机，可单独按下 SB_3 或 SB_4；若要关闭电动机，可单独按下 SB_1 或 SB_2。此处的两地控制是相互独立的，两地操作人员可独立启动和关闭电动机，彼此互不影响。

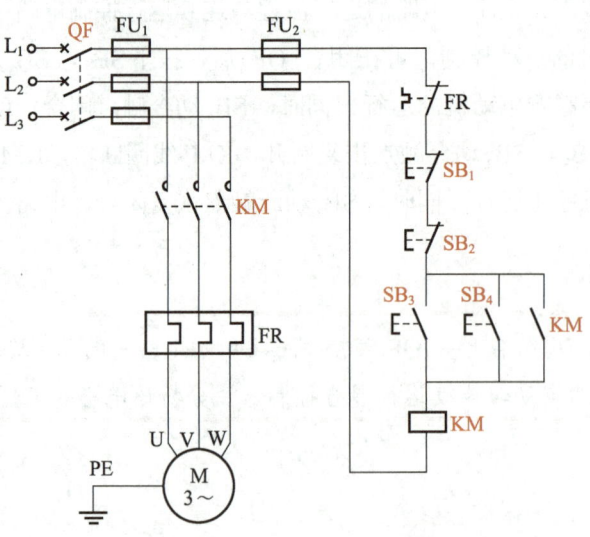

图 6-6　三相异步电动机的两地独立启停控制电路

图 6-7 所示电路也是一种两地控制电路,但与图 6-6 所示电路的控制形式不同。在图 6-7 所示电路中,三相异步电动机的启动控制不是独立的,两地操作人员必须同时按下 SB_3 和 SB_4,电动机才能启动;电动机的停转控制是独立的,单独按下 SB_1 或 SB_2 均可使电动机停止运行。

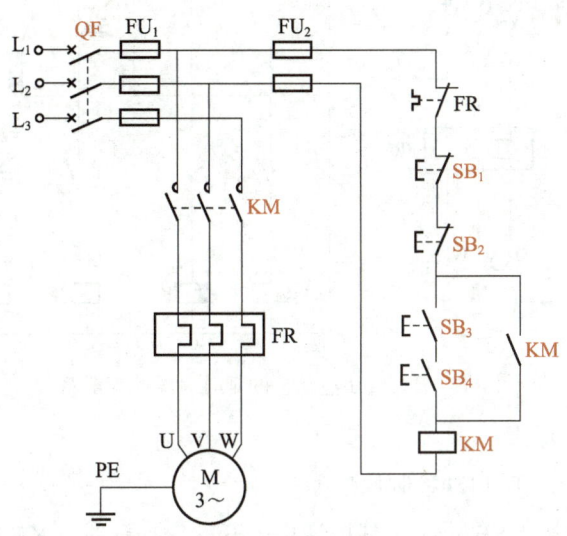

图 6-7 三相异步电动机的两地同时启动、独立停止控制电路

图 6-7 所示电路只是两地非独立启停控制电路的一种控制形式,你还能想到电路的其他控制形式吗?试画出它们的电路图,并比较各自的特点。

6.1.2 延时启停与顺序控制电路

1. 延时启停控制电路

三相异步电动机的延时启停控制电路如图 6-8 所示。为了实现延时启动和延时停止,电路中使用了 KT_1 和 KT_2 两个时间继电器,其中 KT_1 为通电延时继电器,主要用于控制电动机的延时启动;KT_2 为断电延时继电器,主要用于控制电动机的延时停止。中间继电器 KA 主要用于传递信号。

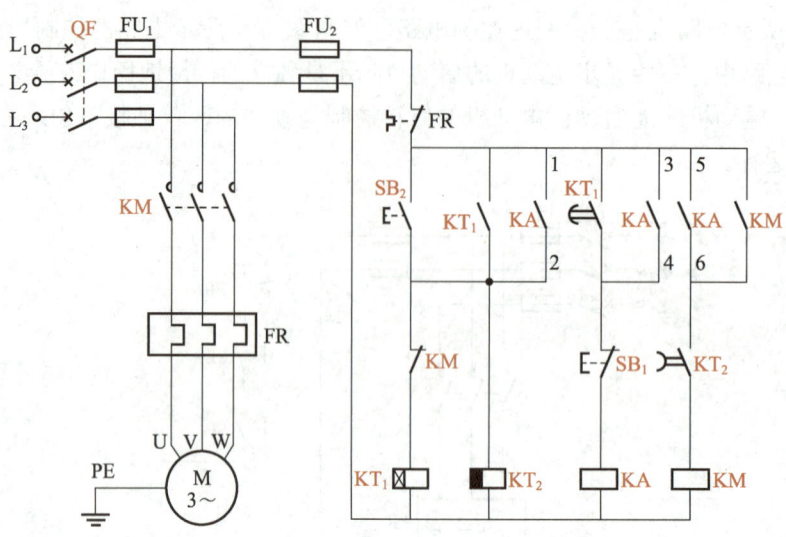

图 6-8　三相异步电动机的延时启停控制电路

1）延时启动控制原理

图 6-8 所示电路的延时启动控制原理如下。

（1）闭合 QF，按下 SB_2，KT_1 线圈通电，开始启动计时；KT_1 瞬时动合触点闭合；KT_2 线圈通电，KT_2 延时动合触点闭合，为 KM 线圈通电做准备。

（2）启动计时结束后，KT_1 延时动合触点闭合，KA 线圈通电。

① KA 动合触点（3—4）闭合，完成自锁。

② KA 动合触点（5—6）闭合，KM 线圈通电。

③ KA 动合触点（1—2）闭合，完成自锁。

（3）KM 主触点闭合，电动机开始运行；KM 自锁触点闭合；KM 辅助动断触点断开，KT_1 线圈断电，KT_1 延时动合触点与 KT_1 瞬时动合触点恢复断开。

当电动机正常运行时，KM、KA、KT_2 线圈均处于通电状态，KT_1 处于断电状态。电动机延时启动时间是指从按下 SB_2 到 KM 线圈通电、电动机开始运行所用的时间，它可通过 KT_1 进行设定。

2）延时停止控制原理

图 6-8 所示电路的延时停止控制原理如下。

（1）在电动机运行时，按下 SB_1，KA 线圈断电，KA 的 3 对动合触点均恢复断开。

（2）KT_2 线圈断电，开始停止运行计时。此时，KT_2 延时动合触点仍处于闭合状态，电动机继续运行。

（3）停止运行计时结束后，KT_2 延时动合触点恢复断开，KM 线圈断电，KM 主触点断开，电动机停止运行；KM 自锁触点恢复断开；KM 辅助动断触点恢复闭合。

电动机延时停止时间是指从按下 SB_1 到 KM 线圈断电、电动机停止运行这段时间，它可通过 KT_2 进行设定。

图 6-8 所示电路中，假设电动机延时启动时间设定为 3 s，若同时按下 SB_1、SB_2 后立即松开，则电路会如何运行？若同时按下 SB_1、SB_2 超过 3 s，则电路又会如何运行呢？

2．顺序控制电路

在实际生产中，有些电气设备配有多台电动机，作业时往往要求这些电动机按一定的顺序启动和停转。例如，磨床就要求先启动液压泵电动机，再启动主轴电动机。这便需要采用顺序控制。

常见的顺序控制电路有顺序启动控制电路、顺序启停控制电路等。现以两台三相异步电动机为例，其顺序控制电路如图 6-9 所示。

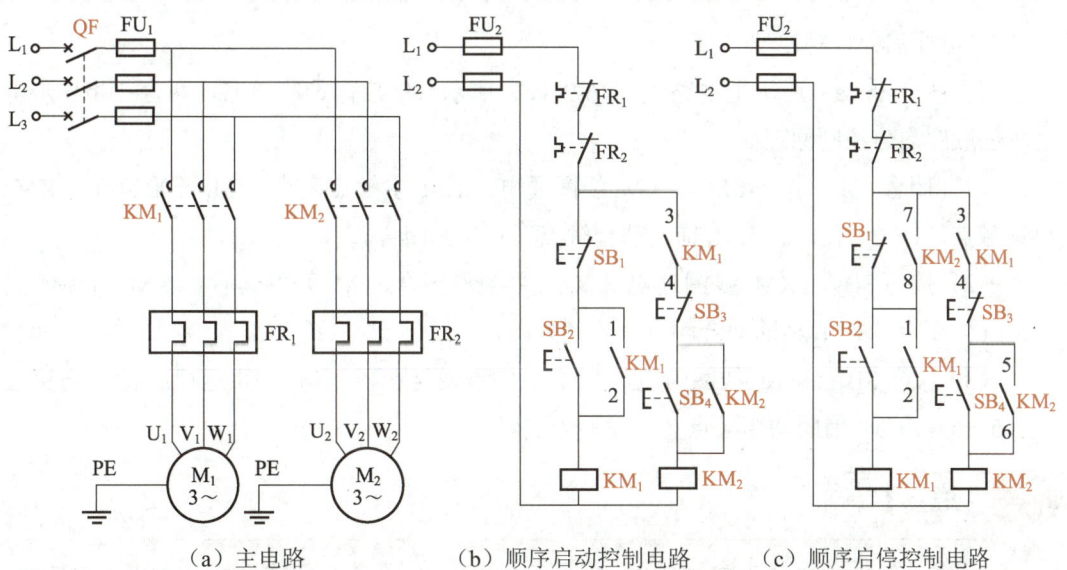

(a) 主电路　　　　(b) 顺序启动控制电路　　　　(c) 顺序启停控制电路

图 6-9　两台三相异步电动机的顺序控制电路

1）顺序启动控制原理

根据图 6-9（a）所示主电路和图 6-9（b）所示顺序启动控制电路，两台三相异步电动机的顺序启动控制原理如下。

（1）闭合 QF，按下 SB_2，KM_1 线圈通电，KM_1 主触点闭合，M_1 开始运行；KM_1 自锁触点（1—2）闭合；KM_1 辅助动合触点（3—4）闭合。

（2）按下 SB_4，KM_2 线圈通电，KM_2 主触点闭合，M_2 开始运行；KM_2 自锁触点闭合。

（3）按下 SB_3，KM_2 线圈断电，KM_2 主触点恢复断开，M_2 停止运行；KM_2 自锁触点恢复断开。

点 拨

此时的KM_1辅助动合触点（3—4）处于闭合状态，若按下SB_4，M_2将重新启动。因此，当M_1运行时，M_2可自由启停。

(4) 按下SB_1，KM_1线圈断电，KM_1主触点恢复断开，M_1停止运行；KM_1自锁触点（1—2）、KM_1辅助动合触点（3—4）恢复断开。

点 拨

在KM_1辅助动合触点（3—4）断开的情况下，KM_2线圈电路无法接通，M_2将无法启动。由此可知，M_2必须在M_1开始运行后方可启动；而当M_1停止运行时M_2也会停止运行，从而实现了顺序启动控制。

2）顺序启停控制原理

根据图 6-9（a）所示主电路和图 6-9（c）所示顺序启停控制电路，两台三相异步电动机的顺序启停控制原理如下。

(1) 闭合 QF，按下SB_2，KM_1线圈通电，KM_1主触点闭合，M_1开始运行；KM_1自锁触点（1—2）闭合；KM_1辅助动合触点（3—4）闭合。

(2) 按下SB_4，KM_2线圈通电，KM_2主触点闭合，M_2开始运行；KM_2自锁触点（5—6）闭合；KM_2辅助动合触点（7—8）闭合。

(3) 按下SB_3，KM_2线圈断电，KM_2主触点恢复断开，M_2停止运行；KM_2自锁触点（5—6）、KM_2辅助动合触点（7—8）恢复断开。

点 拨

与图 6-9（b）电路原理相同，M_2必须在M_1开始运行后方可启动，由此实现了顺序启动。而此时KM_1辅助动合触点（3—4）处于闭合状态，若按下SB_4，M_2将重新启动。因此，当M_1运行时，M_2可自由启停。

(4) 按下SB_1，KM_1线圈断电，KM_1主触点恢复断开，M_1停止运行；KM_1自锁触点（1—2）、KM_1辅助动合触点（3—4）恢复断开。

点 拨

当M_2运行时，KM_2辅助动合触点（7—8）处于闭合状态，此时按下SB_1，M_1不会停止运行。若要使M_1停止运行，必须先使M_2停止运行，这样才可实现顺序启停控制。

6.1.3 定子绕组串联电阻降压启动控制电路

1. 接触器控制的三相异步电动机定子绕组串联电阻降压启动控制电路

当电动机启动时，在电动机定子绕组电路中串联一个启动电阻器，可实现电动机降压启动；当电动机转速提升后将串联的启动电阻器切除，即可使电动机全压运行。这种降压启动方式称为定子绕组串联电阻降压启动。

接触器控制的三相异步电动机定子绕组串联电阻降压启动控制电路如图 6-10 所示。该电路在电动机三相定子绕组上串联有启动电阻器 R，KM_1 主要用于控制电动机降压启动，KM_2 主要用于控制电动机全压运行。电路的工作原理如下。

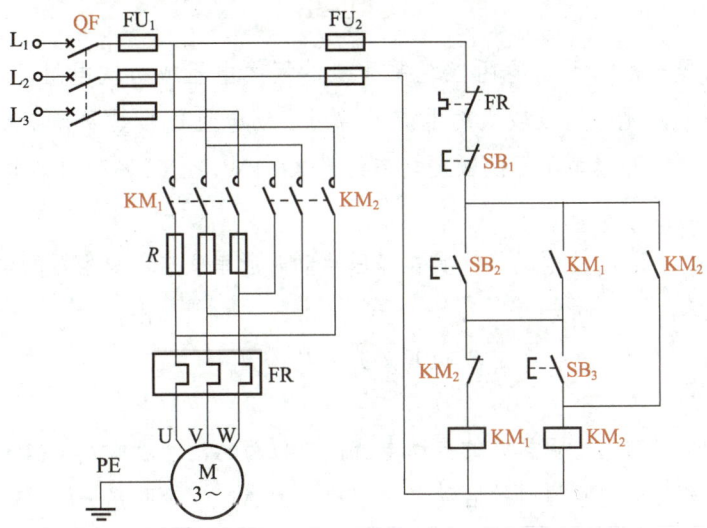

图 6-10 接触器控制的三相异步电动机定子绕组串联电阻降压启动控制电路

（1）闭合 QF，按下 SB_2，KM_1 线圈通电，KM_1 主触点闭合，电源电压加在电动机定子绕组和 R 上，电动机降压启动；KM_1 自锁触点闭合。

（2）电动机启动完成后，按下 SB_3，KM_2 线圈通电，KM_2 互锁触点（SB_3 左侧的辅助动断触点）断开，分断 KM_1 线圈电路，KM_1 主触点和自锁触点均恢复断开；KM_2 主触点闭合，R 被短路，电源电压直接加在电动机定子绕组上，电动机全压运行；KM_2 自锁触点闭合。

> 互锁是指相互关联的几个对象中，若其中一个对象动作了，则另外几个对象就无法动作。联锁是指相互关联的几个对象中，一个对象的动作受到前一个对象的制约。
>
> 例如，A、B 两个接触器，当 A 吸合后 B 不能吸合，且当 B 吸合后 A 不能吸合，这种控制方式称为互锁；当 A 吸合后 B 不能吸合，而当 B 吸合后 A 可以吸合，或者当 B 吸合后 A 不能吸合，而当 A 吸合后 B 可以吸合，这种控制方式称为联锁。

(3) 按下 SB_1，整个控制电路断电，KM_1、KM_2 主触点均断开，电动机停止运行。

点拨

接触器控制的定子绕组串联电阻降压启动控制电路，由降压启动切换为全压运行时，必须按下 SB_3，操作不便。因此，这种控制方式应用较少，通常采用时间继电器控制。

知识链接

启动电阻器

启动电阻器一般采用由电阻丝绕制而成的板式电阻或铸铁电阻，其特点是电阻小、额定功率大，允许通过较大的电流。常用启动电阻器的型号有 ZX1、ZX2 等系列，其中 ZX1 系列启动电阻器的额定功率约为 4.6 kW，ZX2 系列启动电阻器的额定功率约为 3.5 kW。

对于额定电流为 I_N 的电动机，其在降压启动时所串联启动电阻器的电阻 R 一般按照以下公式计算。

$$R = 190 \times (I_{st} - I'_{st})/I_N I'_{st}$$

式中：

I_{st} ——未串联启动电阻器时的启动电流，单位为 A，一般取 $I_{st} = (4 \sim 7)I_N$；

I'_{st} ——串联启动电阻器时的启动电流，单位为 A，一般取 $I'_{st} = (2 \sim 3)I_N$。

因此，启动电阻器上每相电阻的功率应为

$$P = I'^2_{st} R$$

由于启动电阻器只在电动机启动时工作，而且电动机启动时间较短，因此在实际选用时，启动电阻器的额定功率应为计算值的 1/4～1/3。

2. 时间继电器控制的三相异步电动机定子绕组串联电阻降压启动控制电路

时间继电器控制的三相异步电动机定子绕组串联电阻降压启动控制电路如图 6-11 所示。电路中 KT 主要用于控制电动机由降压启动切换为全压运行。电路的工作原理如下。

(1) 闭合 QF，按下 SB_2，KM_1 线圈通电，KM_1 主触点闭合，电源电压加在电动机定子绕组和 R 上，电动机降压启动；KT 线圈通电，开始启动计时；KM_1 自锁触点闭合。

(2) 启动计时结束后，KT 延时动合触点闭合，KM_2 线圈通电，KM_2 主触点闭合，R 被短路，电源电压直接加在电动机定子绕组上，电动机全压运行；KM_2 互锁触点断开，分断 KM_1 线圈电路，KM_1 主触点、KM_1 自锁触点均恢复断开。

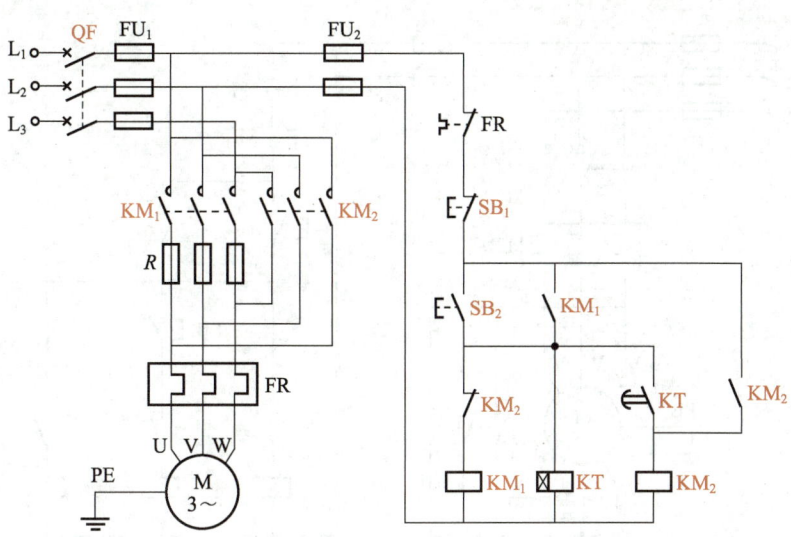

图 6-11　时间继电器控制的三相异步电动机定子绕组串联电阻降压启动控制电路

点　拨

> KM_2 线圈通电后，KM_1 线圈断电，KM_1 自锁触点断开，KT 线圈电路被分断。此时，KT 延时动合触点恢复断开，但 KM_2 自锁触点已闭合，KM_2 线圈将保持通电，电动机持续全压运行。

（3）按下 SB_1，整个控制电路断电，KM_1、KM_2 主触点均断开，电动机停止运行。

6.1.4　Y-△降压启动控制电路

1. 接触器控制的三相异步电动机 Y-△降压启动控制电路

接触器控制的三相异步电动机 Y-△降压启动控制电路如图 6-12 所示。该电路中有 3 个交流接触器，其中 KM_1 主要用于引入和切断电动机电源；KM_2 主要用于控制电动机定子绕组的 Y 联结，以控制电动机降压启动；KM_3 主要用于控制电动机定子绕组的△联结，以控制电动机全压运行。电路的工作原理如下。

（1）闭合 QF，按下 SB_2，KM_1 线圈通电，KM_1 主触点闭合；KM_1 自锁触点闭合。

（2）KM_2 线圈通电，KM_2 主触点闭合，电动机定子绕组实现 Y 联结，电动机开始降压启动；KM_2 互锁触点断开。

（3）电动机启动完成后，按下 SB_3，SB_3 动断触点断开，KM_2 线圈断电，KM_2 主触点恢复断开，KM_2 互锁触点恢复闭合；SB_3 动合触点闭合，KM_3 线圈通电，KM_3 主触点闭合，电动机定子绕组实现△联结，电动机全压运行。

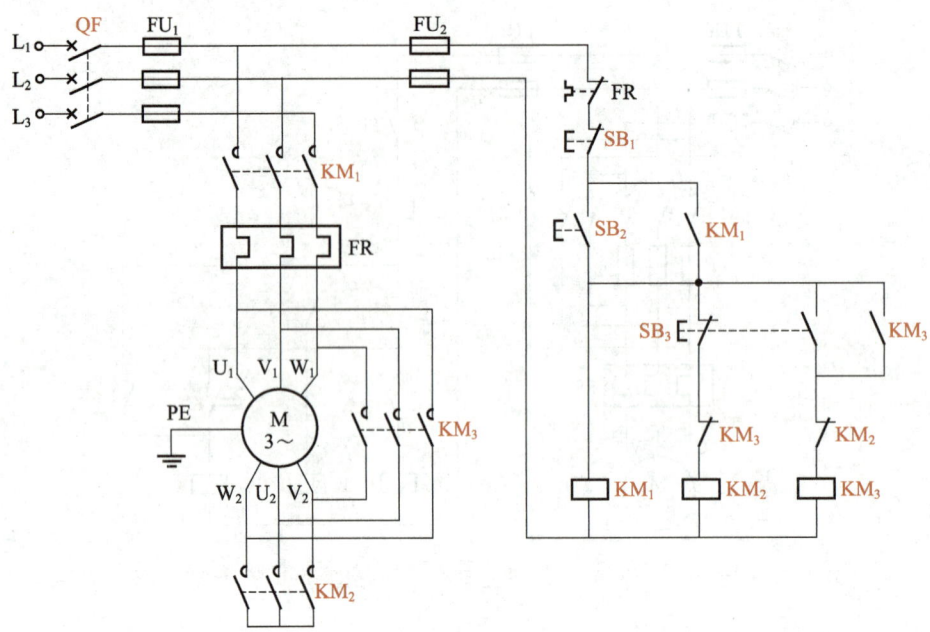

图 6-12 接触器控制的三相异步电动机 Y-△降压启动控制电路

 点　拨

> SB_3 释放后，SB_3 动断触点闭合，由于此时 KM_3 互锁触点断开，KM_2 线圈将保持断电；SB_3 动合触点断开，此时 KM_3 自锁触点闭合，KM_3 线圈将保持通电，电动机持续全压运行。

（4）按下 SB_1，整个控制电路断电，KM_1、KM_2、KM_3 主触点均断开，电动机停止运行。

2. 时间继电器控制三相异步电动机的 Y-△降压启动控制电路

时间继电器控制的三相异步电动机 Y-△降压启动控制电路如图 6-1 所示。电路中 KM_2 主要用于控制电动机定子绕组的 Y 联结，KM_3 主要用于控制电动机定子绕组的△联结，KT 主要用于控制电动机由降压启动切换为全压运行。电路的工作原理如下。

时间继电器控制的 Y-△降压启动控制电路的工作原理

（1）闭合 QF，按下 SB_2，KM_1 线圈通电，KM_1 主触点闭合；KM_1 自锁触点闭合。

（2）KM_2 线圈通电，KM_2 主触点闭合，电动机定子绕组实现 Y 联结，电动机开始降压启动；KM_2 互锁触点断开；KT 线圈通电，开始启动计时。

（3）启动计时结束后，KT 延时动断触点断开，KM_2 线圈断电，KM_2 主触点断开，

KM_2 互锁触点恢复闭合；KT 延时动合触点闭合。

（4）KM_3 线圈通电，KM_3 主触点闭合，电动机定子绕组实现△联结，电动机全压运行；KM_3 自锁触点闭合；KM_3 互锁触点断开，KT 线圈断电，KT 延时动断触点恢复闭合，KT 延时动合触点恢复断开。

（5）按下 SB_1，整个控制电路断电，KM_1、KM_2、KM_3 主触点均断开，电动机停止运行。

时代楷模

产业报国，奉献社会

高级工程师王怡华是国内电动机软启动行业创始人之一，他刻苦钻研电机控制技术，立足科技创新与技术研发，打破了国外巨头垄断市场的局面。

他带领的团队，研发新成果 20 余项，获批国家专利 31 件；获得 5 项省、市科技进步奖，其中"大功率电动机电磁调压软启动补偿装置""无刷双馈电动机变频调速系统"获湖北省科技进步二等奖，项目技术国际领先；21 000 kW 的特大功率电磁调压产品重载启动成功，打破了国外在特大功率电机控制领域的垄断地位；30 000 kW 超大功率变频软启动产品成功投入实际应用，该产品被誉为变频软启动应用的标杆产品。

他始终秉承"产业报国，奉献社会"的创业宗旨，勇担社会责任，坚持扶残助残、扶贫助学等公益事业，不断反哺社会。

（资料来源：王德强，《产业报国绽芳华——记全国劳动模范、大禹电气董事长王怡华》，孝感新闻网，2020 年 12 月 16 日）

任务 6.2 测试三相异步电动机调速控制电路

任务引入

小彭是一位精通机电技术的维修师傅。某日,他家里使用很久的滚筒洗衣机突然出了问题。滚筒洗衣机在一开始使用时没有噪声,但随后就开始"嗡嗡"响和转动"迟钝"。为了尽快解决这一问题,小彭决定自己动手维修滚筒洗衣机。经检查,他发现滚筒洗衣机采用的是双速电动机,出现上述问题的原因可能是启动电容容量减小。于是,他就更换了新的启动电容。维修后,滚筒洗衣机不再"嗡嗡"响了,而且转动效果也比之前好很多。

请选择合适的工具和器材,对双速电动机手动调速控制电路进行测试。

任务工单——测试双速电动机的手动调速控制电路

1. 知识准备

变极调速是指通过改变绕组的连接方式来改变电动机的极数,从而获得两种或两种以上转速的调速方式。变极调速具有操作简单、稳定性好、成本低、效率高等优点。其中,双速电动机就是变极调速的典型代表。它是一种特殊的三相异步电动机,可通过不同的连接方式得到低速和高速两种不同的转速。它通常用于各种机床,如车床、钻床、铣床、镗床等,粗加工时采用低速运行,精加工时则采用高速运行。

双速电动机常用的调速方式主要有手动调速、自动调速等。因此,双速电动机调速控制电路主要有双速电动机的手动调速控制电路、双速电动机自动调速控制电路等。其中,双速电动机的手动调速控制电路是通过按钮与接触器双重互锁来实现的。

2. 工具和器材准备

准备任务实施所需的工具和器材,补全表 6-2。

表 6-2 工具和器材清单

名称	规格	型号	数量	名称	规格	型号	数量
常用电工工具			1 套	交流接触器			3 个
万用表			1 台	热继电器			2 个
绝缘电阻表			1 台	4/2 极双速电动机			1 台
低压断路器			1 个	电工板			1 块
动断按钮			1 个	端子排			1 个
复合按钮			2 个	导线			
熔断器			5 个	其他			

3.任务实施

1)安装接线

(1)如图6-13所示为双速电动机的手动调速控制电路,根据电路配齐所需元器件。

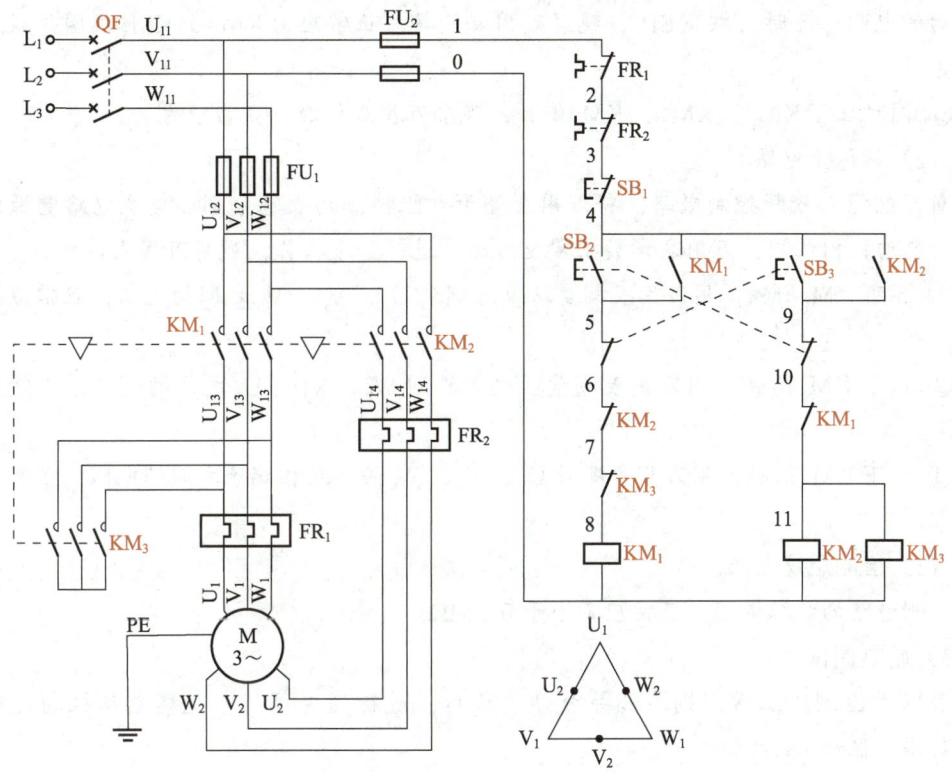

图6-13 双速电动机的手动调速控制电路

(2)检查元器件。检查按钮的连接螺钉和熔断器的熔体是否正常;检查交流接触器线圈的额定电压和电源电压是否匹配;检查各触点、接线端子是否正常。

(3)根据图6-13绘制电路的布置图与接线图。

(4)将绘制的布置图与接线图交由指导教师检查、纠正,然后按照布置图安装元器件,并根据接线图进行板前明线布线;连接完成后检查主电路与控制电路的接线,检查无误后安装电动机,电动机选用4/2极双速电动机。

2)断电调试

(1)调试控制电路。

断开电源,分断主电路,将万用表置于电阻挡,两表笔分别连接熔断器FU_2的两个出线端,万用表读数正常应为∞。进行如下操作,观察万用表读数。

① 按下SB_2,观察万用表读数,正常应为KM_1线圈的电阻。

② 按下SB_3,观察万用表读数,正常应为KM_2、KM_3线圈并联后的电阻。

③ 同时按下SB_2、SB_3,观察万用表读数,正常应为∞。

④ 压下 KM_1 衔铁并保持，观察万用表读数，正常应为 KM_1 线圈的电阻；此时，按下 SB_1，观察万用表读数，正常应由 KM_1 线圈的电阻变为 ∞。

⑤ 同时压下 KM_2、KM_3 衔铁并保持，观察万用表读数，正常应为 KM_2、KM_3 线圈并联后的电阻；此时，按下 SB_1，观察万用表读数，正常应由 KM_2、KM_3 线圈并联后的电阻变为 ∞。

⑥ 同时压下 KM_1、KM_2、KM_3 衔铁，观察万用表读数，正常应为 ∞。

（2）调试主电路。

断开电源，分断控制电路，将万用表置于电阻挡，两表笔分别连接主电路电源端和对应的电动机出线端，万用表读数正常应为 ∞。进行如下操作，观察万用表读数。

① 压下 KM_1 衔铁，用万用表测量从电源端到 U_1、V_1、W_1 之间的电阻，正常应接近于零。

② 压下 KM_2 衔铁，用万用表测量从电源端到 W_2、V_2、U_2 之间的电阻，正常应接近于零。

③ 压下 KM_3 衔铁，用万用表测量 U_1、V_1、W_1 任意两相端子之间的电阻，正常应接近于零。

（3）检测绝缘电阻。

检测电路的绝缘电阻，正常应不小于 0.5 MΩ。

3）通电调试

若以上检测均正常，则在指导教师确认后，进行通电调试，观察电动机的运行状况。具体步骤如下。

（1）闭合 QF，电动机应不启动。

（2）按下 SB_2，电动机应低速运行。

（3）按下 SB_1，电动机应停止运行。

（4）按下 SB_2，待电动机运行稳定后按下 SB_3，电动机应由低速运行切换为高速运行。

（5）按下 SB_1，电动机应停止运行。

笔记

6.2.1 双速电动机的调速原理

电动机的单相定子绕组可采用多个绕组组合的形式，从而使其具有多对磁极（2、4、6、8……）。通过改变绕组之间的连接方式，即可改变定子绕组的磁极对数，从而使电动机具有多个运行速度。这种磁极对数可变的电动机称为多速电动机。常见的多速电动机有 4/2 极双速电动机、6/4 极双速电动机、8/4 极双速电动机、8/6/4 极三速电动机、12/8/6/4 极四速电动机等。

本任务以 4/2 极双速电动机为例，介绍变极调速的原理，以下所述双速电动机均指 4/2 极双速电动机。双速电动机定子绕组的连接形式如图 6-14 所示。

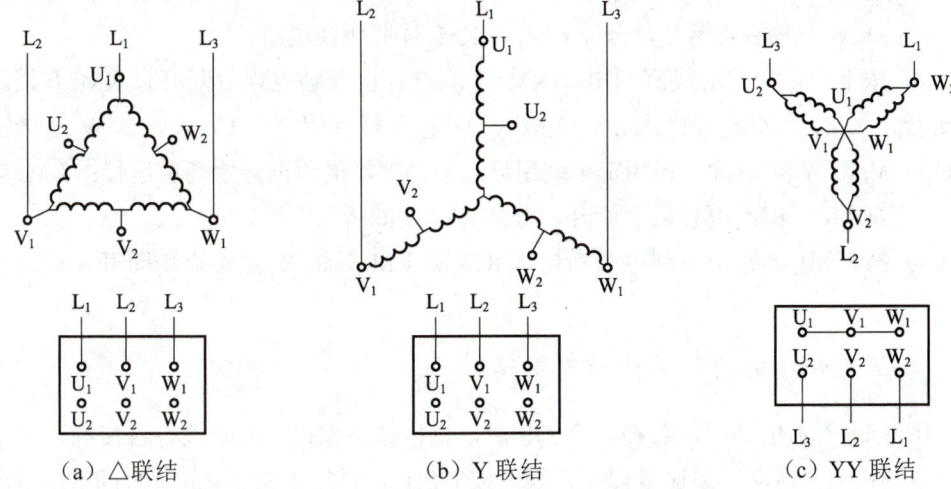

图 6-14　双速电动机定子绕组的连接形式

双速电动机的每相定子绕组均由两个绕组组成，三相定子绕组共有 6 个接线端，即 U_1、V_1、W_1、U_2、V_2、W_2。在各相定子绕组上将两个绕组串联，即 U_1、V_1、W_1 接电源，U_2、V_2、W_2 悬空，即可将各相定子绕组联结成△或 Y，分别如图 6-14（a）、图 6-14（b）所示。此时，电动机各相定子绕组上的磁极数为 4，同步转速为 1 500 r/min，接通电源后，电动机将低速运行。

若在各相定子绕组上将两个绕组并联，即 U_1、V_1、W_1 连接于一点，U_2、V_2、W_2 接电源，即可将各相定子绕组联结成双星形（YY），如图 6-14（c）所示。此时，电动机各相定子绕组上的磁极数为 2，同步转速为 3 000 r/min，接通电源后，电动机将高速运行。

通过改变定子绕组的联结形式，使其在△联结与 YY 联结之间，或者在 Y 联结与 YY 联结之间进行切换，即可实现电动机的双速调节。

当电动机定子绕组的磁极数改变后，其相序方向与原方向相反。为保证电动机仍按原方向运行，必须将改变磁极数后的电动机的任意两个出线端对调。

6.2.2　双速电动机的手动调速控制电路

双速电动机的手动调速控制电路如图 6-13 所示。该电路中有 KM_1、KM_2、KM_3 3 个交流接触器，其中 KM_1 单独动作可将电动机定子绕组联结成△，主要用于控制电动机低速运行；KM_2、KM_3 同时动作，可将电动机定子绕组联结成 YY，主要用于控制电动机高速运行。电路由 SB_2、SB_3 两个复合按钮与交流接触器实现双重互锁，其中 SB_2 为低速启动按钮，SB_3 为高速启动按钮。电路的工作原理如下。

（1）闭合 QF，按下 SB_2，KM_1 线圈通电，KM_1 主触点闭合，电动机 U_1、V_1、W_1 接电源，U_2、V_2、W_2 悬空，各相定子绕组联结成△，电动机开始低速运行；KM_1 自锁触点闭合；KM_1 互锁触点断开，分断 KM_2、KM_3 线圈所在电路。

（2）按下 SB_3，KM_1 线圈断电，KM_1 主触点、自锁触点恢复断开，KM_1 互锁触点恢复闭合；KM_2、KM_3 线圈通电，KM_2、KM_3 主触点闭合，U_1、V_1、W_1 连接于一点，U_2、V_2、W_2 接电源，各相定子绕组联结成 YY，电动机开始高速运行；KM_2 自锁触点闭合；KM_2、KM_3 互锁触点断开，分断 KM_1 线圈所在电路。

（3）按下 SB_1，整个控制电路断电，KM_1、KM_2、KM_3 主触点均断开，电动机停止运行。

6.2.3 双速电动机的自动调速控制电路

在图 6-13 所示电路中，若在闭合 QF 后，直接按下 SB_3，电动机将直接高速启动；若要使电动机低速启动、高速运行，必须先按下 SB_2，再按下 SB_3。通过时间继电器的延时控制功能，可实现电动机由低速启动向高速运行的自动切换，如图 6-15 所示为双速电动机的自动调速控制电路，其工作原理如下。

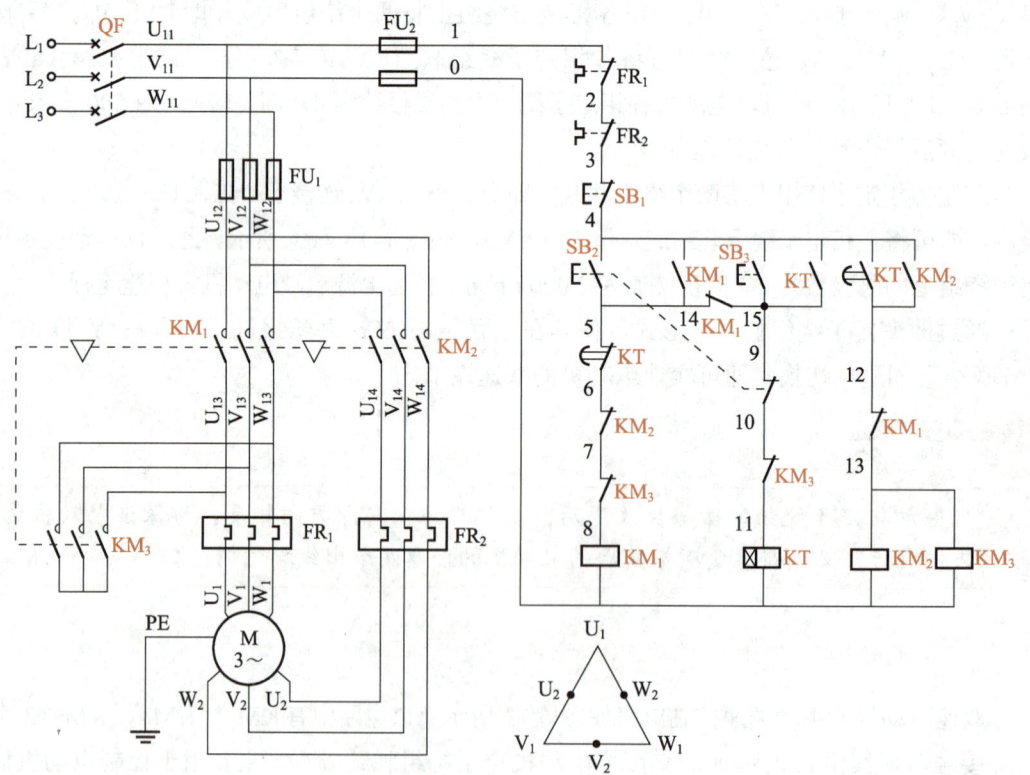

图 6-15 双速电动机的自动调速控制电路

（1）闭合 QF，按下 SB_2，KM_1 线圈通电，KM_1 主触点闭合，电动机 U_1、V_1、W_1 接电源，U_2、V_2、W_2 悬空，电动机开始低速启动；KM_1 自锁触点（4—14）闭合；KM_1 互锁触点（12—13）断开，分断 KM_2、KM_3 线圈所在电路；KM_1 互锁触点（14—15）断开。

（2）按下 SB_3，KT 线圈通电，KT 瞬时动合触点（4—15）闭合，KT 开始计时。此时，电动机继续保持低速运行。

（3）KT 计时结束后，KT 延时动断触点（5—6）断开，KM_1 线圈断电，KM_1 主触点断开，分断电动机低速启动电路；KM_1 互锁触点（12—13）与 KM_1 互锁触点（14—15）恢复闭合；KM_1 自锁触点（4—14）恢复断开。同时，KT 延时动合触点（4—12）闭合，KM_2 线圈通电，KM_2 主触点闭合，KM_2 自锁触点（4—12）闭合，KM_2 互锁触点（6—7）断开。

（4）KM_3 线圈通电，KM_3 主触点闭合，U_1、V_1、W_1 连接于一点，U_2、V_2、W_2 接电源，各相定子绕组联结成 YY，电动机开始高速运行；KM_3 两个互锁触点（7—8）、（10—11）均断开，KT 线圈断电，KT 各触点复位。

（5）按下 SB_1，整个控制电路断电，KM_1、KM_2、KM_3 主触点均断开，电动机停止运行。

点　拨

闭合 QF 后，若直接按下 SB_3，则 KT 线圈通电的同时，KM_1 线圈也通电，电动机将低速启动。KT 计时结束后，KM_1 线圈断电，KM_2、KM_3 线圈通电，电动机由低速启动切换为高速运行，由此避免了电动机直接高速启动。

任务 6.3 测试三相异步电动机可逆控制电路

任务引入

某工厂生产车间有一台摇臂钻床,该钻床采用按钮与接触器双重互锁的方式来控制电动机的正反转运行。某日,该工厂组织维修人员对摇臂钻床进行了例行检查。在检查时,维修人员发现摇臂钻床的控制电路上存在故障,若不及时维修,则极有可能造成重大安全生产事故。于是,维修人员立即对该故障部位进行了细致的检测,判断故障可能是由控制电路上某个接触器不吸合造成的。随后,维修人员找到发生故障的接触器并对其进行了维修,该钻床恢复了正常运行。

请选择合适的工具和器材,对三相异步电动机双重互锁正反转控制电路进行测试。

任务工单——测试三相异步电动机双重互锁正反转控制电路

1. 知识准备

三相异步电动机单向运行控制的应用具有很大的局限性。在实际生产中,往往需要电动机具备正反转功能。

双重互锁正反转控制电路是把按钮互锁正反转控制电路和接触器互锁正反转控制电路的优点结合起来,直接通过按反向或正向启动按钮来改变电动机的运行方向,而且当接触器的主触点发生熔焊故障时,电路也不会发生电源相间短路故障。

2. 工具和器材准备

准备任务实施所需的工具和器材,补全表 6-3。

表 6-3 工具和器材清单

名称	规格	型号	数量	名称	规格	型号	数量
常用电工工具			1 套	交流接触器			2 个
万用表			1 台	热继电器			1 个
绝缘电阻表			1 台	三相异步电动机			1 台
低压断路器			1 个	电工板			1 块
动断按钮			1 个	端子排			1 个
复合按钮			2 个	导线			
熔断器			5 个	其他			

3. 任务实施

1) 安装接线

（1）如图 6-16 所示为三相异步电动机的双重互锁正反转控制电路，根据电路配齐所需元器件。

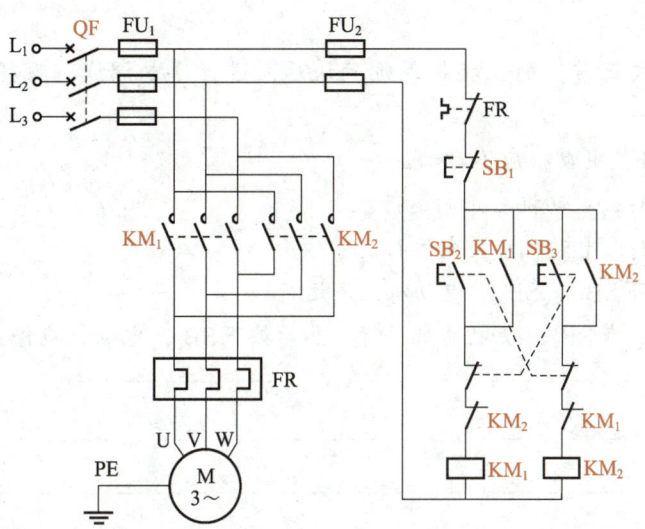

图 6-16　三相异步电动机的双重互锁正反转控制电路

（2）检查元器件。检查按钮的连接螺钉和熔断器的熔体是否正常；检查交流接触器线圈的额定电压和电源电压是否匹配；检查各触点、接线端子是否正常。

（3）根据图 6-16 绘制电路的布置图与接线图。

（4）将绘制的布置图与接线图交由指导教师检查、纠正，然后按照布置图安装元器件，并根据接线图进行板前明线布线；连接完成后检查主电路与控制电路的接线，检查无误后安装电动机，电动机选用三相异步电动机。

2) 断电调试

（1）调试控制电路。

断开电源，分断主电路，将万用表置于电阻挡，两表笔分别连接熔断器 FU_2 的两个出线端，万用表读数正常应为 ∞。进行如下操作，观察万用表读数。

① 分别按下 SB_2、SB_3，观察万用表读数，正常应分别为 KM_1、KM_2 线圈的电阻。

② 松开 SB_2、SB_3，分别压下 KM_1、KM_2 衔铁，观察万用表读数，正常应分别为 KM_1、KM_2 线圈的电阻。

③ 同时按下 SB_2、SB_3，观察万用表读数，正常应为 ∞。

④ 同时压下 KM_1、KM_2 衔铁，观察万用表读数，正常应为 ∞。

⑤ 同时按下 SB_1、SB_2，或者同时按下 SB_1、SB_3，观察万用表读数，正常应为 ∞。

（2）调试主电路。

断开电源，分断控制电路，将万用表置于电阻挡，两表笔分别连接主电路电源端和对应的电动机出线端,万用表读数正常应为∞;分别压下 KM_1、KM_2 衔铁,观察万用表读数,正常应接近于零。

(3) 检测绝缘电阻。

检测电路的绝缘电阻,正常应不小于 0.5 MΩ。

3) 通电调试

若以上检测均正常,则在指导教师确认后,进行通电调试,观察电动机的运行状况。具体步骤如下。

(1) 闭合 QF,电动机应不启动。

(2) 按下 SB_2,电动机应正向运行。

(3) 按下 SB_3,电动机应反向运行。

(4) 同时按下 SB_2、SB_3,电动机应不运行。

(5) 按下 SB_2 或 SB_3,使电动机运行,然后按下 SB_1,电动机应停止运行。

> 笔记

常见的三相异步电动机可逆控制电路主要有倒顺开关控制的正反转控制电路、按钮与接触器互锁正反转控制电路、双重互锁正反转控制电路、行程开关控制的自动往返控制电路、时间继电器控制的自动往返控制电路等。

6.3.1 倒顺开关控制的正反转控制电路

倒顺开关又称可逆转换开关,是一种组合开关。其外形如图 6-17(a)所示,倒顺开关控制的三相异步电动机正反转控制电路如图 6-17(b)所示。

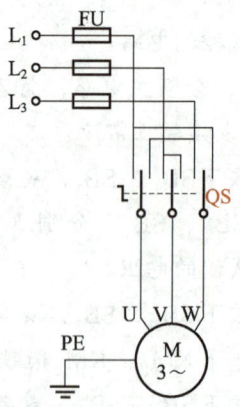

(a) 倒顺开关的外形　　(b) 倒顺开关控制的三相异步电动机正反转控制电路

图 6-17　倒顺开关的外形及倒顺开关控制的三相异步电动机正反转控制电路

倒顺开关有"顺""停""倒"3个挡位，分别对应电动机的正向运行、停止运行和反向运行三种状态。倒顺开关各挡位所对应的电路运行状态如表6-4所示。

表6-4 倒顺开关各挡位所对应的电路运行状态

手柄挡位	开关状态	电路状态	电动机状态
顺	QS动触点与左侧静触点闭合	电路按L_1—U、L_2—V、L_3—W的相序接通	电动机正向运行
停	QS动、静触点断开	电路分断	电动机停止运行
倒	QS动触点与右侧静触点闭合	电路按L_1—W、L_2—V、L_3—U的相序接通	电动机反向运行

在倒顺开关控制的正反转控制电路中，接通电源后，将倒顺开关置于"顺"挡，电动机正向运行。此时，若要使电动机反向运行，则应先将手柄置于"停"挡，使电动机停止运行，然后将手柄置于"倒"挡。若直接将手柄由"顺"挡置于"倒"挡，则电动机的定子绕组将会因电源突然反接而产生很大的反接电流，易使电动机的定子绕组因过热而损坏。

6.3.2 按钮与接触器互锁正反转控制电路

1. 按钮互锁正反转控制电路

三相异步电动机的按钮互锁正反转控制电路如图6-18所示。该电路要求KM_1、KM_2不能同时通电，否则它们的主触点就会同时闭合，从而造成L_1、L_3两相电源短路。为此，电路采用了复合按钮SB_2、SB_3。

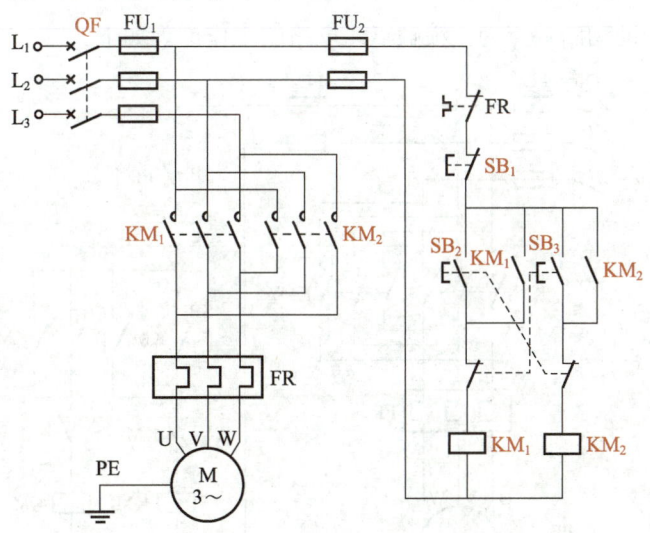

图6-18 三相异步电动机的按钮互锁正反转控制电路

SB_1为停止按钮，SB_2为正向启动按钮，SB_3为反向启动按钮；KM_1所在电路为正向运行控制电路，KM_2所在电路为反向运行控制电路。SB_2和SB_3的动断触点在电路中起互锁作用，为互锁触点。KM_1 和 KM_2 的辅助动合触点为自锁触点。

当 KM_1 主触点接通时，三相交流电源按 L_1—U、L_2—V、L_3—W 的相序接入电动机，电动机正向运行；而当 KM_2 主触点接通时，三相交流电源按 L_1—W、L_2—V、L_3—U 的相序接入电动机，电动机反向运行。电路的工作原理如下。

（1）电动机正向运行控制。闭合 QF，按下 SB_2，SB_2 接在反向运行控制电路中的互锁触点断开，分断电动机反向运行控制电路；同时，SB_2 动合触点闭合，KM_1 线圈通电，KM_1 主触点、KM_1 自锁触点均闭合，电动机正向运行。

（2）电动机反向运行控制。闭合 QF，按下 SB_3，SB_3 接在正向运行控制电路中的互锁触点断开，分断电动机正向运行控制电路；同时，SB_3 动合触点闭合，KM_2 线圈通电，KM_2 主触点、KM_2 自锁触点均闭合，电动机反向运行。

（3）电动机停止运行控制。在电动机正向或反向运行时，按下 SB_1，SB_1 动断触点断开，KM_1、KM_2 的线圈均断电，KM_1、KM_2 的主触点均断开，电动机停止运行。

按钮互锁正反转控制电路操作简单，但容易造成电源相间短路。例如，当 KM_1 发生主触点熔焊或被杂物卡住等故障时，即使 KM_1 线圈失电，KM_1 主触点也无法断开，这时若直接按下 SB_3，KM_2 线圈通电，KM_2 主触点闭合，必然造成电源相间短路。

2．接触器互锁正反转控制电路

三相异步电动机的接触器互锁正反转控制电路如图 6-19 所示。与三相异步电动机的按钮互锁正反转控制电路相比，该电路是用 KM_1、KM_2 的辅助动断触点代替了复合按钮的动断触点，用动合按钮代替了复合按钮的动合触点。在 KM_1、KM_2 的线圈回路中，与线圈分别串联的辅助动断触点为互锁触点。电路的工作原理如下。

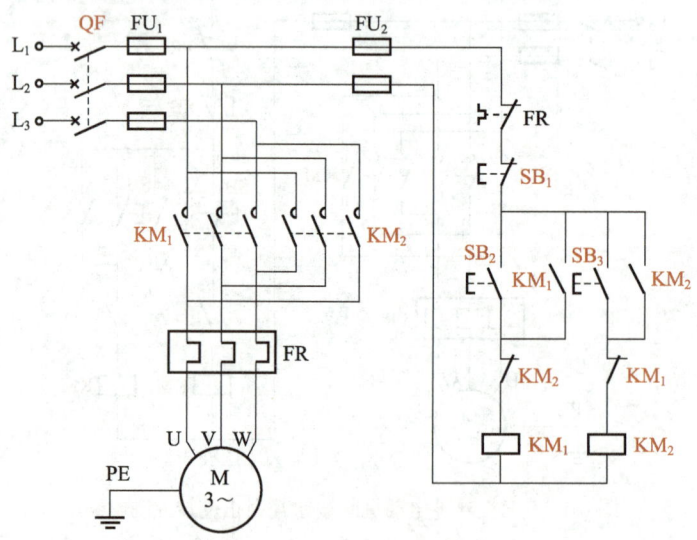

图 6-19 三相异步电动机的接触器互锁正反转控制电路

闭合 QF，按下 SB_2，KM_1 线圈通电，KM_1 主触点闭合，同时 KM_1 自锁触点闭合，KM_1 互锁触点断开，电动机将连续正向运行。此时，若要使电动机反向运行，则必须先按下 SB_1，使 KM_1 线圈断电释放，KM_1 各触点复位；然后按下 SB_3，使 KM_2 线圈通电，KM_2 主触点、KM_2 自锁触点闭合，KM_2 互锁触点断开。

在接触器互锁正反转控制电路中，要想改变电动机的运行方向，就必须先按下停止按钮，使电动机停止运行，再按下反向或正向启动按钮，不便于操作。

头脑风暴

从安全性能方面分析，倒顺开关控制、按钮互锁、接触器互锁三种正反转控制电路各有什么特点？它们各自又存在哪些安全隐患？

6.3.3 双重互锁正反转控制电路

三相异步电动机的双重互锁正反转控制电路如图 6-16 所示。电路的工作原理如下。

（1）电动机正向运行控制。闭合 QF，按下 SB_2，SB_2 接在反向运行控制电路中的互锁触点断开，分断电动机反向运行控制电路，KM_2 线圈断电，KM_2 主触点、KM_2 自锁触点均断开，KM_2 互锁触点闭合；同时，SB_2 动合触点闭合，KM_1 线圈通电，KM_1 互锁触点断开，KM_1 主触点、KM_1 自锁触点均闭合，电动机正向运行。

（2）电动机反向运行控制。闭合 QF，按下 SB_3，SB_3 接在正向运行控制电路中的互锁触点断开，分断电动机正向运行控制电路，KM_1 线圈断电，KM_1 主触点、KM_1 自锁触点均断开，KM_1 互锁触点闭合；同时，SB_3 动合触点闭合，KM_2 线圈通电，KM_2 互锁触点断开，KM_2 主触点、KM_2 自锁触点均闭合，电动机反向运行。

（3）电动机停止运行控制。在电动机正向或反向运行时，按下 SB_1，SB_1 动断触点断开，KM_1、KM_2 的线圈均断电，KM_1、KM_2 的主触点均断开，电动机停止运行。

6.3.4 行程开关控制的自动往返控制电路

利用生产机械的行程来控制其自动往返运行的方法称为自动往返控制，它可通过行程开关来实现，如图 6-20（a）所示。如图 6-20（b）所示为控制电路，该电路通过 SQ_1 和 SQ_2 两个行程开关来限定工作台的行程，控制电动机自动往返运行，其工作原理如下。

行程开关控制的
自动往返控制电路

（1）闭合 QF，按下 SB_2，KM_1 线圈通电，KM_1 主触点闭合，电动机开始正向运行，拖动工作台左移。

（2）当工作台向左移动到一定位置时，挡块 1 推动 SQ_1 推杆，使 SQ_1 动断触点断开，KM_1 线圈断电，KM_1 主触点断开，电动机停止运行，工作台停止左移；同时，SQ_1 动合触点闭合，KM_2 线圈通电，KM_2 主触点闭合，电动机开始反向运行，拖动工作台右移。

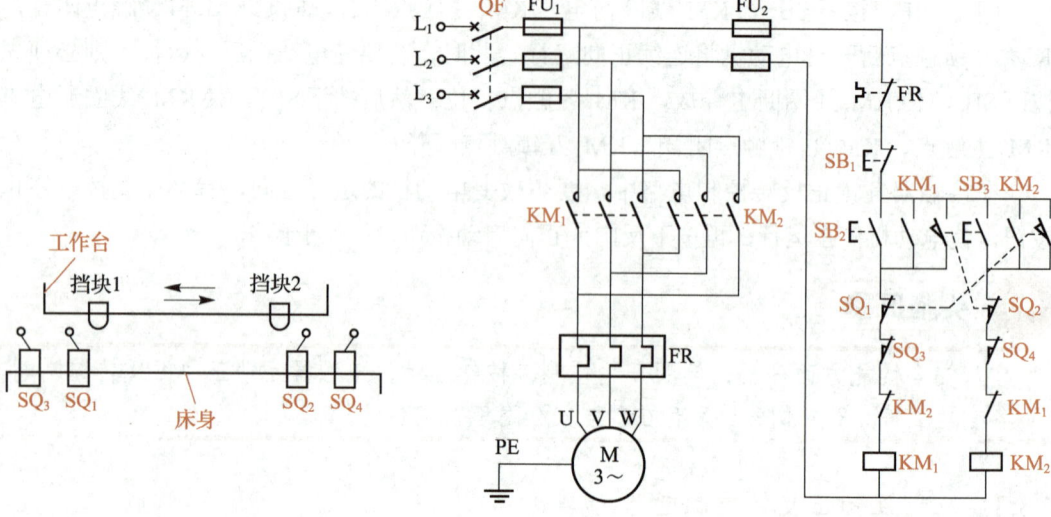

（a）工作台自动往返运动示意　　　　　　（b）控制电路

图 6-20　行程开关控制的三相异步电动机自动往返控制电路

 点　拨

工作台右移使挡块 1 与 SQ_1 推杆脱离，此时 SQ_1 动合触点虽复位，但 KM_2 自锁触点已闭合，故电动机将继续拖动工作台右移。

（3）当工作台向右移动到一定位置时，挡块 2 推动 SQ_2 推杆，SQ_2 动断触点断开，KM_2 线圈断电，KM_2 主触点断开，电动机停止运行；同时，SQ_2 动合触点闭合，KM_1 线圈通电，电动机开始正向运行，拖动工作台左移。

（4）当工作台向左移动到一定位置时，挡块 1 推动 SQ_1 推杆，转至步骤（2）。

此后，电路将持续在步骤（2）～（4）之间循环，工作台在预定的行程内自动往返运动。若要停止循环，则按下 SB_1 即可。

 点　拨

在图 6-20 中，SQ_3、SQ_4 安装在工作台自动往返运动的极限位置上，以防止 SQ_1、SQ_2 失灵，工作台继续运动而造成事故。双重保险，有备无患。

 头脑风暴

若闭合 QF 后不按下 SB_2，而是按下 SB_3，则上述电路将如何运行？若去掉 SB_3，则电路会有什么变化？

6.3.5 时间继电器控制的自动往返控制电路

利用时间继电器可实现机械的定时自动往返控制，如洗衣机中驱动滚筒转动的电动机在洗涤时的自动往返控制，其电路如图6-21所示。

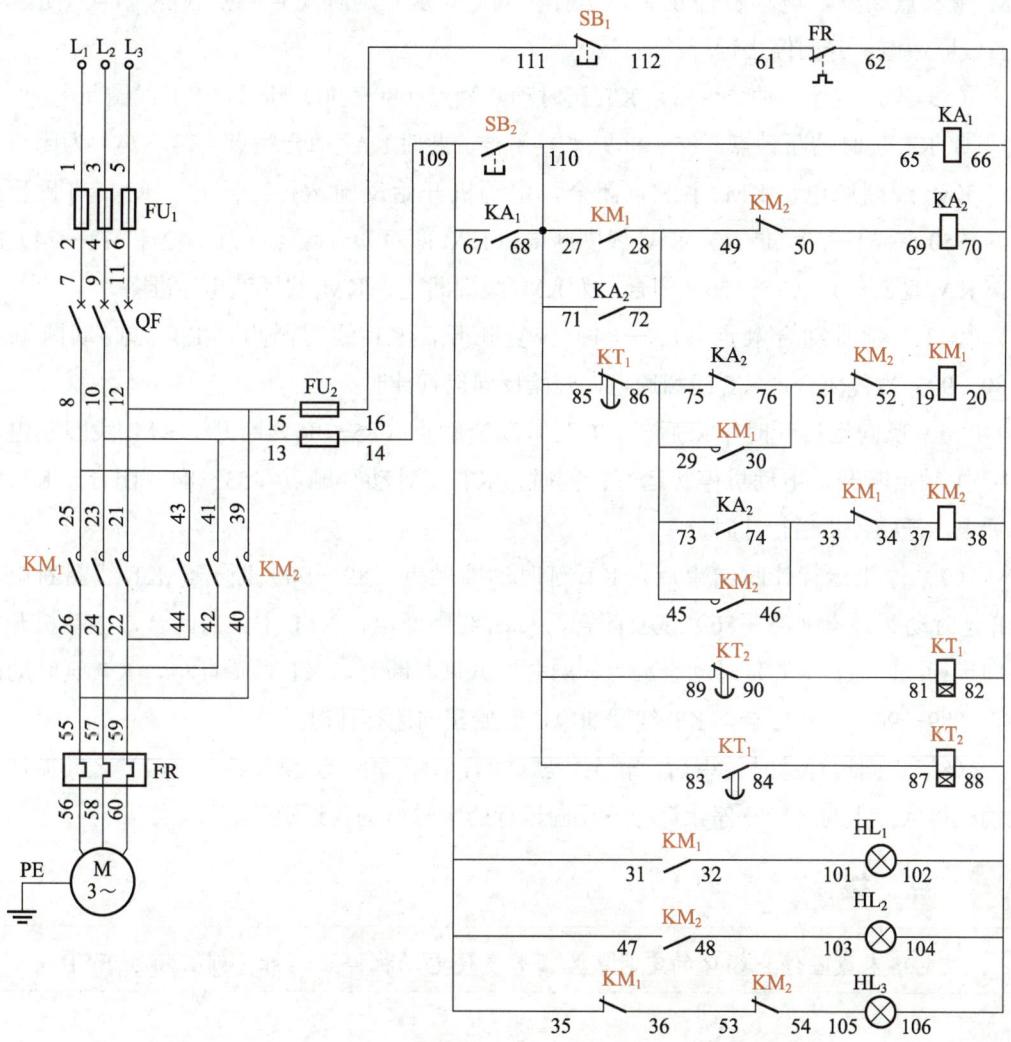

图6-21 洗衣机中驱动滚筒转动的三相异步电动机自动往返控制电路

在图6-21所示电路中，KM_1 主要用于控制电动机正向运行，KM_2 主要用于控制电动机反向运行，KM_1、KM_2 构成接触器互锁；KT_1 主要用于控制电动机的正向和反向运行时间，KT_2 主要用于控制电动机正向和反向运行切换时的停止时间。电路的工作原理如下。

（1）闭合QF，按下SB_2，KA_1 线圈通电，KA_1 自锁触点（67—68）闭合。

（2）KM_1 线圈通电，KM_1 主触点闭合，电动机开始正向运行；同时，KM_1 辅助动合触点（27—28）闭合，KA_2 线圈通电，KA_2 两对动合触点（71—72 和 73—74）闭合,KA$_2$ 动断触点(75—76)断开,为 KM$_1$ 线圈断电、KM$_2$ 线圈通电做准备。

(3) KT$_1$ 线圈通电,开始正向运行计时,电动机保持正向运行。

(4) 正向运行计时结束后,KT$_1$ 延时动断触点(85—86)断开,KM$_1$ 线圈断电,KM$_1$ 主触点断开,电动机停止正向运行;同时,KT$_1$ 延时动合触点(83—84)闭合,KT$_2$ 线圈通电,开始停止运行计时。

(5) 停止运行计时结束后,KT$_2$ 延时动断触点(89—90)断开,KT$_1$ 线圈断电。

① KT$_1$ 延时动断触点(85—86)恢复闭合,此时 KA$_2$ 动合触点(73—74)为闭合状态,KM$_2$ 线圈通电,KM$_2$ 主触点闭合,电动机开始反向运行;同时,KM$_2$ 动断触点(49—50 和 51—52)断开,KA$_2$ 线圈断电,KA$_2$ 两对动合触点(71—72 和 73—74)断开,KA$_2$ 动断触点(75—76)闭合,为 KM$_2$ 线圈断电、KM$_1$ 线圈通电做准备。

② KT$_1$ 延时动合触点(83—84)恢复断开,KT$_2$ 线圈断电,KT$_2$ 延时动断触点(89—90)恢复闭合,KT$_1$ 线圈通电,开始反向运行计时。

(6) 反向运行计时结束后,KT$_1$ 延时动断触点(85—86)断开,KM$_2$ 线圈断电,KM$_2$ 主触点断开,电动机停止运行;同时,KT$_1$ 延时动合触点(83—84)闭合,KT$_2$ 线圈通电,开始停止运行计时。

(7) 停止运行计时结束后,KT$_2$ 延时动断触点(89—90)断开,KT$_1$ 线圈断电,KT$_1$ 延时动断触点(85—86)恢复闭合,KM$_1$ 线圈通电,KM$_1$ 主触点闭合,电动机开始正向运行;同时,KT$_1$ 延时动合触点(83—84)恢复断开,KT$_2$ 线圈断电,KT$_2$ 延时动断触点(89—90)恢复闭合,KT$_1$ 线圈通电,开始正向运行计时。

(8) 正向运行计时结束后,转至步骤(4),并开始在步骤(4)~(7)之间循环,电动机将保持正向运行→停止运行→反向运行的定时自动往返运行。

点 拨

该电路未设置停止循环的定时装置,若要使电动机停止运行,则必须按下 SB$_1$。

任务 6.4 测试三相异步电动机制动控制电路

任务引入

某办公大楼电梯所使用的三相异步电动机采用的是一种反接制动的控制方式。维修人员在对该电梯进行例行检查时,发现有一部电梯在制动时电动机振动幅度过大。为了保证乘梯人员的安全,维修人员对该电梯进行了细致的检测,判断导致这一问题的原因可能是电梯在制动时制动力矩太大,限流电阻太小。随后,维修人员更换了合适的限流电阻,故障排除,电梯也恢复了正常。

请选择合适的工具和器材,对三相异步电动机反接制动控制电路进行测试。

任务工单——测试三相异步电动机反接制动控制电路

1. 知识准备

在工业生产中,当三相异步电动机断电后,为了使电动机迅速停止运行或使电动机拖动机械设备准确定位,人们往往需要对电动机进行制动。电动机常用的制动方法有机械制动和电气制动两大类。其中,机械制动是指利用机械装置使电动机产生摩擦阻力,将机械能转换成摩擦热能的制动方式;电气制动则是利用电能使电动机在制动时产生一个与电动机实际转向相反的电磁转矩(即制动转矩),从而使电动机迅速停止运行的制动方式。

电气制动的常见形式有能耗制动和反接制动两种。其中,反接制动通过改变电动机电源的相序,形成一个与电动机实际转向相反的旋转磁场,进而产生较大的制动力矩,以达到制动的目的。反接制动时,转子与定子旋转磁场的相对速度接近于正常运行时同步转速的两倍,因此定子绕组中流过的反接制动电流也相当于直接启动时启动电流的两倍。反接制动一般应用于 10 kW 以上的电动机控制电路,且应在主电路中串联一组电阻,这组电阻被称为反接制动电阻,用 R 表示。

2. 工具和器材准备

准备任务实施所需的工具和器材,补全表 6-5。

表 6-5 工具和器材清单

名称	规格	型号	数量	名称	规格	型号	数量
常用电工工具			1 套	交流接触器			2 个
万用表			1 台	热继电器			1 个
绝缘电阻表			1 台	三相异步电动机			1 台
速度继电器			1 个	反接制动电阻			3 个
低压断路器			1 个	电工板			1 块

表 6-5（续）

名称	规格	型号	数量	名称	规格	型号	数量
动合按钮			1个	端子排			1个
复合按钮			1个	导线			
熔断器			5个	其他			

3. 任务实施

1）安装接线

（1）如图 6-22 所示为三相异步电动机的反接制动控制电路，根据电路配齐所需元器件。

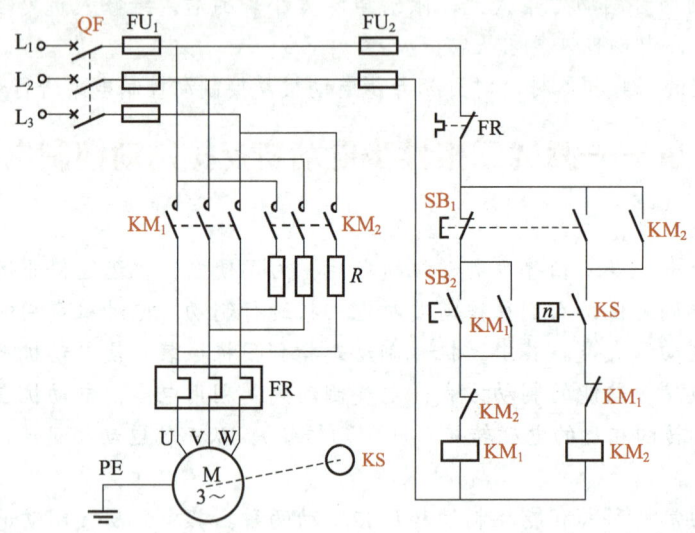

图 6-22　三相异步电动机的反接制动控制电路

（2）检查元器件。检查按钮的连接螺钉和熔断器的熔体是否正常；检查交流接触器线圈的额定电压和电源电压是否匹配；检查各触点、接线端子是否正常；检查速度继电器转轴与电动机转轴是否匹配。

（3）根据图 6-22 绘制电路的布置图与接线图。

（4）将绘制的布置图与接线图交由指导教师检查、纠正，然后按照布置图安装元器件，并根据接线图进行板前明线布线；连接完成后检查主电路与控制电路的接线，检查无误后安装电动机，电动机选用三相异步电动机。

2）断电调试

（1）调试控制电路。

断开电源，分断主电路，将万用表置于电阻挡，两表笔分别连接熔断器 FU_2 的两个出线端，万用表读数正常应为∞。进行如下操作，观察万用表读数。

① 按下 SB_2，观察万用表读数，正常应为 KM_1 线圈的电阻。

② 同时按下 SB_1、SB_2，观察万用表读数，正常应为∞。

③ 压下 KM_1 衔铁，观察万用表读数，正常应为 KM_1 线圈的电阻。

④ 按下 SB_1 并保持，快速转动速度继电器 KS 转轴，观察万用表读数，正常应由∞变为 KM_2 线圈的电阻。

⑤ 压下 KM_2 衔铁并保持，快速转动 KS 转轴，观察万用表读数，正常应由∞变为 KM_2 线圈的电阻；此时，压下 KM_1 衔铁，观察万用表读数，正常应由 KM_2 线圈的电阻变为∞。

（2）调试主电路。

断开电源，分断控制电路，将万用表置于电阻挡，两表笔分别连接主电路电源端和对应的电动机出线端，万用表读数正常应为∞。进行如下操作，观察万用表读数。

① 压下 KM_1 衔铁，观察万用表读数，正常应接近于零。

② 压下 KM_2 衔铁，观察万用表读数，正常应为反接制动电阻的阻值。

（3）检测绝缘电阻。

检测电路的绝缘电阻，正常应不小于 0.5 MΩ。

3）通电调试

若以上检测均正常，则应在指导教师确认后，进行通电调试，观察电动机的运行状况。具体步骤如下。

（1）闭合 QF，电动机应不启动。

（2）按下 SB_2，电动机应启动。

（3）按下 SB_1，电动机应减速。

（4）电动机转速降至 100 r/min 左右时，电动机应断电并自由停车。

> 📝 笔记
> _____
> _____
> _____

常见的三相异步电动机制动控制电路主要有能耗制动控制电路、反接制动控制电路等。

6.4.1 能耗制动控制电路

按直流电源整流方式的不同，能耗制动可分为半波整流能耗制动和全波整流能耗制动两种。因此，能耗制动控制电路主要有半波整流能耗制动控制电路、全波整流能耗制动控制电路。

1．半波整流能耗制动控制电路

三相异步电动机的半波整流能耗制动控制电路如图 6-23 所示。该电路采用整流二极管对电动机的单相电源进行半波整流，从而形成能耗制动直流电源；通过通电延时继电器控制电动机的制动时间。电路的工作原理如下。

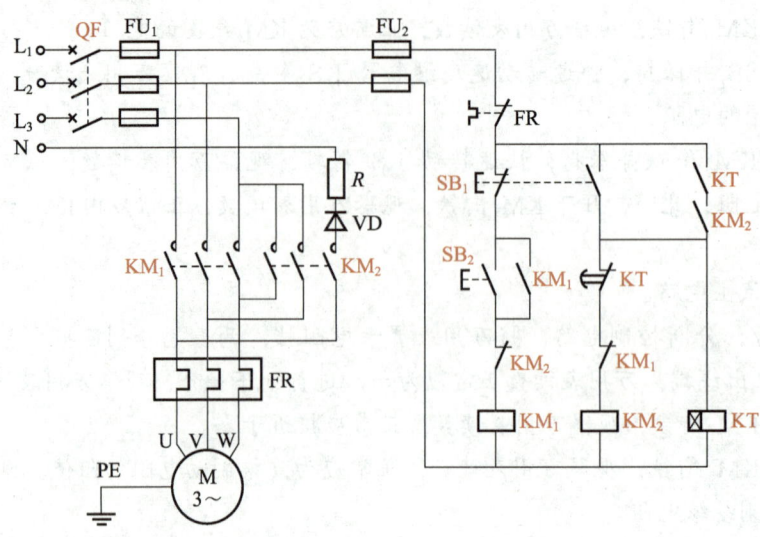

图 6-23　三相异步电动机的半波整流能耗制动控制电路

（1）闭合 QF，按下 SB_2，KM_1 线圈通电，KM_1 主触点闭合，电动机开始运行；KM_1 自锁触点闭合，KM_1 互锁触点断开。

（2）需要制动停车时，按下 SB_1，KM_1 线圈断电，KM_1 主触点断开，电动机断电并进行惯性运行；KM_1 自锁触点恢复断开，KM_1 互锁触点恢复闭合。

（3）KM_2 线圈通电，KM_2 主触点闭合，电动机开始半波整流能耗制动；KM_2 自锁触点闭合，KM_2 互锁触点断开；同时，KT 线圈通电，KT 瞬时动合触点闭合，KT 开始制动计时。

（4）制动计时结束后，KT 延时动断触点断开，KM_2 线圈断电，KM_2 主触点断开以切断半波整流直流电源，电动机能耗制动结束。

试分析图 6-23 中 KT 瞬时动合触点的作用，如果用导线将该触点两端短接，那么对电路会有什么影响？

2．全波整流能耗制动控制电路

三相异步电动机的全波整流能耗制动控制电路如图 6-24 所示。该电路中增加了变压器，并通过桥式整流电路对变压器提供的制动电源进行了全波整流，从而使电动机的制动过程更平稳，制动效率更高。该电路的工作原理与三相异步电动机的半波整流能耗制动控制电路的基本相同，此处不再赘述。

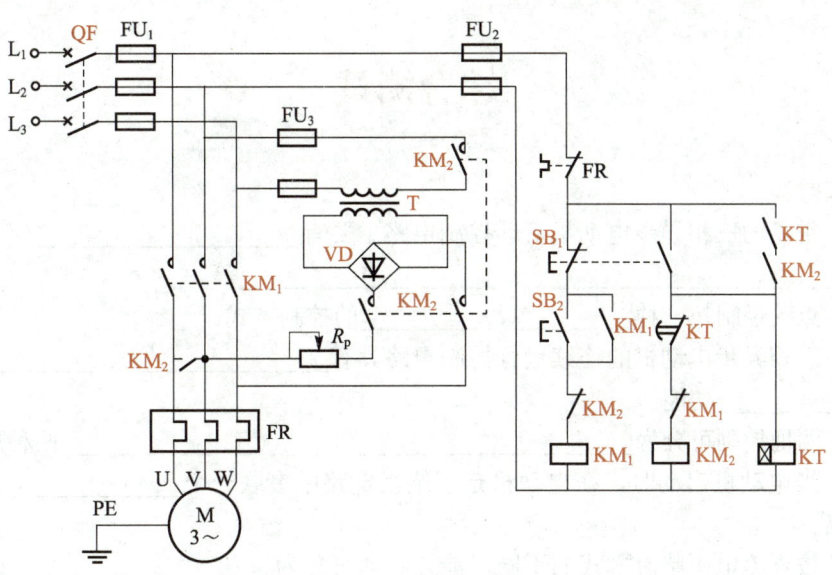

图 6-24　三相异步电动机的全波整流能耗制动控制电路

6.4.2　反接制动控制电路

三相异步电动机的反接制动控制电路如图 6-22 所示。电路的工作原理如下。

（1）闭合 QF，按下 SB_2，KM_1 线圈通电，KM_1 主触点闭合，电动机开始运行；KM_1 自锁触点闭合，KM_1 互锁触点断开；当电动机转速上升至约 130 r/min 时，KS 动合触点闭合，为 KM_2 线圈通电做准备。

（2）需要制动停车时，按下 SB_1，SB_1 动断触点断开，KM_1 线圈断电，KM_1 主触点断开，电动机断电并进行惯性运行；KM_1 自锁触点恢复断开，KM_1 互锁触点恢复闭合。

（3）SB_1 动合触点闭合，KM_2 线圈通电，KM_2 主触点闭合，电动机开始反接制动；KM_2 自锁触点闭合，KM_2 互锁触点断开。

（4）当电动机转速下降至约 100 r/min 时，KS 动合触点断开，KM_2 线圈断电，KM_2 主触点断开，防止电动机反转，电动机反接制动结束，电动机进行惯性运行直至停转。

砥节砺行

能耗制动和反接制动都需要消耗电能。在新能源汽车领域，车辆通常采用回馈制动，当需要制动时，驱动电机作为发电机将车辆的机械能转换成电能并回馈至动力蓄电池，由在此过程中所产生的电磁转矩对车辆进行制动，这既降低了能耗，又增加了车辆的续驶里程。在某些场合，往常需要消耗资源的事情，通过转换思路、技术创新，就能变废为宝，取得意想不到的收获。

综合测试

1．填空题

（1）常见的三相异步电动机启动控制电路主要有_____、_____、_____、_____、_____等。

（2）点动控制是一种_____、_____的控制方式。

（3）三相异步电动机的连续运行控制电路具有_____、_____和_____功能。

（4）两地控制可分为_____和_____两种形式。

（5）当电动机启动时，在电动机定子绕组电路中串联一个_____，可实现电动机降压启动。

（6）按直流电源整流方式的不同，能耗制动可分为_____和_____两种。

2．选择题

（1）（　　）主要应用于机械设备的快速移动（如机床刀架、横梁和立柱的快速移动）和校正，机床试车调整和对刀等场合。

  A．点动控制   B．连续运行控制
  C．多地控制   D．顺序控制

（2）（　　）正反转控制电路操作简单，但容易造成电源相间短路。

  A．倒顺开关控制   B．按钮互锁
  C．接触器互锁   D．双重互锁

（3）在倒顺开关控制的正反转控制电路中，接通电源后，将倒顺开关置于"顺"挡，L_1（　　）。

  A．与 U 接通   B．与 V 接通   C．与 W 接通   D．断开

（4）在图 6-19 所示电路中，按下按钮 SB_2，则（　　）。

  A．KM_1 主触点闭合，电动机正向运行
  B．KM_1 主触点闭合，电动机反向运行
  C．KM_2 主触点闭合，电动机正向运行
  D．KM_2 主触点闭合，电动机反向运行

（5）在三相异步电动机的反接制动控制电路中，当电动机转速下降至约（　　）时，KS 动合触点断开，KM_2 线圈断电，KM_2 主触点断开，防止电动机反转，电动机反接制动结束。

  A．20 r/min   B．100 r/min
  C．300 r/min   D．1 000 r/min

3. 综合分析题

（1）简述时间继电器控制的三相异步电动机定子绕组串联电阻降压启动控制电路的工作原理。

（2）简述双速电动机手动调速控制电路的工作原理。

（3）接触器互锁正反转控制电路与按钮互锁正反转控制电路相比，两者之间有何异同？

（4）简述三相异步电动机的半波整流能耗制动控制电路的工作原理。

学习成果评价

指导教师对学生的实际学习成果进行评价,学生配合指导教师共同完成表 6-6。

表 6-6 学习成果评价

班级		组号		日期	
姓名		学号		指导教师	
项目名称		三相异步电动机电气控制电路			
评价项目	评价内容		评价方式	满分/分	评分/分
知识 (40%)	直接启动控制电路、延时启停与顺序控制电路、定子绕组串联电阻降压启动控制电路,以及 Y-△ 降压启动控制电路		理论测试	12	
	双速电动机的调速原理			2	
	双速电动机的手动、自动调速控制电路,倒顺开关控制的正反转控制电路,按钮与接触器互锁正反转控制电路,双重互锁正反转控制电路			12	
	行程开关与时间继电器控制的自动往返控制电路			7	
	能耗、反接制动控制电路			7	
技能 (40%)	测试三相异步电动机 Y-△ 降压启动控制电路		实践操作	10	
	测试双速电动机的手动调速控制电路			10	
	测试三相异步电动机双重互锁正反转控制电路			10	
	测试三相异步电动机反接制动控制电路			10	
素养 (20%)	积极参加教学活动,主动学习、思考、讨论		综合评判	6	
	认真负责,按时完成学习、实践任务			4	
	团结协作,与组员之间密切配合			4	
	服从指挥,遵守课堂和实训室纪律			4	
	守正创新,自信自强			2	
合计				100	
自我评价					
指导教师评价					

项目 7　直流电动机电气控制电路

项目导读

对于负载较大、接电次数较多或对启动与调速性能要求较高的生产机械，常采用直流电动机驱动。直流电动机，尤其是他励直流电动机和并励直流电动机，具有良好的启动、调速、制动等性能，因此很容易实现各种运行状态的自动控制。由于他励直流电动机和并励直流电动机的运行性能及控制电路相似，因此本项目以他励直流电动机为例，介绍直流电动机电气控制电路。

常用的直流电动机电气控制电路主要包括启动控制电路、调速控制电路、制动控制电路、正反转控制电路等。本项目主要介绍直流电动机各种控制电路的工作原理等内容。

知识目标

- 掌握直流电动机启动控制电路的工作原理
- 掌握直流电动机调速控制电路的工作原理
- 掌握直流电动机制动控制电路的工作原理
- 掌握直流电动机正反转控制电路的工作原理

技能目标

- 能测试直流电动机启动控制电路
- 能测试直流电动机制动控制电路

素质目标

- 弘扬精益求精、追求卓越的工匠精神
- 厚植民族自豪感和文化自信心
- 树立历史使命感和社会责任感

任务 7.1　测试直流电动机启动与调速控制电路

🛠 任务引入

某日，小宋骑电动自行车爬一个大陡坡时，电动自行车在半坡上突然失去动力。小宋多次尝试重新启动均未成功，最终只好将车推上坡。随后，小宋给电动自行车厂家打电话进行报修。该款电动自行车采用的是无刷直流电机，厂家技术人员根据小宋在电话中的描述，凭经验判断可能是启动电阻或保险丝出现故障，于是让小宋将电动自行车送至附近的维修店去维修。在维修店，维修人员通过测试，确定是直流电动机的启动电阻出现故障。于是，维修人员就更换了启动电阻并重新进行了测试，车辆启动成功，故障排除。

请选择合适的工具和器材，对直流电动机启动控制电路进行测试。

🛠 任务工单——测试直流电动机启动控制电路

1. 知识准备

直流电动机的启动是一个过渡过程，其间电枢电流 I_a、电磁转矩 T_{em}、转速 n 都会随时间变化。开始启动的瞬间，转速等于零，这时的电枢电流称为启动电流，用 I_{st} 表示；对应的电磁转矩称为启动转矩，用 T_{st} 表示。直流电动机的启动一般有如下要求。

(1) 启动转矩足够大（只有当 $T_{st} > T_L$ 时，直流电动机才能顺利启动）。

(2) 启动电流 I_{st} 要限制在一定的范围内，以免烧坏电枢绕组和其他部件。

(3) 启动设备操作方便，启动时间短，运行可靠，成本低廉。

直流电动机常用的启动方法有直接启动、电枢电路串联电阻启动和降压启动等。其中，直接启动是指直接在电枢上加载额定电压的启动方式。电枢电路串联电阻启动是指启动时在电枢电路中串联启动电阻，以减小启动电流 I_{st}，在直流电动机启动后，切除启动电阻，以保证足够启动转矩的启动方式。降压启动是指在启动时降低施加在直流电动机电枢绕组两端的电源电压，以减小启动电流，待启动完成后，直流电动机以额定电压运行的启动方式。

2. 工具和器材准备

准备任务实施所需的工具和器材，补全表 7-1。

表 7-1　工具和器材清单

名称	规格	型号	数量	名称	规格	型号	数量
常用电工工具			1套	半导体二极管			1个
直流电动机			1台	电阻器			3个
万用表			1台	启动按钮			1个
熔断器			2个	制动按钮			1个
过电流继电器			1个	时间继电器			2个
欠电流继电器			1个	接触器			3个
导线				其他			

3．任务实施

1）安装接线

（1）如图 7-1 所示为直流电动机电枢串联电阻启动与调节电枢回路电阻调速控制电路，根据电路配齐所需元器件。

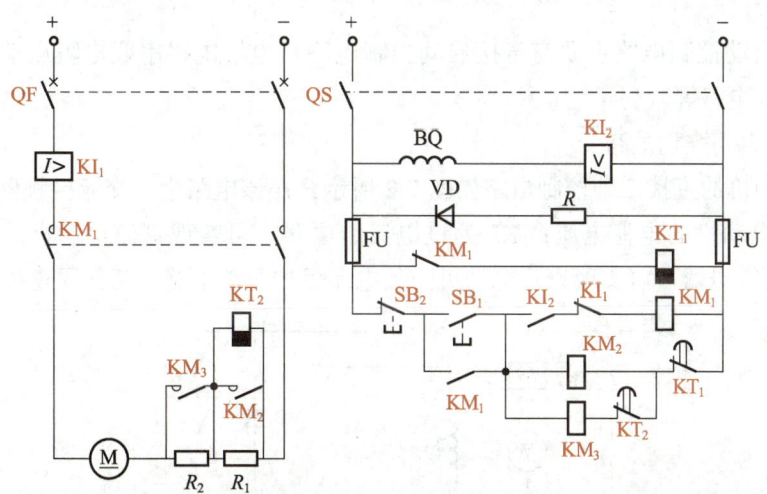

图 7-1　直流电动机电枢串联电阻启动与调节电枢回路电阻调速控制电路

（2）检查元器件。检查各按钮的连接螺钉和熔断器的熔体是否正常；检查各触点、接线端子是否正常；检查接触器、继电器动作是否正常。

（3）根据图 7-1 绘制电路的布置图与接线图。

（4）将绘制的布置图与接线图交由指导教师检查、纠正，然后按照布置图安装元器件，并根据接线图进行板前明线布线；连接完成后检查主电路与控制电路的接线，检查无误后安装直流电动机。

（5）接线完成后，分别进行控制电路与主电路的断电调试，确保电路无接触不良等异常现象。

2）通电调试

若断电检测正常，则在指导教师确认后，进行通电调试，观察直流电动机的运行状况。具体步骤如下。

(1) 闭合 QF 和 QS，直流电动机应不启动。

(2) 按下 SB_1，直流电动机应开始降压启动；过一段时间后，KT_1 动作（有"啪嗒"声）；再过一段时间后，KT_2 动作，直流电动机正常运行。

(3) 按下 SB_2，直流电动机应停止运行。

📝 笔记

7.1.1 启动控制电路

常见的启动控制电路主要有直接启动控制电路、电枢电路串联电阻启动控制电路、降压启动控制电路等。

1. 直接启动控制电路

直流电动机的直接启动控制电路如图 7-2 所示。在该电路中，交流接触器 KM 主要用于控制直流电动机的电枢电压；KI_1 为过电流继电器，可实现直流电动机的过载保护；KI_2 为欠电流继电器，可实现直流电动机的欠电流保护。该电路的工作原理如下。

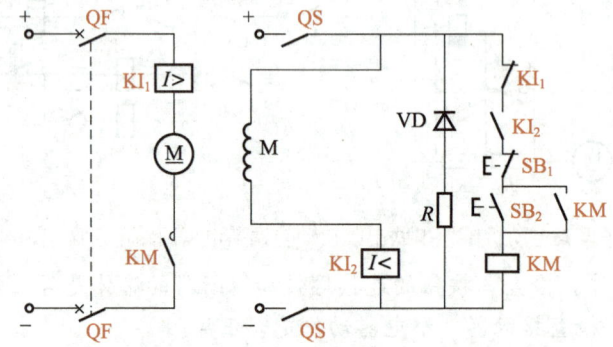

图 7-2 直流电动机的直接启动控制电路

(1) 启动时，先闭合 QF 和 QS，励磁绕组接通电源；当 KI_2 动作时，说明励磁磁场已建立起来，KI_2 动合触点闭合，为直流电动机的启动做准备。

(2) 按下 SB_2，KM 线圈通电，KM 主触点闭合，直流电动机全压运行。

(3) 按下 SB_1，KM 线圈断电，KM 主触点断开，直流电动机停止运行。

(4) 当电动机过载时，KI_1 动作，KI_1 动断触点断开，分断 KM 线圈电路进而分断主电路，以达到过载保护的目的。

点　拨

> 直流电动机直接启动时的启动电流很大（可达额定电流的 10～20 倍），容易引起强烈的换向电火花，造成换向困难；还可能引起过电流保护装置的误动作或电网电压的下降，影响其他设备的正常运行。同时，直流电动机直接启动时的启动转矩很大，会造成强烈的机械冲击，容易使设备受损。因此，除个别容量很小的直流电动机外，一般直流电动机是不容许直接启动的。
>
> 对于他励直流电动机，为了限制启动电流，可采用电枢电路串联电阻启动或降压启动的启动方法。

2. 电枢电路串联电阻启动控制电路

直流电动机电枢电路串联电阻，可达到限制启动电流和启动转矩的目的。直流电动机的电枢电路串联电阻启动控制电路如图 7-3 所示。其中，KM_1、KM_2、KM_3 为接触器，KM_1 用于控制电源，KM_2、KM_3 用于短接启动电阻；R_1、R_2 为启动电阻，R_3 为放电电阻；KT_1、KT_2 为断电延时继电器；KI_1 为过电流继电器，可实现直流电动机过载保护和短路保护；KI_2 为欠电流继电器，可实现直流电动机欠电流保护。该电路的工作原理如下。

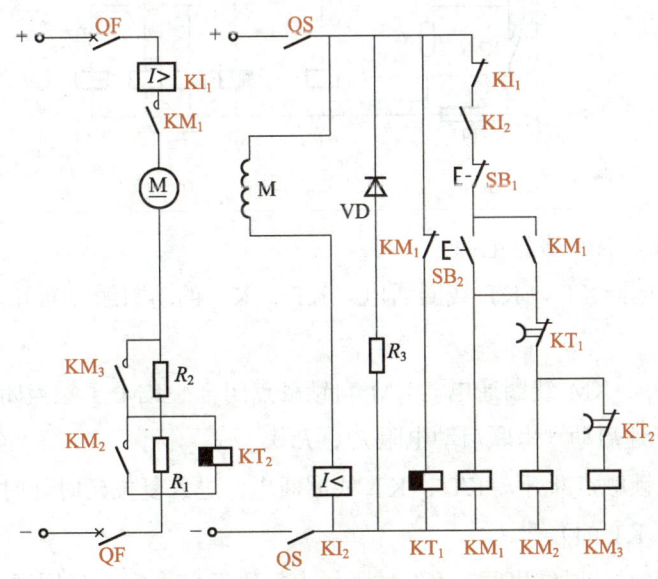

图 7-3　直流电动机的电枢电路串联电阻启动控制电路

（1）启动时，先闭合 QF 和 QS。在按下 SB_2 前，KT_1 线圈已通电，KT_1 动断触点已断开。当直流电动机励磁电流正常后，KI_2 动合触点闭合，为直流电动机的启动做准备。

（2）按下 SB_2，KM_1 线圈通电，KM_1 主触点闭合，使直流电动机串联 R_1 和 R_2，实现降压启动；同时，KT_1 线圈断电并开始计时。由于 R_1 上有电压，因此 KT_2 线圈通电，KT_2 动断触点断开。

(3) KT_1 延时计时结束时，KT_1 动断触点闭合，接通 KM_2 线圈所在电路，KM_2 主触点闭合，将 R_1 短路，直流电动机进一步加速。

(4) KT_2 线圈被短路，KT_2 延时计时结束时，KT_2 动断触点闭合，接通 KM_3 线圈所在电路，KM_3 主触点闭合，将 R_2 短路，直流电动机再一次加速并进入全压运行，启动过程结束。

3. 降压启动控制电路

采用降压启动的直流电动机在启动过程中能量损耗小，启动平稳，便于实现自动化，但需要一套可调节的直流电源，这增加了电力拖动系统的成本。

直流电动机的降压启动控制电路如图 7-4 所示，其工作原理如下。

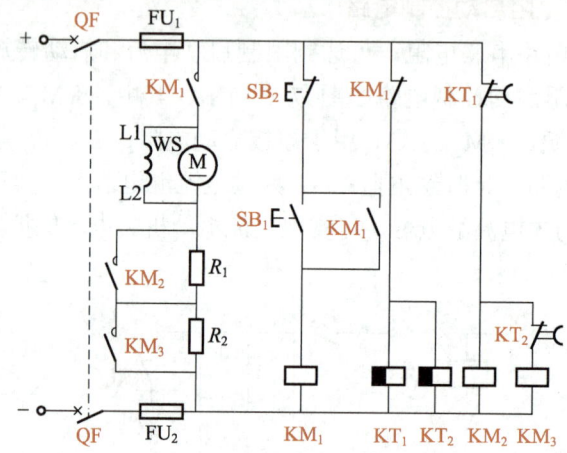

图 7-4 直流电动机的降压启动控制电路

(1) 闭合 QF，接通直流电源。

(2) 时间继电器 KT_1、KT_2 线圈通电，KT_1、KT_2 的动断触点断开，可防止 KM_2、KM_3 线圈通电。

(3) 按下 SB_1，KM_1 线圈通电，KM_1 自锁触点闭合；KM_1 主触点闭合，直流电动机接通电源，开始低速启动（串联启动电阻 R_1、R_2）。

(4) KM_1 互锁触点断开，KT_1、KT_2 线圈断电，进入复位延时计时状态（KT_2 的复位延时时间要长于 KT_1 的）。

(5) 当 KT_1 延时计时结束时，KT_1 动断触点复位闭合，KM_2 线圈通电，KM_2 主触点闭合，直流电动机仅串联 R_2 运行，转速增大。

(6) 当 KT_2 延时计时结束时，KT_2 动断触点复位闭合，KM_3 线圈通电，KM_3 主触点闭合，直流电动机在额定电压下工作，进入正常运行状态。

砥节砺行

在调节电枢电路的电源电压时,如果升幅过大,则会使直流电动机产生强烈的机械冲击,故须分多级逐渐升压。事急则乱,事缓则圆,正所谓欲速则不达。

7.1.2 调速控制电路

直流电动机能够在较大的范围内平滑地调速,调速方法有三种:调节电枢回路电阻、调节励磁电流和调节电枢电压。其中,调节电枢回路电阻只适用于额定转速以下、无须经常调速且机械特性要求较软的调速;调节励磁电流适用于额定转速以上的恒功率调速;调节电枢电压适用于额定转速以下的恒转矩调速。

1. 调节电枢回路电阻调速控制电路

以图 7-1 所示的调节电枢回路电阻调速控制电路为例,该电路的工作原理如下。

(1) 工作时,闭合主电路电源开关 QF 和控制回路电源开关 QS,直流电动机励磁绕组 BQ 通电励磁,欠电流继电器 KI_2 线圈通电,KI_2 动合触点闭合。

(2) KI_2 动合触点闭合后,时间继电器 KT_1 线圈通电,KT_1 延时闭合的动断触点断开,做好电动机启动准备。

(3) 启动时,按下启动按钮 SB_1,KM_1 线圈通电,KM_1 自锁触点闭合,全部电阻串入所在电路,直流电动机降压启动。

(4) KM_1 的动断辅助触点断开,时间继电器 KT_1 线圈断电,开始计时。

(5) 在电阻 R_1 上的电压作用下,KT_2 线圈通电,KT_2 延时闭合的动断触点断开。

(6) KT_1 计时结束后,其延时闭合的动断触点恢复闭合,KM_2 线圈通电,KM_2 主触点闭合,此时,R_1 和 KT_2 线圈同时被短路。

(7) 经过一段延时后,直流电动机加速完成,此时 KT_2 延时闭合的动断触点恢复闭合,KM_3 线圈通电,KM_3 主触点闭合,R_1、R_2 均被短路,直流电动机正常运行,启动过程结束。

(8) 停机时,按下停止按钮 SB_2,KM_1 线圈断电,KM_1 主触点断开,直流电动机停止运行。

2. 调节励磁电流调速控制电路

在电枢电压不变的情况下,若减小直流电动机的励磁电流,则可使直流电动机的转速增大,若增大励磁电流,则可使直流电动机的转速减小。直流电动机的调节励磁电流调速控制电路如图 7-5 所示。其中,R 为启动电阻;R_P 为瓷盘变阻器,调节 R_P 可改变直流电动机的励磁电流,从而改变直流电动机的转速;放电电阻 R_2 和二极管 VD 形成一条放电回路；KM_1 为能耗制动接触器；KM_2 为工作接触器；KM_3 为短接启动电阻用接触器，即加速接触器。该电路的工作原理如下。

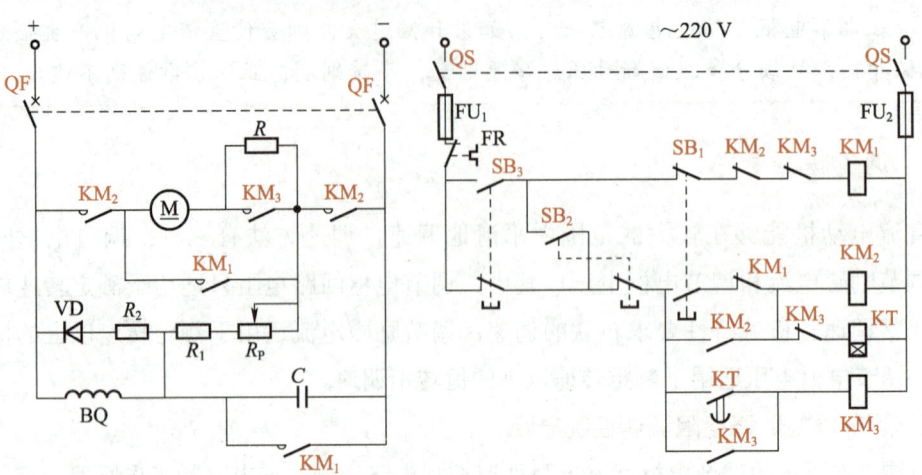

图 7-5　直流电动机的调节励磁电流调速控制电路

（1）工作时，将 QF 和 QS 闭合，按下启动按钮 SB_1，KM_2 线圈通电，KM_2 主触点及自锁触点闭合，互锁触点断开，电动机电枢串入电阻 R 启动运行。

（2）KT 线圈通电，开始延时计时；延时计时结束后，KT 延时闭合的动合触点闭合，KM_3 线圈通电，KM_3 主触点闭合，将 R 短路，直流电动机正常运行，启动过程结束。

（3）若要调速，只需要调节瓷盘变阻器 R_P 的大小即可。

3．调节电枢电压调速控制电路

对于他励直流电动机来说，电枢回路通常使用可调电压的电源来供电。调节电枢电压进行调速的缺点在于成本较高，设备较复杂；优点在于不改变机械特性的硬度，可实现平滑调速，且电能的损耗不大。如图 7-6 所示为直流电动机的调节电枢电压调速控制电路。其中，主电路采用单相桥式整流（$VD_1 \sim VD_4$ 组成整流桥）电路，晶闸管 V 用于调压调速。该电路的工作原理如下。

直流电动机的电枢旋转时产生反电动势，当反电势小于单相桥式整流电路的输出电压时，晶闸管才能导通，通过直流电动机的电流是断续的。晶闸管的导通角小，电流峰值大，因此晶闸管容易发热。对此，可在主电路中串联电抗器 L，以增大晶闸管的导通角，减小电流的峰值和脉动程度。

在图 7-6 中，触发电路采用由单结晶体管 VT_1、三极管 VT_2（作可变电阻用）等组成的张弛振荡器，三极管 VT_3 用于放大信号；主令电压从电位器 R_{P2} 给出，负反馈电压从并联在电枢两端的电位器 R_{P1} 上取得。这两个电压相比较所得的差值电压经电阻 R_8 与滤波电容 C_4 后，加到三极管 VT_3 的基极，由 VT_3 对其进行放大，并控制三极管 VT_2 的导通程度，以改变张弛振荡器的频率，进而改变晶闸管导通角和电枢电压的大小，从而达到调节直流电动机转速的目的。

项目7 直流电动机电气控制电路

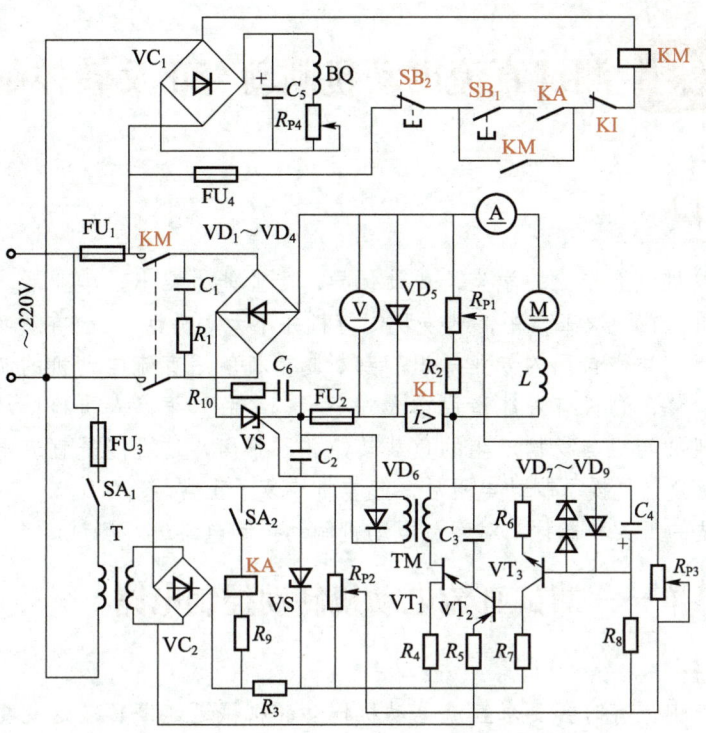

图 7-6 直流电动机的调节电枢电压调速控制电路

任务 7.2 测试直流电动机制动与正反转控制电路

任务引入

小刘是某校机电类专业的学生,成绩优异,专业能力突出。毕业后,小刘成为一名起重机作业人员。在一次工作中,他发现起重机并不太"听话",会在货物快要落至地面时突然晃动。小刘凭借自己的专业知识,判断起重机所用直流电动机的制动功能存在异常,若不及时维修,则极有可能造成重大安全生产事故。维修人员检修后发现,起重机所用直流电动机的转矩与货物产生的负载转矩并不平衡,这可能是直流电动机控制电路制动电阻故障所致。更换了制动电阻后,起重机恢复了正常。

请选择合适的工具和器材,对直流电动机制动控制电路进行测试。

任务工单——测试直流电动机制动控制电路

1. 知识准备

在实际生产中,有时会要求直流电动机拖动的机械迅速停转,这就要求直流电动机可以快速制动。为此,可在直流电动机中加上与原转向相反的转矩,从而使直流电动机迅速停转或限制直流电动机的转速。直流电动机的制动方式可分为机械制动和电气制动两大类,本任务仅介绍电气制动。电气制动的主要目的如下。

(1)使直流电动机迅速减速停转。在直流电动机的转速由某一转速减小到零的过程中,直流电动机的电磁转矩起主要的制动作用,可缩短停转时间,提高生产效率。

(2)限制位能性负载的下降速度。在直流电动机处于某种稳定的制动运行状态时,直流电动机的电磁转矩起到平衡负载转矩的作用。例如,起重机在下放重物时,由于重物的重力作用,下降速度会越来越大,直到超过允许的安全速度,这是很危险的。为防止这种情况发生,可采取合适的制动方法,使直流电动机的电磁转矩与重物产生的负载转矩相平衡,从而保持下放速度稳定在某一数值。

2. 工具和器材准备

准备任务实施所需的工具和器材,补全表 7-2。

表 7-2 工具和器材清单

名称	规格	型号	数量	名称	规格	型号	数量
常用电工工具			1套	启动按钮			1个
万用表			1台	制动按钮			1个
直流电动机			1台	接触器			2个
制动电阻			1个	导线			

3. 任务实施

1) 安装接线

(1) 如图7-7所示为直流电动机的能耗制动控制电路，根据电路配齐所需元器件。

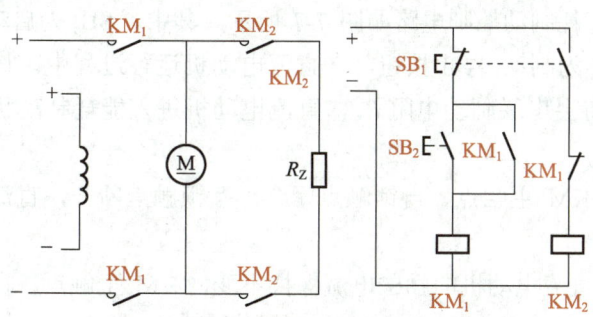

图7-7 直流电动机的能耗制动控制电路

(2) 检查元器件。检查按钮的连接螺钉和熔断器的熔体是否正常，检查各触点、接线端子是否正常，检查接触器动作是否正常。

(3) 根据图7-7绘制电路的布置图与接线图。

(4) 将绘制的布置图与接线图交由指导教师检查、纠正，然后按照布置图安装元器件，并根据接线图进行板前明线布线；连接完成后检查主电路与控制电路的接线，检查无误后安装直流电动机。

(5) 接线完成后，分别进行控制电路与主电路的断电调试，确保电路无接触不良等异常现象。

2) 通电调试

若断电检测正常，则在指导教师确认后，进行通电调试，观察直流电动机的运行状况。具体步骤如下。

(1) 按下SB_2，直流电动机应开始启动，并处于稳定运行状态。

(2) 按下SB_1，直流电动机应停止运行。

7.2.1 制动控制电路

直流电动机常用的制动控制电路有能耗制动控制电路、反接制动控制电路等。

1. 能耗制动控制电路

在能耗制动控制电路的工作过程中，电动机依靠惯性继续旋转，电枢切割磁场后发电，将机械能转换成电能，然后再把电能消耗在电枢电路所串联的制动电阻上，因此称为能耗制动。能耗制动的优点：所需设备简单，成本低；制动减速时平稳可靠。能耗制动的缺点：能量消耗在制动电阻上，无法回收利用；制动转矩随转速变慢而相应减少，制动时间较长。

直流电动机的能耗制动控制电路如图 7-7 所示。其中，SB_2 为启动按钮，按下 SB_2，KM_1 线圈通电；SB_1 为制动/停止按钮，在直流电动机运行过程中，按下 SB_1，KM_2 线圈通电，电枢电路中将会串联制动电阻 R_z，直流电动机进入能耗制动状态。该电路的工作原理如下。

（1）制动前，KM_1 主触点、自锁触点闭合，互锁触点断开，直流电动机处于稳定运行状态。

（2）制动时，直流电动机的励磁电流保持不变，KM_1 主触点、自锁触点断开，互锁触点闭合；KM_2 主触点、自锁触点闭合，互锁触点断开。如此，直流电动机的电枢绕组将脱离电源而接到制动电阻 R_z 上。

点　拨

> 回馈制动控制电路的工作原理与能耗制动控制电路的工作原理相近。回馈制动时，由于位能负载的作用，当直流电动机的实际转速超过一定的转速值时，回馈制动控制电路可将负载的机械能转换为电能，其中一部分电能消耗在电枢回路的电阻上，另一部分电能则回馈至电网。

2. 反接制动控制电路

反接制动控制电路通过改变电枢绕组上电压的方向（使 I_a 反向）或改变励磁电流的方向（使 Φ 反向），使直流电动机得到反力矩进行制动，并在直流电动机的转速接近零时迅速切断电源。反接制动的优点是制动转矩比较恒定，制动较强烈，操作比较方便；缺点是直流电动机需要从电网吸取大量的电能，而且对机械负载有较强的冲击。反接制动控制电路一般应用在需要快速制动的小功率直流电动机上。

直流电动机的反接制动控制电路如图 7-8 所示，其工作原理如下。

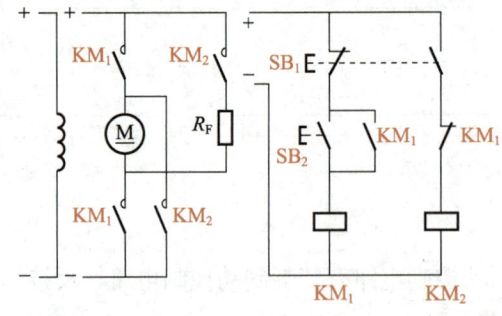

图 7-8　直流电动机的反接制动控制电路

（1）按下 SB_2，KM_1 线圈通电，KM_1 自锁触点闭合，KM_1 互锁触点断开。

（2）KM_1 主触点闭合，直流电动机电枢正向接通电源，直流电动机开始运行。

（3）按下 SB_1，SB_1 动断触点断开，使 KM_1 线圈断电，KM_1 主触点和自锁触点断开，KM_1 互锁触点恢复闭合，直流电动机电枢在惯性的作用下继续旋转。

（4）SB_1 动合触点闭合，KM_2 线圈通电，KM_2 主触点闭合，直流电动机电枢反向接通电源，并串联反接制动电阻 R_F，开始反接制动。

点 拨

在反接制动时，直流电动机的励磁电流应当保持不变。当直流电动机的转速减小至 100 r/min 左右时，应立即切断电源，以防直流电动机反向运行。

7.2.2 正反转控制电路

直流电动机正反转控制电路是指通过启动按钮控制直流电动机长时间正向运行和反向运行的控制电路。

直流电动机的正反转控制电路如图 7-9 所示。其中，KM_3 和 KM_4 用于短接启动电阻；R_1、R_2 为启动电阻，R_3 为放电电阻；SQ_1 为反向转正向行程开关，SQ_2 为正向转反向行程开关；KI_1 为过电流继电器、KI_2 为欠电流继电器。该电路的工作原理如下。

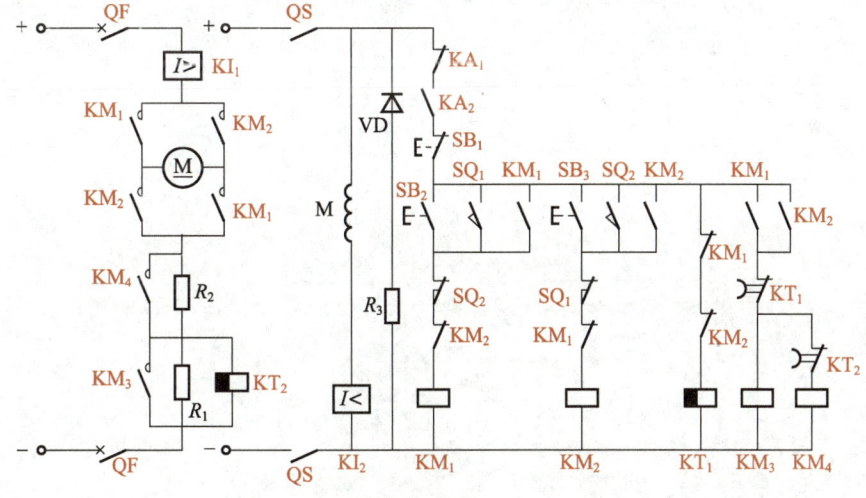

图 7-9 直流电动机的正反转控制电路

（1）按下 SB_2，KM_1 线圈通电，KM_1 主触点闭合，直流电动机电枢绕组接通电源，启动运行。假设此时的运行方向为正向，KT_1、KT_2、KM_3、KM_4 用于控制电枢电路与电阻 R_1、R_2 的接通与断开。

（2）按下 SB_3，KM_1 线圈断电，KM_2 线圈通电，直流电动机电枢绕组反向接通电源。

（3）由于自身的惯性，直流电动机先进行反接制动，再反向运行。在这一过程中，KT_1 线圈断电，KT_1 延时闭合的动断触点断开，使 KM_3、KM_4 线圈断电，从而保证直流电动机电枢绕组在反接制动过程中串联入 R_1、R_2。

点 拨

他励直流电动机的电磁转矩由主磁通 Φ 和电枢电流 I_a 决定，因此改变他励直流电动机转向的方法有两种：一是保持主磁通 Φ 的方向不变，改变电枢电流 I_a 的方向；二是保持电枢电流 I_a 的方向不变，改变主磁通 Φ 的方向。

综合测试

1. 填空题

（1）直流电动机常用的启动控制电路有_____、_____和_____等。

（2）直流电动机常见的调速方法有_____、_____、_____三种。

（3）常见的制动控制电路主要有_____制动控制电路、_____制动控制电路等。

（4）能耗制动的缺点：能量消耗在_____上，无法回收利用；制动转矩随转速变慢而相应_____，制动时间较_____。

2. 选择题

（1）直流电动机直接启动时的启动电流可达额定电流的（　　）倍。

  A．1～9　 B．10～20

  C．21～30　 D．31～40

（2）在反接制动时，当直流电动机的转速减小至（　　）左右时，应立即切断电源，以防直流电动机反转。

  A．20 r/min　 B．50 r/min

  C．100 r/min　 D．120 r/min

（3）他励直流电动机的电磁转矩由（　　）决定。

  A．主磁通和电枢电流　 B．电枢电压和电磁转矩

  C．电磁转矩和电磁功率　 D．电枢电流和电枢电阻

3. 综合分析题

（1）简述直流电动机电枢电路串联电阻启动控制电路的工作原理。

（2）简述直流电动机能耗制动控制电路的工作原理。

（3）什么是反接制动控制电路？

（4）简述直流电动机的正反转控制电路的工作原理。

（5）改变他励直流电动机转向的方法有哪些？

学习成果评价

指导教师对学生的实际学习成果进行评价,学生配合指导教师共同完成表 7-3。

表 7-3 学习成果评价

班级		组号		日期	
姓名		学号		指导教师	
项目名称		直流电动机电气控制电路			
评价项目	评价内容		评价方式	满分/分	评分/分
知识 (40%)	直接启动控制电路		理论测试	5	
	电枢电路串联电阻启动控制电路			5	
	降压启动控制电路			5	
	调速控制电路			7	
	能耗制动控制电路			5	
	反接制动控制电路			5	
	正反转控制电路			8	
技能 (40%)	测试直流电动机启动控制电路		实践操作	20	
	测试直流电动机制动控制电路			20	
素养 (20%)	积极参加教学活动,主动学习、思考、讨论		综合评判	6	
	认真负责,按时完成学习、实践任务			4	
	团结协作,与组员之间密切配合			4	
	服从指挥,遵守课堂和实训室纪律			4	
	守正创新,自信自强			2	
合计				100	
自我评价					
指导教师评价					

项目 8　典型机床电气控制电路

项目导读

机床在机械制造生产中应用广泛，是机械制造业十分重要的技术装备。机床常用的电气控制电路主要包括启动控制电路、调速控制电路、正反转控制电路、制动控制电路等。熟悉机床电气控制电路的结构及工作原理，掌握机床的电气控制方式及控制规律，有利于相关人员更好地使用、维护及检修机床，同时也为进一步学习、设计机床电气控制系统奠定基础。

本项目主要介绍典型机床电气控制电路的工作原理和常见故障的检修方法等内容。

知识目标

- 熟悉机床电气检修的基本知识
- 熟悉典型机床的基本结构、运动形式和控制要求
- 掌握典型机床电气控制电路的结构及工作原理
- 掌握典型机床电气控制电路常见故障及检修方法

技能目标

- 能检修 CA6140 型卧式车床电气控制电路
- 能检修 M7130 型平面磨床电气控制电路
- 能检修 Z3050 型摇臂钻床电气控制电路
- 能检修 X62W 型万能铣床电气控制电路

素质目标

- 养成坚持不懈、刻苦钻研的工作作风
- 树立科技成才、技能报国的人生理想
- 厚植民族自豪感和文化自信心

任务 8.1 检修卧式车床电气控制电路

任务引入

小张找小李帮忙加工一个钢制圆盘形工件，以使其满足实验项目的尺寸要求。小李拿到工件，确认了加工尺寸后，便用车间里一台闲置的 CA6140 型卧式车床开始加工。但开始加工没多久，该车床主轴电动机突然停止运行，按下启动开关无反应，断开电源后重新通电，依然无法启动。

请选择合适的工具和器材，对 CA6140 型卧式车床电气控制电路进行检修。

任务工单——检修 CA6140 型卧式车床电气控制电路

1. 知识准备

卧式车床是机械制造中种类较多、应用较广的一种车床。CA6140 型卧式车床是我国自行设计、制造的金属切削通用机床。该机床适用性强，可实现外圆、端面、台阶、沟槽、锥面、倒角、螺纹等的车削，可用于加工多种复杂工件。

CA6140 型卧式车床在使用一段时间后，由于机械磨损、线路老化、电气磨损或操作不当等原因而不可避免地发生电气故障，从而影响车床正常使用，因此必须定期对车床进行电气检修。CA6140 型卧式车床的电气控制电路主要用于主轴电动机、冷却泵电动机和快速移动电动机的控制。在检修时，应着重检查相关元器件及线路是否存在故障。

2. 工具和器材准备

准备任务实施所需的工具和器材，补全表 8-1。

表 8-1 工具和器材清单

名称	规格	型号	数量	名称	规格	型号	数量
常用电工工具				钳形电流表			
万用表				卧式车床			
绝缘电阻表				模拟电气控制柜			

3. 任务实施

指导教师向学生示范机床电气控制电路的检修流程，然后对卧式车床及模拟电气控制柜随机设置两个电气故障（可参考表 8-2），设置时应注意以下几点。

（1）人为设置的电气故障类型必须是卧式车床在工作中由于受到外界因素影响而出现的自然故障。

（2）不能设置需要更改电路或更换元器件等才能排除的非自然故障。

（3）设置电气故障时不能损坏电路元器件，不能影响电路美观，更不能设置可能会造成人身安全事故或设备事故的故障。

各组学生在指导教师的指导下进行检修作业,检修时应严格按照流程操作,并做好安全防护,检修完成后须经指导教师确认后方可通电测试。检修过程限时 30 min 完成。

1)确认故障现象

观察卧式车床的整体结构,熟悉各部件的名称及功能;观察各电器的分布及电路连接情况。接通电源后,调试卧式车床的电气控制电路,观察各电动机、照明灯及信号指示灯的工作情况,并将观察结果记录在表 8-2 中。

表 8-2 故障现象确认记录

序号	操作	观察内容	观察结果	
			是	否
1	闭合 QF	HL 是否点亮		
2	闭合 QS_2	EL 是否点亮		
3	按下 SB_2	M_1 是否正常运行		
4	按下 SB_1	M_1 是否正常停转		
5	按下 SB_2,然后闭合 QS_1	M_2 是否正常运行		
6	断开 QS_1	M_2 是否正常停转		
7	闭合 QS_1,数秒后按下 SB_1	M_2 是否先运行后停转		
8	按下 SB_3 并在数秒后松开	M_3 是否正常运行		
9	断开 QS_2	EL 是否熄灭		
10	断开 QF	HL 是否熄灭		

2)确定故障范围并找出故障点

根据所观察到的故障现象,判断故障的大致范围,并分析引发故障的可能原因;然后用万用表、钳形电流表进行断电检查和通电检查,逐步缩小故障范围,直至找出故障点。

3)修复故障点

确认三相交流电源已断开,然后选择合适的方法修复故障点。在修复时不得触碰、拆卸、修改与故障点无关的元器件及线路。

4)通电测试

修复故障点并经指导教师确认后,方可进行通电测试。按照表 8-2 所示内容进行测试,观察故障现象是否消失。

📋 笔记

8.1.1 机床电气检修的基本知识

1. 机床的分类

根据加工原理和所用刀具的不同，机床可分为车床、磨床、钻床、铣床、镗床等类型，其分类及代号如表 8-3 所示。

表 8-3 机床的分类及代号

类别	车床	磨床			钻床	铣床	镗床
代号	C	M	2M	3M	Z	X	T
读音	车	磨	二磨	三磨	钻	铣	镗
类别	螺纹加工机床	刨插床	拉床	锯床	齿轮加工机床	其他机床	
代号	S	B	L	G	Y	Q	
读音	丝	刨	拉	割	牙	其	

对于具有两类特性的机床，在编号时应将其主要特性放在后面，次要特性放在前面。例如，铣镗床是以镗为主、铣为辅的机床。

2. 机床的运动

机床在进行切削加工时，为了使工件获得所需的表面，必须使刀具和工件按照一定的规律运动，以保证刀具和工件之间具有正确的相对运动。根据功能的不同，机床的运动分为表面成形运动和辅助运动两大类，其中表面成形运动又可分为主运动和进给运动。

（1）主运动：使刀具和工件之间产生相对运动，从而使刀具作业面接近工件，直接切除工件上的切削层，并使之转变为切屑的基本运动，如车削时工件的旋转运动、磨削时砂轮的旋转运动等。主运动的速度高，消耗功率大，一台机床通常只有一个主运动。

（2）进给运动：依次或连续不断地将切削层投入切削，以逐渐切出所需表面的运动，如车削时刀具的运动、钻削时钻头的运动等。一台机床可以有一个或多个进给运动，也可能没有进给运动；进给运动可以是连续的，也可以是断续的。

（3）辅助运动：表面成形运动以外的其他一切必需的运动，如切入运动、分度运动、空行程运动、操纵及控制运动等。

3. 机床电气设备的日常维护

机床电气设备在运行过程中常会出现各种故障。加强对电气设备的日常检查、维护和保养，及时发现一些非正常因素，并对老化、易损部件及时进行修复或更换，可有效减少机床电气故障的发生，从而保障机床的正常运行，延长机床的使用寿命。

机床电气设备的日常维护主要包括电动机维护与电气控制电路维护两部分内容。

1）电动机维护

进行电动机维护时，应注意以下事项。

（1）电动机表面应保持清洁，进、出风口必须保持畅通无阻，无水滴、油污或金属屑等异物进入电动机内部。

（2）定期用绝缘电阻表检测电动机各端子的绝缘电阻。若发现绝缘电阻达不到规定要求，应采取相应的绝缘措施，使其符合规定要求后，方可继续使用。

（3）检查电动机的接地装置，应使其保持牢固可靠、接地良好；检查电动机的引出线，应使其保持绝缘良好、连接牢固。

（4）检查电源电压是否与铭牌一致，三相电压是否对称；检测运行中电动机三相负载电流的值是否正常；用钳形电流表检测三相负载电流是否平衡，三相负载电流中的任何一相与三相平均值相差应不超过10%。

（5）检查电动机的温升是否正常，电动机轴承是否有过热、润滑脂不足或磨损严重等现象，轴承的振动和轴向位移是否在规定范围内；应定期对轴承进行清洗检查，定期补充或更换轴承润滑脂（一般一年左右）。

（6）检查机械传动装置是否正常，联轴器、带轮或传动齿轮是否跳动；检查电动机的噪声、振动是否正常，有无异常气味、冒烟、启动困难等现象。一旦发现异常，应立即断电维修。

2）电气控制电路维护

进行电气控制电路维护时，应注意以下事项。

（1）检查电气柜（配电箱）的门、盖、锁及门框，应保持其周边的耐油密封垫良好，门、盖能关闭严密。柜内应保持清洁，不得有水滴、油污和金属屑等异物进入电气柜内，以免因漏电、短路而酿成事故。

（2）检查控制台上的所有操纵按钮、主令电器手柄、信号指示灯及仪表护罩，应保持清洁完好。

（3）检查接触器、继电器等低压电器的电磁机构吸合是否良好，有无噪声、卡阻或迟滞现象；各触点接触面有无烧蚀、毛刺或凹坑；各弹簧的弹力是否适当；灭弧装置是否完好无损。

（4）检查各低压电器的操作机构是否灵活可靠，相关整定值是否符合要求。

（5）检查各线路接头与端子排的接头是否连接牢靠，各部件之间的连接导线、电缆或保护导线的软管是否被切削液、油污等腐蚀，软管接头处是否存在松脱等现象。

（6）检查电气柜（配电箱）及导线通道的散热情况是否良好。

（7）检查各类信号指示装置和照明装置是否完好。

（8）检查电气设备和生产机械上所有裸露导体是否接到保护接地专用端子上，是否达到了保护电路连续性的要求。

4．机床电气控制电路的检修流程

当机床电气控制电路发生故障时，应先判断故障类型，然后确认故障现象，最后通过对机床电气控制电路的分析与检测找出故障点，以排除故障。机床电气控制电路的检修具体流程如下。

1）检修前的故障调查

在电气控制电路发生故障后，切忌盲目动手检修，在检修前，一般通过"问""看""听""摸""闻"等方法，来了解故障发生前后的操作情况和故障发生后出现的故障现象，以便根据故障现象快速判断出发生故障的部位。

（1）问：在机床发生故障后，应向操作者了解故障发生前后的情况。例如，了解故障发生在运行前、运行后还是运行中；机床是运行中自行停止，还是发生异常情况后由操作者手动停止；发生故障时机床工作在哪个工序，按动了哪个按钮，扳动了哪个开关；故障发生前后有无异常现象（如异响、异味、冒烟或冒火等）；以前是否发生过类似故障，如果发生过，当时是怎样处理的；等等。

（2）看：查看熔断器内的熔体是否熔断，其他电气元件有无烧坏、破损，导线的连接螺钉是否松动，电动机的转速是否正常。

（3）听：仔细听电动机、变压器等设备，以及接触器、继电器等低压电器在运行时的声音是否正常，以判断各设备及低压电器是否发生故障。例如，电动机在缺相运行时会发出嗡嗡声，接触器、继电器在动作时会有咔嗒声，等等。

（4）摸：对于电动机、变压器等设备，以及接触器、继电器等低压电器，当其线圈发生故障时温度会显著上升，可在切断电源后用手去触摸它们的表面，查看是否存在过热现象。

（5）闻：辨别机床内部是否有异味，如机床运动部件发生剧烈摩擦时产生的油烟味，电气绝缘层烧灼时产生的焦煳味等。

点　拨

在检修机床电气控制电路前，应先排除机床机械系统和液压控制系统故障。

2）确定故障范围

根据电气控制电路的工作原理和故障现象，采用逻辑分析、外观检查、通电测试等方法来确定发生故障的范围。在通过通电测试观察故障现象时，必须注意人身安全，防止触电；通电测试的时间要尽量短，同时要做好随时切断电源的准备，以防止发生异常情况而扩大故障范围，损坏电气设备。此外，操作人员要遵守安全操作规程，熟悉操作步骤，不得随意触及带电体。如需启动电动机，则应使电动机在空载下运行，以免机械设备的运动部件发生误动作和碰撞，造成事故。

分析故障时应有针对性。例如，接地故障一般先考虑电气柜外的电气装置，后考虑电气柜内的元器件；断路和短路故障，应先考虑动作频繁的元器件，后考虑其余元器件。

3）找出故障点

故障点可通过断电检查和通电检查的方法找出，一般情况下，应先进行断电检查，若未找到故障点，再进行通电检查。

（1）断电检查：在机床断电状态下，对故障范围内的线路及元器件进行检查，查看线路及元器件是否损坏，熔断器是否熔断，以及相关线路连接是否有松脱、接触不良等；检查按钮、低压断路器、接触器、继电器的动作是否正常；检查电动机及控制电路的绝缘是否正常；检查机床的运动部件是否正常，各密封部件是否密封良好。

（2）通电检查：在不损坏机床电气设备和机械部件的前提下，对故障范围内的线路及元器件进行通电检查，查看各运动部件是否正常动作，检测各元器件的电压、电流、温升等是否符合要求。

项目 8　典型机床电气控制电路

> **点　拨**
>
> 通电检查一般按先简单后复杂的原则分区域进行，每次通电检查的范围不宜太大。在通电检查前，应尽量使电动机与其机械传动部分分离，将电气控制电路中相应的转换开关置于零位（停止挡），行程开关恢复到正常位置；然后用校验灯或万用表检测电源电压是否正常，是否有缺相和严重不平衡的情况。确认电源电压正常后，再进行通电检查。
>
> 通电检查的顺序为：先检查主电路，后检查控制电路；先检查辅助系统，后检查主传动系统；先检查交流系统，后检查直流系统；先检查开关电路，后检查调整电路。常用的通电检查方法是：断开所有开关，取下所有熔断器，然后按顺序逐一插入熔断器，闭合对应的开关，观察各元器件是否按要求动作，是否有冒火、冒烟、熔断器熔断、温升过快等异常现象，并逐步缩小检查范围，直至找出故障点。

4）修复故障点

修复故障点时，应针对不同的故障情况和故障部位，采用合适的方法进行修复。对于不能修复的故障元器件，应予以更换。在更换新的元器件时应尽量使用规格、型号相同的元器件，并进行性能检测，确认性能完好后方可更换。

修复故障点后，一定要分析、查明导致该故障的原因，并排除产生这一故障的所有隐患，以防止通电运行后再次发生故障；同时，还应避免触碰周围的元器件和导线等，以免扩大故障范围。

5）通电测试

在通电测试时，应检查故障现象是否消失，机床的各项操作是否符合技术要求。

8.1.2　CA6140 型卧式车床概述

1. CA6140 型卧式车床的基本结构

CA6140 是卧式车床的型号名称。其中，C 代表车床类；A 为结构特性代号，代表第一次重大改进；6 代表卧式车床组；1 代表基本型；40 代表最大回转直径为 400 mm。

CA6140 型卧式车床主要由床身、主轴箱、进给箱、溜板箱、床鞍、刀架、尾座等部分组成，如图 8-1 所示。

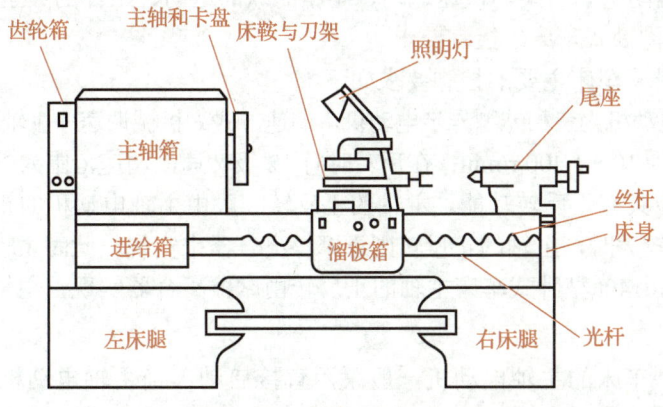

图 8-1　CA6140 型卧式车床的基本结构

（1）床身：固定在左、右床腿上，是机床的基本支撑件。在床身上安装着机床的主要部件，工作时床身可使它们之间保持准确的相对位置。

（2）主轴箱：固定在床身左端，用于支撑并驱动主轴，使主轴带动工件按照规定的转速旋转。装在主轴箱中的主轴可通过卡盘等夹具装夹工件。

（3）进给箱：固定在床身的左前侧、主轴箱的底部，用于改变被加工螺纹的螺距或机动进给的进给量。

（4）溜板箱：固定在刀架部件的底部，可带动刀架一起做纵向、横向进给，可进行快速运动或螺纹加工。其上装有各种机械手柄及按钮，使操作人员可以方便地操作机床。

（5）床鞍与刀架：床鞍位于床身中部，可沿床身的刀架轨道做纵向运动；刀架位于床鞍上，用于装夹车刀，并使车刀做纵向、横向或斜向运动。

（6）尾座：位于床身的尾座轨道上，可沿导轨纵向调整位置。尾座用于支撑工件，其上还可以安装钻头等加工刀具，以进行孔加工。

2. CA6140型卧式车床的运动形式

CA6140型卧式车床的运动形式如下。

（1）主运动：工件的旋转运动，由主轴电动机驱动主轴，再通过卡盘带动工件旋转。

点拨

> 车削加工时应根据被加工工件的材料、尺寸，刀具的种类，加工工艺要求等的不同，选择不同的切削速度，这就要求主轴能在较大的范围内调速。车削加工时，一般不要求主轴反转，但在加工螺纹时，为避免乱扣，需要反转退刀，然后纵向进刀继续加工，这就要求主轴具有正反转功能。

（2）进给运动：刀架带动刀具所做的横向或纵向直线运动，有手动和自动两种操作方式。刀架的进给运动是由主轴电动机驱动主轴，经齿轮箱、进给箱、光杆传入溜板箱来实现的。这样可以保证在进行螺纹加工时，工件的旋转速度与刀架的进给速度之间有严格的比例关系。

（3）辅助运动：如刀架的快速运动、尾座的纵向运动、工件的夹紧与放松等。

3. CA6140型卧式车床的控制要求

CA6140型卧式车床主要的控制要求如下。

（1）主轴电动机为三相笼型异步电动机，调速方式为机械调速。主轴在正转时有24级转速，调速范围为10～1 400 r/min；在反转时有12级转速，调速范围为14～1 580 r/min。

（2）主轴应具有正反转功能。主轴的正反转一般由主轴电动机的正反转来实现；当主轴电动机容量较大时，主轴的正反转则靠摩擦离合器来实现，此时主轴电动机只需要单向运行即可。CA6140型卧式车床主轴的正反转由摩擦离合器实现，主轴电动机采用单向运行。

（3）中小型车床的主轴电动机一般采用直接启动；当主轴电动机容量较大时，常采用 Y-△降压启动；若需要快速、准确停转，可采用机械制动或电气制动。CA6140型卧式车床主轴电动机的功率为 7.5 kW，采用直接启动、自由停转。

（4）车削加工时，刀具与工件温度较高，需要用切削液进行冷却。为此，CA6140 型卧式车床设有一台冷却泵电动机，以驱动冷却泵输出冷却液，该冷却泵电动机与主轴电动机联锁，即冷却泵电动机在主轴电动机启动后才可选择是否启动；当主轴电动机停止运行时，冷却泵电动机也立即停止运行。

（5）为实现刀架的快速运动，CA6140 型卧式车床单独采用快速运动电动机来驱动刀架，快速运动电动机采用点动控制。

（6）应有必要的保护环节和安全可靠的照明及信号指示装置。

8.1.3　CA6140 型卧式车床电气控制电路的工作原理

CA6140 型卧式车床的电气控制电路如图 8-2 所示，它由主电路、电动机控制电路、照明及信号指示电路等组成。电路设有带分励线圈的低压断路器 QF、床头皮带罩处的安全开关 SQ_1、电气柜门上的安全开关 SQ_2 等。

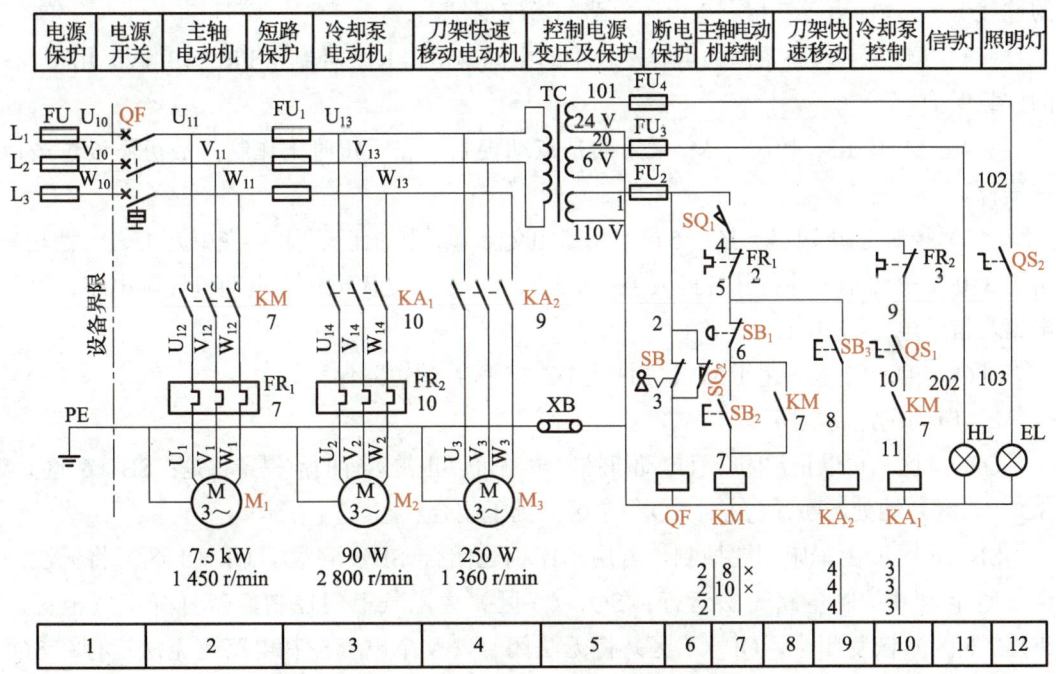

图 8-2　CA6140 型卧式车床电气控制电路

CA6140 型卧式车床外部电器（如按钮、开关）的位置如图 8-3 所示。

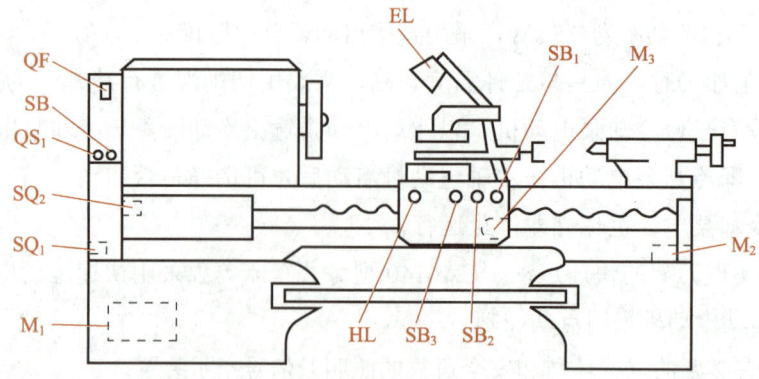

图 8-3　CA6140 型卧式车床外部电器的位置

1. 主电路

（1）主电路中共有三台电动机，分别为主轴电动机 M_1、冷却泵电动机 M_2、快速运动电动机 M_3，三台电动机的功率均不大于 7.5 kW，故均采用直接启动。

（2）M_1 功率较大，由触点容量较大的交流接触器 KM 控制，FR_1（2 区）用于 M_1 的过载保护，FU 用于三相交流电源电路的短路保护。

（3）M_2 功率较小，由触点容量较小的中间继电器 KA_1 控制，FR_2（3 区）用于 M_2 的过载保护。

（4）M_3 由 KA_2 控制，M_3 采用的是点动控制，属于短时工作制，故可不设过载保护器件。

（5）控制电源变压器 TC（5 区）由三相交流电源中的任意两相（图中为 U、V 两相）引出 380 V 交流电，并将其转换成 110 V、24 V、6 V 交流电作为电动机控制电路、照明电路及信号电路的电源。

（6）FU_1（2 区）用于 M_2、M_3 及 TC（5 区）的短路保护。

2. 电动机控制电路

QF（1 区）可以正常闭合且电动机控制电路可以正常运行的前提条件是：SB（6 区）、SQ_2（6 区）均处于断开状态；SQ_1（7 区）处于闭合状态。

SB（6 区）由车床钥匙控制，若用车床钥匙闭合 SB（6 区），QF（1 区）将无法闭合，整个电气控制电路无法运行；SQ_2（6 区）由电气柜门控制，若打开电气柜门，SQ_2（6 区）恢复闭合，QF（1 区）将无法闭合，整个电气控制电路也无法运行；SQ_1（7 区）由床头的传动带罩控制，若打开传送带罩，SQ_1（7 区）恢复断开，电动机控制电路将无法运行。因此，在进行车削加工时，应使用车床钥匙断开 SB（6 区），并使电气柜门和传动带罩处于闭合状态。

1）M_1 的控制

（1）按下 SB_2（7 区），KM 线圈（7 区）通电，KM 主触点（2 区）闭合，M_1 启动；KM 自锁触点（8 区）闭合；KM 辅助动合触点（10 区）闭合，为 M_2 的启动做准备。

（2）按下 SB_1（7 区），KM 主触点（2 区）断开，M_1 停止运行；KM 自锁触点（8 区）与 KM 辅助动合触点（10 区）恢复断开。

2）M_2 的控制

（1）当 KM 线圈（7 区）通电、KM 辅助动合触点（10 区）闭合时，闭合 QS_1（10 区），KA_1 线圈（10 区）通电，KA_1 动合触点（3 区）闭合，M_2 启动。因此，只有当 M_1 运行时才能启动 M_2。

（2）断开 QS_1（10 区）使 KA_1 线圈（10 区）断电，或者按下 SB_1（7 区）使 KM 线圈（7 区）断电，均可使 M_2 停止运行。因此，当 M_1 运行时可使 M_2 单独停止运行；当 M_1 停止运行时 M_2 也会随之停止运行。

3）M_3 的控制

将刀架快速运动手柄扳到所需的方向，按下 SB_3（9 区）并保持按下状态，KA_2 线圈（9 区）通电，KA_2 动合触点（4 区）闭合，M_3 启动，刀架向指定方向快速运动；当刀架运动至所需位置时，松开 SB_3（9 区），KA_2 线圈（9 区）断电，KA_2 动合触点（4 区）恢复断开，M_3 停止运行。

3. 照明电路及信号指示电路

照明电路及信号指示电路采用 TC（5 区）输出的 24 V、6 V 交流电源。其中，EL（12 区）为 24 V 照明灯，由 QS_2（12 区）控制，操作人员可根据需要开启或关闭；HL（11 区）为 6 V 信号指示灯，当 QF（1 区）闭合、三相交流电源接通时，HL（11 区）点亮，以提醒操作人员设备已通电。

8.1.4　CA6140 型卧式车床电气控制电路常见故障及检修方法

CA6140 型卧式车床电气控制电路常见故障及检修方法如表 8-4 所示。

表 8-4　CA6140 型卧式车床电气控制电路常见故障及检修方法

常见故障		检修方法
故障现象	故障原因	
HL 不亮	FU_3 熔断	用万用表检测 FU_3 的导通性，若不导通，则更换 FU_3 熔体
	HL 灯泡损坏	用万用表检测 HL 的电阻，若电阻为零或无穷大，则说明灯泡损坏，应更换灯泡
EL 不亮	QS_2 损坏	检测 QS_2 在不同工作状态下的导通性，若异常，则修复或更换 QS_2
	FU_4 熔断	用万用表检测 FU_4 的导通性，若不导通，则更换 FU_4 熔体
	EL 灯泡损坏	用万用表检测 EL 的电阻，若电阻为零或无穷大，则说明灯泡损坏，应更换灯泡
M_1 只能点动	KM 自锁触点故障	压下 KM 衔铁，用万用表检测 KM 自锁触点的导通性，若不导通，则修复或更换 KM 自锁触点

表 8-4（续）

常见故障		检修方法
故障现象	故障原因	
M_1、M_2 不能启动	KM 线圈故障	用万用表检测 KM 线圈的电阻是否正常，若异常，则更换 KM 线圈
	KM 主触点、KA_1 触点故障	压下 KM、KA_1 衔铁，用万用表检测 KM 主触点、KA_1 动合触点的导通性，若不导通，则修复或更换触点
	FR_1、FR_2 故障	检查 FR_1、FR_2 整定电流是否与电动机额定电流相匹配；检测 FR_1、FR_2 动断触点的导通性，若不导通，则修复或更换触点；检查 FR_1、FR_2 热元件是否烧坏或损坏，若是，则更换热继电器
	M_1 损坏	用万用表检测 M_1 各相绕组的电阻是否正常，若异常，则修复或更换绕组
	线路连接故障	检查 KM 线圈电路，以及 M_1、M_2 电源电路的连接是否正常，若异常，则修复或重新连接
M_2 不能启动	KA_1 故障	用万用表检测 KA_1 线圈的电阻是否正常，若异常，则更换 KA_1 线圈；压下 KA_1 衔铁，用万用表检测 KA_1 动合触点的导通性，若不导通，则修复或更换触点
	FR_2 故障	检查 FR_2 整定电流是否与 M_2 额定电流相匹配；检测 FR_2 动断触点的导通性，若不导通，则修复或更换触点；检查 FR_2 热元件是否烧坏或损坏，若是，则更换 FR_2
	M_2 损坏	用万用表检测 M_2 各相绕组的电阻是否正常，若异常，则修复或更换绕组
M_3 不能启动	KA_2 故障	用万用表检测 KA_2 线圈的电阻是否正常，若异常，则更换 KA_2 线圈；压下 KA_2 衔铁，用万用表检测 KA_2 动合触点的导通性，若不导通，则修复或更换触点
	M_3 损坏	用万用表检测 M_3 各相绕组的电阻是否正常，若异常，则修复或更换绕组
M_1 在运行时突然停转	电气柜门打开导致 SQ_1 断开	关闭电气柜门
	FU_2 熔断	用万用表检测 FU_2 的导通性，若不导通，则更换 FU_2 熔体
	M_1 过载导致 FR_1 动作	检查 M_1 负载情况，减小负载后按下 FR_1 复位按钮

任务 8.2　检修平面磨床电气控制电路

任务引入

小李所在车间的 CA6140 型卧式车床出现故障，修复还需要一段时间，而小张的工件又急需加工。小李发现工厂恰好有一个尺寸和小张所需相差不多的旧工件，只要将该工件表面稍加处理便可使用。于是小李便想用磨床打磨下这个旧工件，好让小张拿去应急，等车床修复、将小张送来的工件加工好之后，再将新工件送过去。征得小张同意后，小李便将旧工件拿到一台 M7130 型平面磨床上准备加工。为了保证一次加工完成，小李对这台磨床进行了简单的检查，确认一切正常，然后就开始对工件进行打磨，很快便加工完成，并将它交付给小张。

请选择合适的工具和器材，对 M7130 型平面磨床电气控制电路进行检修。

任务工单——检修 M7130 型平面磨床电气控制电路

1. 知识准备

磨床是一种用砂轮对各种零件表面进行磨削加工精密机床。磨床的种类很多，根据用途的不同，可分为平面磨床、内圆磨床、外圆磨床、工具磨床和各种专用磨床等，其中以平面磨床应用较为广泛。本任务以 M7130 型平面磨床为例进行介绍，以下所述磨床均指 M7130 型平面磨床。

M7130 型平面磨床操作方便，磨削精度高，通常利用装在工作台上的电磁吸盘（YH）将工件牢牢吸住，然后通过砂轮的旋转运动对工件进行加工。M7130 型平面磨床的电气控制电路主要用于砂轮电动机、冷却泵电动机和液压泵电动机的控制。在检修时，应着重检查相关元器件的电路连接情况。

2. 工具和器材准备

准备任务实施所需的工具和器材，补全表 8-5。

表 8-5　工具和器材清单

名称	规格	型号	数量	名称	规格	型号	数量
常用电工工具				钳形电流表			
万用表				平面磨床			
绝缘电阻表				模拟电气控制柜			

3. 任务实施

指导教师对每台磨床或模拟电气控制柜随机设置两个故障。各组学生在指导教师的指导下进行检修作业，限时 30 min 完成。检修时，应严格按照流程规范操作，并做好安全防护；检修完成后，须经指导教师确认后方可通电测试。

1）确认故障现象

观察磨床的整体结构，熟悉各部件的名称及功能；观察各电器的分布及电路连接情况。接通电源后，调试磨床电气控制电路，观察各电动机、照明灯及信号指示灯的运行情况，并将观察结果记录在表 8-6 中。

表 8-6　故障现象确认记录

序号	操作	观察内容	观察结果 是	观察结果 否
1	闭合 QS_1，将 QS_2 置于吸合挡	YH 是否正常吸持工件		
2	闭合 QS_3	EL 是否点亮		
3	按下 SB_1	M_1、M_2 是否正常运行		
4	按下 SB_2	M_1、M_2 是否正常停转		
5	按下 SB_3	M_3 是否正常运行		
6	按下 SB_4	M_3 是否正常停转		
7	将 QS_2 置于放松挡，按下 SB_1	M_1、M_2 是否保持停转		
8	按下 SB_3	M_3 是否保持停转		
9	将 QS_2 置于退磁挡	数秒后是否能够顺利取下工件		
10	按下 SB_1，数秒后按下 SB_2	M_1、M_2 是否先运行后停转		
11	按下 SB_3，数秒后按下 SB_4	M_3 是否先运行后停转		
12	断开 QS_3	EL 是否熄灭		

2）确定故障范围并找出故障点

根据观察的故障现象，判断故障的大致范围，并分析引发故障的可能原因；然后用万用表、钳形电流表进行断电检查和通电检查，逐步缩小故障范围，直至找出故障点。

3）修复故障点

确认三相交流电源已断开，然后选择合适的方法修复故障点。在修复时，不得触碰、拆卸、修改与故障点无关的元器件及导线连接。

4）通电测试

修复故障点并经指导教师确认后，方可进行通电测试。可按照表 8-6 所示内容进行通电测试，观察故障现象是否消失。

📋 笔记

8.2.1 M7130 型平面磨床概述

1．M7130 型平面磨床的基本结构

M7130 是平面磨床的型号名称。其中，M 代表磨床类；7 代表平面磨床组；1 代表卧轴矩台式；30 代表工作台工作面宽度为 300 mm。

M7130 型平面磨床的基本结构如图 8-4 所示。

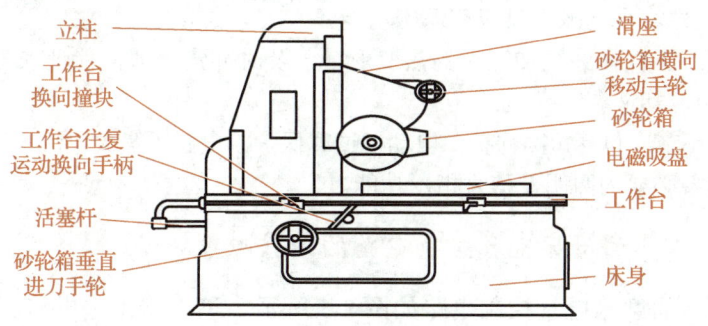

图 8-4 M7130 型平面磨床的基本结构

M7130 型平面磨床在床身装有液压传动装置，通过活塞杆驱动工作台做往复运动。液压泵电动机驱动液压泵，为磨床的液压控制系统提供动力。

工作台表面有 T 形槽，可通过螺钉和压板将工件固定在工作台上；也可用于固定电磁吸盘，再由电磁吸盘吸持铁磁性工件。工作台的左右运动可由调速扳手和转向开关控制，运动行程则通过工作台换向撞块控制。工作台换向撞块通过碰撞工作台往复运动换向手柄来改变液压控制系统的油路方向，进而实现工作台的往复运动。

立柱固定在床身上，立柱导轨上装有滑座，砂轮箱固定在滑座下方。滑座可沿立柱导轨上下运动，由砂轮箱垂直进刀手轮控制。砂轮箱可沿滑座的水平导轨水平运动，可由砂轮箱横向运动手轮控制，也可由液压控制系统控制。砂轮箱内装有砂轮电动机，通过砂轮轴驱动砂轮转动。

M7130 型平面磨床设有冷却液开关，工作台前、后、左、右运动开关，砂轮启动、停止开关，电磁吸盘吸紧、释放开关等操作开关，均布置在床身的控制面板上。

2．M7130 型平面磨床的运动形式

M7130 型平面磨床的运动形式如下。

（1）主运动：砂轮电动机驱动砂轮所做的旋转运动。

（2）进给运动：垂直进给，即滑座沿立柱上的导轨上下运动；横向进给，即砂轮箱在滑座上的水平运动；纵向进给，即工作台（带动电磁吸盘和工件）沿床身做纵向往复运动。

（3）辅助运动：砂轮箱在滑座水平导轨上的快速横向运动，滑座在立柱垂直导轨上的快速运动，工件的夹紧与放松等。

3．M7130 型平面磨床的控制要求

M7130 型平面磨床根据其运动特点及工艺要求，对电力驱动及控制有如下要求。

(1)砂轮的旋转运动一般不要求调速和快速制动,由一台三相异步电动机驱动即可,且只要求单向运行;当电动机容量较大时,应采用 Y-△ 降压启动。该磨床砂轮电动机的额定功率为 4.5 kW,故采用直接启动、自由停转。

(2)为保证加工精度,工作台和砂轮箱应运行平稳,并保证工作台在往复运动换向时的惯性小、无冲击。工作台的往复运动和砂轮箱的横向进给运动采用液压传动实现。

(3)为适应小工件的加工需要,同时也为使工件在磨削过程中能自由伸缩,应采用电磁吸盘吸持工件,且电磁吸盘应有退磁功能。

(4)为减小工件在磨削加工时的热变形量,及时冲走磨屑,保证加工精度,在磨削加工时需要使用冷却液。

(5)保护环节应包括短路保护,电动机过载保护,电磁吸盘欠电流、过电压保护等。

(6)应具备必要的照明及信号指示功能。

8.2.2 M7130 型平面磨床电气控制电路的工作原理

M7130 型平面磨床电气控制电路如图 8-5 所示。该电路由主电路、电动机控制电路、YH 控制电路、保护及其他环节组成。

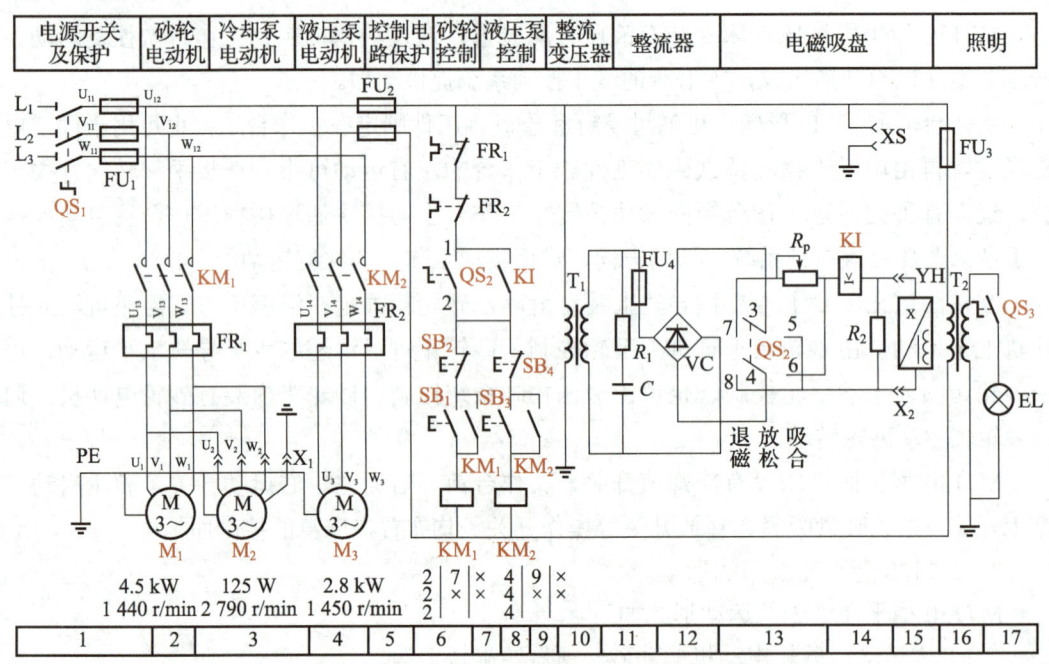

图 8-5 M7130 型平面磨床电气控制电路

1. 主电路

(1)主电路由 QS_1(1 区)引入电源。

(2)主电路有 3 台电动机,其中 M_1、M_2 并联,由 KM_1 主触点(2 区)控制,由 FR_1(2 区)进行过载保护;M_3 单独连接,由 KM_2 主触点(4 区)控制,由 FR_2(4 区)进行过载保护。

（3）M_1 为砂轮电动机，用于驱动砂轮旋转，以对工件进行磨削加工。

（4）M_2 为冷却泵电动机，用于驱动冷却泵，磨削加工时可为工件提供冷却液。由于床身和冷却液箱是分装的，M_2 通过接插件 X_1（3 区）与 M_1 的电源线连接，从而实现 M_1、M_2 的顺序控制。

（5）M_3 为液压泵电动机，用于驱动液压泵，为液压控制系统提供油压。

2．电动机控制电路

电动机控制电路中，SB_1、SB_2（6 区）分别为 M_1 和 M_2 的启动按钮、停止按钮，SB_3、SB_4（8 区）分别为 M_3 的启动按钮、停止按钮。电动机控制电路工作的前提条件是转换开关 QS_2（13 区）位于退磁位置，QS_2（1—2）闭合；或者欠电流继电器 KI 线圈（14 区）上的电流高于整定值，KI 动合触点（8 区）闭合。

1）M_1 的控制

（1）按下 SB_1（6 区），KM_1 线圈（6 区）通电，KM_1 主触点（2 区）闭合，M_1 启动；KM_1 自锁触点（7 区）闭合。

（2）按下 SB_2（6 区），KM_1 线圈（6 区）断电，KM_1 主触点（2 区）恢复断开，M_1 停止运行；KM_1 自锁触点（7 区）恢复断开。

2）M_2 的控制

M_2 通过接插件 X_1（3 区）与 M_1 电源线相连，因此 M_2 的启停可在 M_1 启动后通过拔插 X_1 来实现，也可与 M_1 同时启动或停转。

3）M_3 的控制

（1）按下 SB_3（8 区），KM_2 线圈（8 区）通电，KM_2 主触点（4 区）闭合，M_3 启动；KM_2 自锁触点（9 区）闭合。

（2）按下 SB_4（8 区），KM_2 线圈（8 区）断电，KM_2 主触点（4 区）恢复断开，M_3 停止运行；KM_2 自锁触点（9 区）恢复断开。

3．YH 控制电路

电磁吸盘 YH（15 区）为一个钢制箱体，其内部的芯体上绕有电磁线圈。当 YH 电磁线圈（15 区）通入直流电时，芯体被磁化并将工件牢牢吸住。

YH（15 区）控制电路由降压整流电路、转换开关控制电路、欠电压保护电路等组成。降压整流电路由整流变压器 T_1（10 区）、桥式全波整流器 VC（12 区）、电容 C（11 区）、电阻 R_1（11 区）等组成，T_1（10 区）将 220 V 交流电降压，经 VC（12 区）整流、电容滤波后，输出 110 V 直流电，从而为 YH（15 区）供电。

YH（15 区）由 QS_2（13 区）控制。QS_2（13 区）有吸合、退磁、放松 3 个挡位，各挡位下 YH（15 区）控制电路的工作情况如下。

（1）吸合：触点 QS_2（3—5）、QS_2（4—6）接通，电流通路为：3—5—YH—KI—6—4。YH 被加上正向 110 V 直流电，开始励磁；当 YH 电磁线圈（15 区）中的电流足够大时，YH（15 区）可将工件牢牢吸住，同时 KI 动合触点（8 区）闭合。此时可按下 SB_1（6 区），以启动 M_1 对工件进行磨削加工，并启动 M_2 为工件添加冷却液。

点　拨

磨削加工结束后，按下 SB_2，即可使 M_1 停止运行。此时若要取下工件，应先对工件进行退磁，即将 QS_2 置于退磁挡。

（2）退磁：触点 QS_2（3—7）、QS_2（4—8）、QS_2（1—2）接通，电流通路为：3—7—R_p—KI—YH—8—4。YH（15 区）被加上反向 110 V 直流电，开始退磁。可变电阻器 R_p（13 区）接入退磁电路，用于限制反向退磁电流的大小，以保证工件在退磁后不被反向磁化。退磁结束后，将 QS_2（13 区）置于放松挡，即可取下工件。

点　拨

若工件的退磁要求较高，应在取下工件后，用交流退磁器对工件进一步退磁。使用时，应将交流退磁器通过接插件与 XS 连接，以获取交流电源。

（3）放松：QS_2 所有触点均断开，电磁吸盘断电。

4. 保护及其他环节

1）YH 的欠电流保护

YH 电磁线圈（15 区）串联了欠电流继电器 KI（14 区），只有当 YH（15 区）具有足够的吸力时，KI 动合触点（8 区）才能吸合，M_1 才能启动。若在磨削加工时，YH 电磁线圈（15 区）电路电流过小，YH（15 区）将不能牢牢吸持工件。此时 KI 衔铁释放，KI 动合触点（8 区）恢复断开，M_1 将停止运行，以防止因工件被砂轮撞飞而造成事故。

2）YH 电磁线圈的过电压保护

YH 电磁线圈（15 区）匝数多，电感大，工作时会存储大量磁场能量。当 YH 电磁线圈（15 区）突然断电时，YH 电磁线圈（15 区）两端将产生很高的电压，可能使 YH 电磁线圈（15 区）绝缘及其他电气设备损坏。为此，电路在 YH 电磁线圈（15 区）两端并联了一个电阻 R_2（14 区），作为放电电阻。

3）YH 的短路保护

在 T_1（10 区）的二次侧（整流装置的输出端）装有熔断器 FU_4（11 区），用于 YH（15 区）的短路保护。

4)其他保护

在整流装置中设有 R、C 串联支路,它与 T_1(10 区)二次侧并联,用于吸收交流电路产生的过电压和直流电路通断时在 T_1(10 区)二次侧产生的浪涌电压,从而实现对整流装置的过电压保护。FU_1(1 区)用于对整个电路进行短路保护,FR_1(2 区)用于对 M_1、M_2 进行过载保护,FR_2(4 区)用于对 M_3 进行过载保护。

5)照明电路

照明变压器 T_2(16 区)将 380 V 交流电变为 24 V 交流电,作为照明电路的电源,照明灯 EL(17 区)的开启与熄灭由开关 QS_3(17 区)控制。在 T_2(16 区)的一次侧串联有 FU_3(16 区),用于 T_2(16 区)的短路保护。

8.2.3 M7130 型平面磨床电气控制电路常见故障及检修方法

M7130 型平面磨床电气控制电路常见故障及检修方法如表 8-7 所示。

表 8-7 M7130 型平面磨床电气控制电路常见故障及检修方法

常见故障		检修方法
故障现象	故障原因	
YH 吸力不足或无吸力	T_1 或 VC 损坏	闭合 QF,检测 T_1 和 VC 的输出电压是否正常,如果异常,则予以修复或更换
	FU_4 熔体熔断	检测 FU_4 的导通性,如果不导通,则检查 FU_4 熔体是否熔断
	YH 电磁线圈故障	检测 YH 电磁线圈是否存在内部短路或断路,如果存在内部短路或断路,则予以修复或更换
FR_1 频繁动作	M_1 因轴承磨损而发生堵转	检查 M_1 轴承的磨损情况,如果磨损严重,则予以更换
	砂轮进刀量过大使 M_1 过载	磨削加工时选择合适的进刀量
	FR_1 整定电流设置得过小	重新调节 FR_1 整定电流
M_2 不能启动	X_1 故障	检测 X_1 两端对应导线之间是否导通,如果不导通,则检查 X_1 是否脱针或损坏
	M_2 损坏	检测 M_2 绕组的电阻是否正常,M_2 各端子的对地绝缘是否正常
M_1、M_2、M_3 均不能启动	QS_1 损坏	闭合 QS_1,检测其两端对应触点间是否导通,如果不导通,则修复对应触点或更换 QS_1
	FU_1、FU_2 熔断	检测 FU_1、FU_2 的导通性,如果不导通,则检查 FU_1、FU_2 熔体是否熔断
	KI 故障	检查 KI 动合触点能否正常闭合,检查 KI 线圈是否存在内部短路或断路

任务 8.3 检修摇臂钻床电气控制电路

任务引入

小李所在车间里的一台 Z3050 型摇臂钻床刚经历了一次大修,维修师傅老许为其更换了新的液压泵电动机和摇臂升降电动机。维修完成后,老许在调试时发现摇臂不能升降。在维修时,老许对各电气设备及元器件进行了全面的检查,更换了所有存在故障或隐患的部件;且摇臂升降电动机是全新的,在安装前已经过调试,不可能存在故障。凭借多年的维修经验和对摇臂钻床结构的准确认知,老许判断可能是液压泵电动机的电源线相序接反了,经检查发现果然如此。老许在重新连接液压泵电动机的电源线后再次调试,钻床恢复正常,故障排除。

请选择合适的工具和器材,对 Z3050 型摇臂钻床电气控制电路进行检修。

任务工单——检修 Z3050 型摇臂钻床电气控制电路

1. 知识准备

钻床是一种孔加工设备,有立式钻床、卧式钻床、台式钻床、深孔钻床、多轴钻床等类型。Z3050 型摇臂钻床属于立式钻床,它可以实现钻孔、扩孔、铰孔、攻丝、修刮端面等多种操作,具有结构坚固、运行平稳、工艺性能高、加工精度高等优点。

Z3050 型摇臂钻床的电气控制电路主要用于主轴电动机、摇臂升降电动机、冷却泵电动机和液压泵电动机的控制,在检修时,应着重检查相关元器件的电路连接情况。

2. 工具和器材准备

准备任务实施所需的工具和器材,补全表 8-8。

表 8-8 工具和器材清单

名称	规格	型号	数量	名称	规格	型号	数量
常用电工工具				钳形电流表			
万用表				摇臂钻床			
绝缘电阻表				模拟电气控制柜			

3. 任务实施

指导教师对每台钻床或模拟电气控制柜随机设置两个故障。各组学生在指导教师的指导下进行检修作业,限时 40 min 完成。检修时,应严格按照流程规范操作,并做好安全防护;检修完成后,须经指导教师确认方可通电测试。

1)确认故障现象

观察钻床的整体结构,熟悉各部件的名称及功能;观察各电器的分布及电路连接情况。接通电源后，调试钻床电气控制电路，观察各电动机、照明灯及信号指示灯的运行情况，并将观察结果记录在表 8-9 中。

表 8-9 故障现象确认记录

序号	操作	观察内容	观察结果 是	观察结果 否
1	闭合 QF_1、QF_3	HL_1 是否点亮		
2	闭合 QF_2 数秒后断开	M_4 是否先启动，后停转		
3	闭合 QS 数秒后断开	EL 是否先点亮，后熄灭		
4	按下 SB_3	M_1 是否正常运行		
4	按下 SB_3	HL_2 是否点亮		
5	按下 SB_2	M_1 是否正常停转		
5	按下 SB_2	HL_2 是否熄灭		
6	按下 SB_4 并保持	M_3 是否先正向运行，后停转		
6	按下 SB_4 并保持	M_2 是否先不启动，后正向运行		
7	松开 SB_4	M_2 是否正常停转		
7	松开 SB_4	M_3 是否先反向运行，后停转		
8	按下 SB_5 并保持	M_3 是否先正向运行，后停转		
8	按下 SB_5 并保持	M_2 是否先不启动，后反向运行		
9	松开 SB_5	M_2 是否正常停转		
9	松开 SB_5	M_3 是否先反向运行，后停转		
10	SA 置于中间位置，按下 SB_6 数秒后松开	M_3 是否先不启动，后正向运行，最后停转		
10	SA 置于中间位置，按下 SB_6 数秒后松开	立柱、主轴箱是否放松		
11	SA 置于中间位置，按下 SB_7 数秒后松开	M_3 是否先不启动，后反向运行，最后停转		
11	SA 置于中间位置，按下 SB_7 数秒后松开	立柱、主轴箱是否夹紧		
12	按下 SB_1 并保持	按动其他按钮后，各元器件是否均不动作		

2）确定故障范围并找出故障点

根据观察的故障现象，判断故障的大致范围，并分析引发故障的可能原因；然后用万用表、钳形电流表进行断电检查和通电检查，逐步缩小故障范围，直至找出故障点。

3）修复故障点

确认三相交流电源已断开，然后选择合适的方法修复故障点。在修复时，不得触碰、拆卸、修改与故障点无关的元器件及导线连接。

4）通电测试

修复故障点并经指导教师确认后，方可进行通电测试。可按照表 8-9 所示内容进行通电测试，观察故障现象是否消失。

> 📝 笔记

8.3.1 Z3050 型摇臂钻床概述

1. Z3050 型摇臂钻床的基本结构

Z3050 是摇臂钻床的型号名称。其中，Z 代表钻床类；3 代表摇臂钻床组；0 代表摇臂钻床型；50 代表最大钻孔直径为 50 mm。

Z3050 型摇臂钻床主要由底座、立柱、摇臂、主轴箱和工作台等部件组成，如图 8-6 所示。

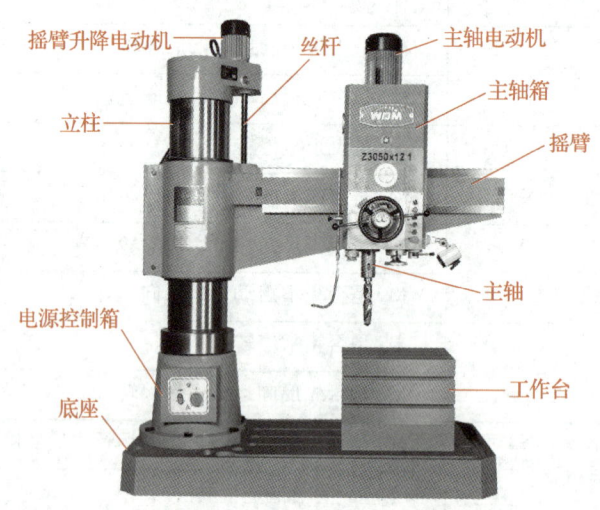

图 8-6 Z3050 型摇臂钻床的基本结构

Z3050 型摇臂钻床的立柱包括内立柱和外立柱两部分。其中，内立柱固定在底座上，起支撑作用；外立柱为空心结构，套在内立柱上，并可绕内立柱旋转一周。摇臂的一端为套筒结构，套在外立柱上，并与外立柱一起绕内立柱旋转。摇臂升降电动机通过丝杆驱动摇臂沿立柱上下运动。主轴箱是一个复合部件，主要由主轴电动机、主轴、主轴传动机构、进给变速机构、机床操作机构等组成。主轴箱可沿摇臂水平导轨做径向运动。

Z3050 型摇臂钻床有以下两套液压控制系统。

（1）操作机构液压控制系统：安装在主轴箱内，用以实现主轴的正反转、制动、变速等功能。

（2）夹紧机构液压控制系统：安装在摇臂背后的电气柜下部，用以夹紧或松开主轴箱、摇臂、立柱。

进行加工时,钻床通过夹紧机构将外立柱紧固在内立柱上,将摇臂紧固在外立柱上,并将主轴箱紧固在摇臂的水平导轨上,然后由主轴电动机驱动主轴开始钻削加工。

2. Z3050 型摇臂钻床的运动形式

Z3050 型摇臂钻床的运动形式如下。

(1)主运动:主轴带动钻头所做的旋转运动。

(2)进给运动:主轴带动钻头所做的上下运动。

(3)辅助运动:主轴箱沿摇臂水平导轨的径向运动,摇臂沿外立柱的上下运动,摇臂与外立柱一起绕内立柱的旋转运动,以及各运动部件的夹紧与放松运动等。

3. Z3050 型摇臂钻床的控制要求

Z3050 型摇臂钻床的控制要求如下。

(1)摇臂钻床的运动部件较多,为简化传动装置,需要使用多台电动机来驱动。其中,主轴电动机负责主钻削及进给任务,摇臂的升降、运动部件的夹紧与放松、冷却泵的运行各由一台电动机来负责。

(2)为了适应多种加工方式的要求,主轴应能进行较大范围的调速。这些调速都采用机械调速,是用手柄操作变速箱进行的,对电动机则无任何调速要求。主轴变速机构与进给变速机构在同一个变速箱内,由主轴电动机驱动。

(3)加工螺纹时,主轴应能正反转,这种正反转一般采用机械方法实现,电动机只需单向运行即可。

(4)摇臂的升降由单独的一台电动机驱动,电动机应能实现正反转。

(5)摇臂的夹紧与放松、立柱的夹紧与放松由一台电动机配合液压装置来完成,电动机应能实现正反转。

点 拨

对于中小型摇臂钻床,其摇臂的旋转和主轴箱的径向运动通常都采用手动操作。

(6)钻削加工时,为对刀具及工件进行冷却,需要由一台电动机驱动冷却泵,以输送冷却液。

(7)各部分电路之间应有必要的互锁和保护环节。

(8)应有安全照明和信号指示功能。

8.3.2 Z3050 型摇臂钻床电气控制电路的工作原理

Z3050 型摇臂钻床电气控制电路如图 8-7 所示。该电路主要由主电路、电动机控制电路、照明及信号指示电路组成。

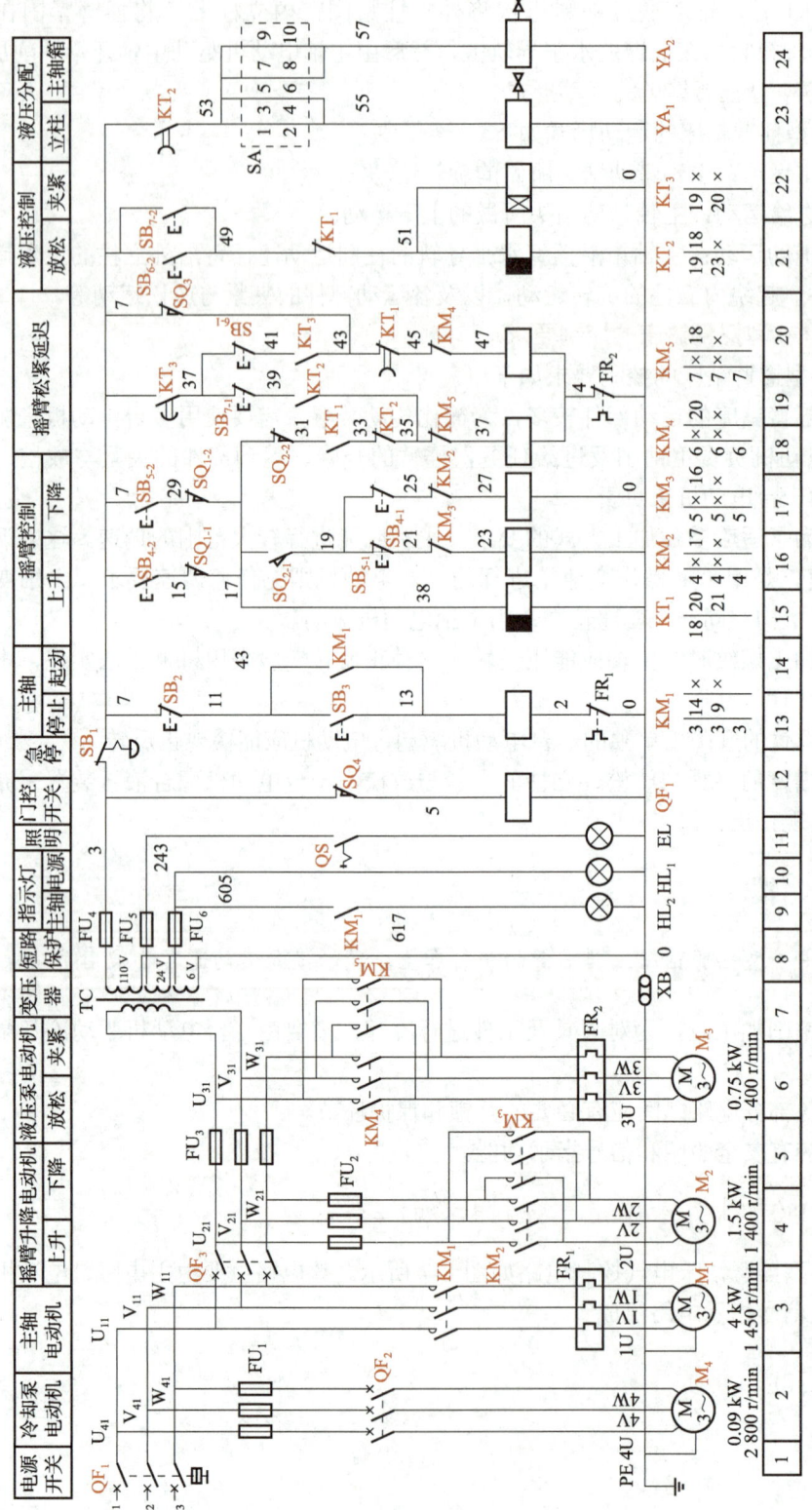

图 8-7 Z3050 型摇臂钻床电气控制电路

1. 主电路

Z3050 型摇臂钻床电气控制电路的主电路共有 4 台电动机,即 M_1、M_2、M_3、M_4。

(1)M_1:主轴电动机,由 KM_1 主触点(3 区)控制,只能单向运行。M_1 安装在主轴箱顶部,用于驱动主轴旋转和进给,主轴的正反转切换通过机械手柄来实现。FR_1(3 区)用于 M_1 的过载保护。

(2)M_2:摇臂升降电动机,由 KM_2、KM_3 主触点(4/5 区)控制,可正反转运行。M_2 安装在立柱顶部,用于驱动丝杆旋转,再由传动机构带动摇臂沿立柱上升或下降。由于 M_2 采用的是点动控制,属于短时工作制,故未设置过载保护。

(3)M_3:液压泵电动机,由 KM_4、KM_5 主触点(6/7 区)控制,可正反转运行。M_3 用于驱动液压泵旋转,为主轴箱、摇臂、立柱的夹紧机构液压控制系统提供油压,实现主轴箱、摇臂、立柱的夹紧与放松。FR_2(6 区)用于 M_3 的过载保护。

(4)M_4:冷却泵电动机,其启停由 QF_2(2 区)直接控制,只能单向运行。因其功率较小,故未设置过载保护。

主电路采用 380 V、50 Hz 的三相交流电源,由 QF_1 控制。

2. 电动机控制电路

Z3050 型摇臂钻床具有"开门断电"功能,以保证操作安全。只有当立柱下部和摇臂后部的电气柜门均处于关闭状态,QF_1、QF_3 均闭合时,Z3050 型摇臂钻床才能正常工作。

1)M_1 的控制

(1)M_1 的启动控制:按下 SB_3(13 区),KM_1 线圈(13 区)通电,KM_1 主触点(3 区)闭合,M_1 启动;KM_1 自锁触点(14 区)闭合;同时 KM_1 辅助动合触点(9 区)闭合。

(2)M_1 的停止控制:按下 SB_2(13 区),KM_1 线圈(13 区)断电,KM_1 主触点(3 区)恢复断开,M_1 停止运行;KM_1 自锁触点(14 区)恢复断开;同时 KM_1 辅助动合触点(9 区)恢复断开。

2)摇臂升降控制

夹紧机构对摇臂的夹紧与放松是由液压控制系统通过液压分配装置实现的。摇臂的升降控制必须与夹紧机构紧密配合。摇臂升降的控制过程为:摇臂放松→摇臂上升/下降→摇臂夹紧。下面以摇臂的上升控制为例来说明。

(1)按下 SB_4 并保持,SB_{4-2} 动合触点(16 区)闭合,KT_1 线圈(15 区)通电,KT_1 瞬时动合触点(18 区)闭合,KM_4 线圈(18 区)通电;KT_1 瞬时动断触点(21 区)断开;KT_1 延时触点(20 区)断开,切断 KM_5 线圈(20 区)电路。同时,SB_{4-1} 动断触点(17 区)断开,切断 KM_3 线圈电路。

(2)KM_4 主触点(6 区)闭合,M_3 正向运行,开始放松摇臂;KM_4 互锁触点(20 区)断开。

(3)当摇臂放松到位时,活塞杆作用于 SQ_2,SQ_{2-2} 动断触点(18 区)断开,KM_4

线圈（18 区）断电，KM_4 主触点（6 区）恢复断开，M_3 停止运行，放松动作停止；KM_4 互锁触点（20 区）恢复闭合；SQ_{2-1} 动合触点（16 区）闭合，KM_2 线圈（16 区）通电。

（4）KM_2 主触点（4 区）闭合，M_2 开始正向运行，驱动摇臂上升；KM_2 互锁触点（17 区）断开。

（5）当摇臂上升至所需高度时，松开 SB_4，KM_2 线圈（16 区）断电，KM_2 主触点（4 区）恢复断开，M_2 停止运行，摇臂停止上升；KM_2 互锁触点（17 区）恢复闭合。

（6）KT_1 线圈（15 区）断电，KT_1 瞬时动合触点（18 区）恢复断开，KT_1 瞬时动断触点（21 区）恢复闭合；KT_1 延时触点（20 区）延时数秒后恢复闭合。

（7）KM_5 线圈（20 区）通电，KM_5 主触点（7 区）闭合，M_3 反向运行，开始夹紧摇臂；KM_5 互锁触点（18 区）断开。

（8）当摇臂夹紧到位时，活塞杆作用于 SQ_3，SQ_3 动断触点（20 区）断开，KM_5 线圈（20 区）断电，KM_5 主触点（7 区）恢复断开，M_3 停止运行，夹紧动作停止。

点 拨

> 若要使摇臂下降，应按下 SB_5 并保持。此时，各元器件的动作顺序与摇臂上升时大致相同，此处不再赘述。

3）立柱和主轴箱的放松和夹紧控制

立柱和主轴箱的放松（或夹紧）由 SA 和 SB_6（或 SB_7）控制，两者可以同时进行，也可单独进行。SA 有 3 个挡位：中间挡，同时进行立柱和主轴箱的放松（或夹紧）控制；左边挡，单独进行立柱的放松（或夹紧）控制；右边挡，单独进行主轴箱的放松（或夹紧）控制。SA 位于主轴箱下方，SB_6、SB_7 位于主轴箱的运动手轮上，如图 8-8 所示。下面以立柱和主轴箱的放松控制为例来说明。

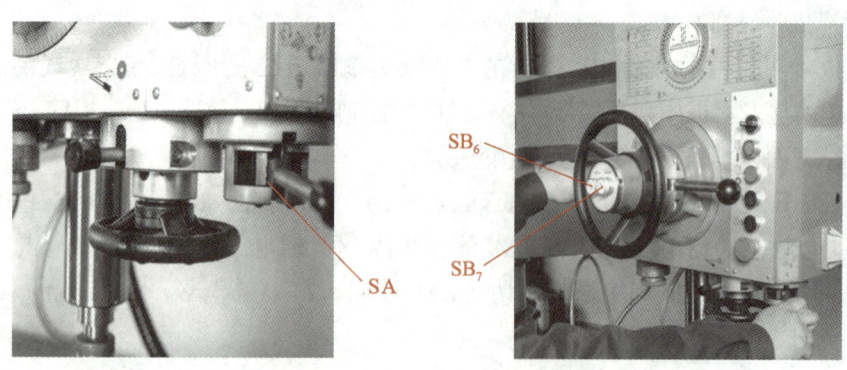

图 8-8　SA、SB_6、SB_7 的位置

（1）立柱和主轴箱同时放松：将 SA（23/24 区）置于中间挡→按下 SB_6（20/21 区）并保持→ KT_2、KT_3 线圈通电，KT_2 延时动合触点（23 区）闭合，YA_1、YA_2 通电吸合，立柱和主轴箱的液压油腔孔打开；KT_3 延时动合触点（19 区）经 1～3 s 后闭合→ KM_4 线圈（18 区）通电，KM_4 主触点（6 区）闭合→ M_3 开始正向运行，液压油进入立柱和主轴箱的液压油腔，使立柱和主轴箱同时放松→放松完成后，松开 SB_6（20/21 区）→ KT_2、KT_3 线圈断电，KT_3 延时动合触点（19 区）恢复断开→ KM_4 线圈（18 区）断电，KM_4 主触点（6 区）恢复断开→ M_3 停止运行→ KT_2 延时动合触点（23 区）经 1～3 s 后恢复断开，YA_1、YA_2 断电释放，放松动作结束。

（2）主轴箱单独放松：将 SA（23/24 区）置于右边挡→按下 SB_6（20/21 区）并保持→ KT_2、KT_3 线圈通电，KT_2 延时动合触点（23 区）闭合，YA_2 单独通电吸合，主轴箱的液压油腔孔打开；KT_3 延时动合触点（19 区）经 1～3 s 后闭合→ KM_4 线圈（18 区）通电，KM_4 主触点（6 区）闭合→ M_3 开始正向运行，液压油进入立柱和主轴箱的液压油腔，使主轴箱单独放松→放松完成后，松开 SB_6（20/21 区）→ KT_2、KT_3 线圈断电，KT_3 延时动合触点（19 区）恢复断开→ KM_4 线圈（18 区）断电，KM_4 主触点（6 区）恢复断开→ M_3 停止运行→ KT_2 延时动合触点（23 区）经 1～3 s 后恢复断开，YA_2 断电释放，放松动作结束。

（3）立柱单独放松：将 SA（23/24 区）置于左边挡，通过 SB_6（20/21 区）可使立柱单独放松，除 YA_1 代替 YA_2 动作外，其余过程与主轴箱单独放松时的相同。

点 拨

立柱和主轴箱同时/单独夹紧过程由 SB_7（19/22 区）控制，除 KM_5 代替 KM_4 动作外，其他元器件的动作与同时/单独放松过程基本相同，此处不再赘述。

4）M_4 的控制

M_4 功率较小，仅 90 W，采用直接启动方式，可通过 QF_2 手动控制。

3. 照明及信号指示电路

照明灯 EL（11 区）以 TC（7 区）供给的 24 V 安全电压为电源，可通过 QS（11 区）手动控制。电源指示灯 HL_1（10 区）在 QF_1、QF_2 闭合后即保持常亮；主轴指示灯 HL_2（9 区）由 KM_1 辅助动合触点控制，在 M_1 运行时点亮，在 M_1 停止运行时熄灭。

8.3.3 Z3050 型摇臂钻床电气控制电路常见故障及检修方法

Z3050 型摇臂钻床电气控制的主要环节是主轴的运动和摇臂的运动，其中摇臂的运动是由电气控制电路、机械系统和液压控制系统共同完成的。因此，当设备发生故障时，应先排除机械系统故障和液压控制系统故障，然后再进行电气控制系统的检修。Z3050 型摇臂钻床电气控制电路常见故障及检修方法如表 8-10 所示。

表 8-10　Z3050 型摇臂钻床电气控制电路常见故障及检修方法

常见故障		检修方法
故障现象	故障原因	
M_1 不能启动，HL_2 灯不亮	QF_1 故障	闭合 QF_1，用万用表检测 QF_1 上接线端各触点之间的电压，正常应为 380 V，如果异常，则说明三相交流电源故障，应检查电源线或更换电源；用万用表检测 QF_1 下接线端各触点之间的电压，正常应为 380 V，如果异常，则说明 QF_1 故障，应修复或更换 QF_1
	TC 故障或 FU_4 熔体熔断	用万用表检测 FU_4 的导通性，如果不导通，则说明 FU_4 熔体熔断或内部断路，应更换熔体或修复 FU_4；检测 TC 各接线端的电压是否正常，如果电压异常，则说明 TC 存在内部短路或断路，应修复或更换 TC
	KM_1 故障	按下 SB_3，如果 KM_1 衔铁动作，则说明 KM_1 触点故障，应修复或更换 KM_1 触点；如果 KM_1 衔铁不动作，则说明 KM_1 线圈故障，应更换 KM_1 线圈
摇臂不能升降	SQ_2 损坏或安装位置偏移	检查 SQ_2 的外观及安装位置是否正常，用万用表检测 SQ_2 动合触点、动断触点在推杆动作前后的导通情况，如果异常，则修复或更换 SQ_2
	KT_1 损坏	按下 SB_4，KT_1 各触点应动作；松开 SB_4，KT_1 瞬动触点立即复位，延时触点应在数秒后复位。如果异常，则修复或更换 KT_1
	M_3 电源相序接反	检查 M_3 各相电源线的连接情况，如果连接异常，则重新连接
	FU_2 熔体熔断	用万用表检测 FU_2 的导通性，如果不导通，则说明 FU_2 熔体熔断或内部断路，应更换熔体或修复 FU_2
	KM_2、KM_3 故障	按下 SB_4 并保持，数秒后 KM_2 应动作；松开 SB_4，按下 SB_5 并保持，数秒后 KM_3 应动作。如果异常，则检查对应的交流接触器
	M_2 故障	按下 SB_4 并保持，KM_2 动作后，用万用表检测 M_2 各绕组之间的电压值，正常应为 380 V，如果异常，则修复或更换 M_2
立柱、主轴箱不能放松或夹紧	KT_2、KT_3 故障	按下 SB_6（或 SB_7）并保持，KT_2、KT_3 各瞬动触点应立即动作，数秒后 KT_3 延时触点应动作；松开 SB_6（或 SB_7），KT_2、KT_3 各瞬动触点应立即复位，数秒后 KT_2 延时触点应复位。如果异常，则检查对应的时间继电器
	KM_4、KM_5 故障	按下 SB_6 并保持，数秒后 KM_4 应动作；按下 SB_7 并保持，数秒后 KM_5 应动作。如果异常，则检查对应的交流接触器
摇臂升降后不能夹紧	SQ_3 损坏或安装位置偏移	检查 SQ_3 的外观及安装位置是否正常，用万用表检测 SQ_3 动合触点、动断触点在推杆动作前后的导通情况，如果异常，则修复或更换 SQ_3

项目 8 典型机床电气控制电路

任务 8.4 检修万能铣床电气控制电路

任务引入

小李使用 X62W 型万能铣床加工零件时,发现工作台不能快速运动。当他启动主轴电动机后,工作台在各方向上的进给功能均正常。通过查阅 X62W 型万能铣床的电气控制电路图,小李判断可能是用于控制工作台快速运动的电磁离合器发生了故障。关闭电源后,小李用万用表检测该电磁离合器线圈的电阻,发现为无穷大。小李在更换了新的电磁离合器后,重新接通电源,调试设备,发现故障已消除。

请选择合适的工具和器材,对 X62W 型万能铣床电气控制电路进行检修。

任务工单——检修 X62W 型万能铣床电气控制电路

1. 知识准备

铣床是用铣刀对工件进行铣削加工的机床。它除了能铣削平面、沟槽、轮齿、螺纹和花键轴外,还能加工比较复杂的工件型面。铣床的种类很多,主要有升降台铣床、工具铣床、龙门铣床、仿形铣床、专用铣床等。在众多铣床中,升降台铣床应用较广泛,主要包括卧式铣床、立式铣床、万能铣床三种类型。X62W 型万能铣床是一种典型的铣床,其应用范围较广,操作灵活方便,可在上下、左右、前后不同方向上调整位置,并在任一方向实现进给运动。

X62W 型万能铣床的电气控制电路主要用于主轴电动机、进给电动机、冷却泵电动机的控制,在检修时,应着重检查相关元器件的电路连接情况。

2. 工具和器材准备

准备任务实施所需的工具和器材,补全表 8-11。

表 8-11 工具和器材清单

名称	规格	型号	数量	名称	规格	型号	数量
常用电工工具				钳形电流表			
万用表				万能铣床			
绝缘电阻表				模拟电气控制柜			

3. 任务实施

指导教师对每台铣床或模拟电气控制柜随机设置两个故障。各组学生在指导教师的指导下进行检修作业,限时 40 min 完成。检修时,应严格按照流程规范操作,并做好安全防护;检修完成后,须经指导教师确认方可通电测试。

1)确认故障现象

观察铣床的整体结构,熟悉各部件的名称及功能;观察各电器的分布及电路连接情况。接通电源后,调试铣床电气控制电路,观察各电动机、照明灯及信号指示灯的运行情况,并将观察结果记录在表8-12中。

表8-12 故障现象确认记录

序号	操作	观察内容	观察结果 是	观察结果 否
1	闭合 QS_1、SA	EL 是否点亮		
2	断开 SA	EL 是否熄灭		
3	将 SA_3 置于正转或反转位置,按下 SB_1	M_1 是否正常运行		
4	按下 SB_5	M_1 是否制动停转		
5	按下 SB_2	M_1 是否正常运行		
6	按下 SB_6	M_1 是否制动停转		
7	将 SA_1 置于接通位置,按下 SB_1 或 SB_2	M_1 是否保持停转状态		
8	通过主轴变速盘变速	M_1 是否先瞬时启动后停转		
9	启动 M_1,将左右进给手柄置于左侧	工作台是否先向左运动(M_2 正转)至限定位置后停转		
10	将左右进给手柄置于右侧	工作台是否先向右运动(M_2 反转)至限定位置后停转		
11	将十字进给手柄置于下侧或前侧	工作台是否先向下或向前运动(M_2 正转)至限定位置后停转		
12	将十字进给手柄置于上侧或后侧	工作台是否先向上或向后运动(M_2 反转)至限定位置后停转		
13	通过进给变速盘变速	M_2 是否先瞬时启动后停转		
14	通过进给手柄选择运动方向,按下 SB_3 数秒后松开	工作台是否沿选择方向快速运动,且在 SB_3 松开后停转		
15	按下 SB_4 数秒后松开	工作台是否沿选择方向快速运动,且在 SB_4 松开后停转		
16	将 SA_2 置于接通位置	M_2 是否反转		
17	将 SA_2 置于断开位置	M_2 是否自由停转		
18	启动 M_1,闭合 QS_2	M_3 是否启动		
19	断开 QS_2	M_3 是否停转		

2)确定故障范围并找出故障点

根据观察的故障现象,判断故障的大致范围,并分析引发故障的可能原因;然后用万用表、钳形电流表进行断电检查和通电检查,逐步缩小故障范围,直至找出故障点。

3)修复故障点

确认三相交流电源已断开,然后选择合适的方法修复故障点。在修复时,不得触碰、拆卸、修改与故障点无关的元器件及导线连接。

4)通电测试

修复故障点并经指导教师确认后,方可进行通电测试。可按照表 8-12 所示内容进行通电测试,观察故障现象是否消失。

> 笔记
>
> _____
> _____
> _____

8.4.1 X62W 型万能铣床概述

1. X62W 型万能铣床的基本结构

X62W 是万能铣床的型号名称。其中,X 代表铣床类;6 代表卧式铣床组;2 代表 2 号工作台(长 1 320 mm×宽 320 mm);W 代表万能型。

X62W 型万能铣床主要由底座、床身、主轴、悬梁、刀杆架、工作台、回转盘、溜板、升降台等部件组成,如图 8-9 所示。

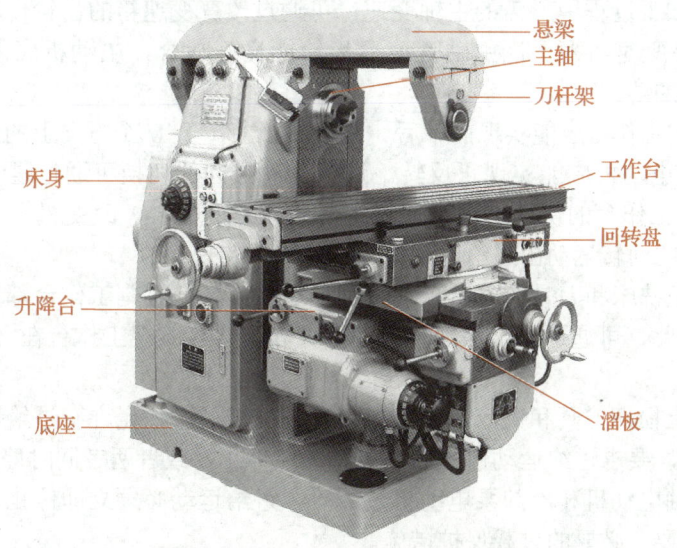

图 8-9 X62W 型万能铣床的基本结构

X62W 型万能铣床的床身固定在底座上。悬梁位于床身顶部的水平导轨上,悬梁上通常会装有一个或两个刀杆架。刀杆架可在悬梁上水平运动,悬梁可沿床身顶部的水平导轨前后运动。在床身前部设有垂直导轨,升降台可沿垂直导轨上下运动。升降台上面设有水平导轨,溜板可沿水平导轨前后运动。溜板上的回转盘可以转动,工作台可在回转盘上左右运动。这样，便可使工作台在上下、左右、前后不同方向上运动，通过回转盘的旋转，还可使工作台在倾斜方向上运动，故将这样的铣床称为万能铣床。

工作台上设有 T 形槽，用来固定工件。在铣削加工时，应先将工件固定在工作台上；然后将铣刀安装在刀杆上；再将刀杆的一端固定在主轴上，另一端固定在刀杆架上；最后由主轴驱动铣刀旋转，对工件进行铣削加工。

2．X62W 型万能铣床的运动形式

X62W 型万能铣床的运动形式如下。

（1）主运动：主轴通过刀杆驱动铣刀所做的旋转运动。

（2）进给运动：工件随工作台在前、后、左、右、上、下 6 个方向上所做的运动，以及工件随工作台所做的旋转运动。

（3）辅助运动：如回转盘的旋转运动、工作台的快速运动、主轴变速冲动、进给变速冲动等。

3．X62W 型万能铣床的控制要求

X62W 型万能铣床的控制要求如下。

（1）铣削加工有顺铣和逆铣两种加工方式，因此主轴电动机应能正反转。考虑到大多数情况下工件只在一个方向上进行铣削，在加工过程中通常不需要变换主轴旋转的方向，因此 X62W 型万能铣床采用转换开关来控制主轴电动机的正反转。

（2）铣削加工是一种不连续的切削加工方式，为减小振动，需要在主轴上安装惯性轮，但这会造成主轴停止困难。为此，主轴电动机采用电磁离合器制动，从而实现主轴准确停止。

（3）铣削加工过程中所需的主轴变速，可通过改变变速箱的齿轮传动比来实现，主轴电动机不需要变速。为保证主轴变速后齿轮能良好啮合，电动机应能做瞬时点动运行，即主轴变速冲动。

（4）铣床的工作台应能实现前、后、左、右、上、下 6 个方向上的进给运动和快速运动，因此进给电动机应能实现正反转。进给运动方向的切换可通过进给手柄和电磁离合器配合实现；工作台的快速运动则通过电磁离合器的吸合，改变机械传动链的传动比来实现；回转盘的回转运动由进给电动机经传动机构实现。

（5）为保证铣床和刀具的安全，在铣削加工时，任何时刻工作台都只能有一个方向的进给运动。因此，可通过进给手柄和行程开关相配合，实现工作台在 6 个运动方向上的互锁。

（6）为防止损坏刀具和铣床，要求只有主轴旋转后，才允许有进给运动；同时，为了保证加工质量，要求进给运动停止后，主轴才能停止，或者两者同时停止。

（7）当主轴电动机和冷却泵电动机过载时，进给运动必须立即停止，以免损坏刀具和铣床。因此，要有必要的过载保护措施。

（8）要有冷却系统、照明设备及短路保护装置。

8.4.2　X62W 型万能铣床电气控制电路的工作原理

X62W 型万能铣床电气控制电路如图 8-10 所示。该电路主要由主电路、电动机控制电路、照明电路组成。

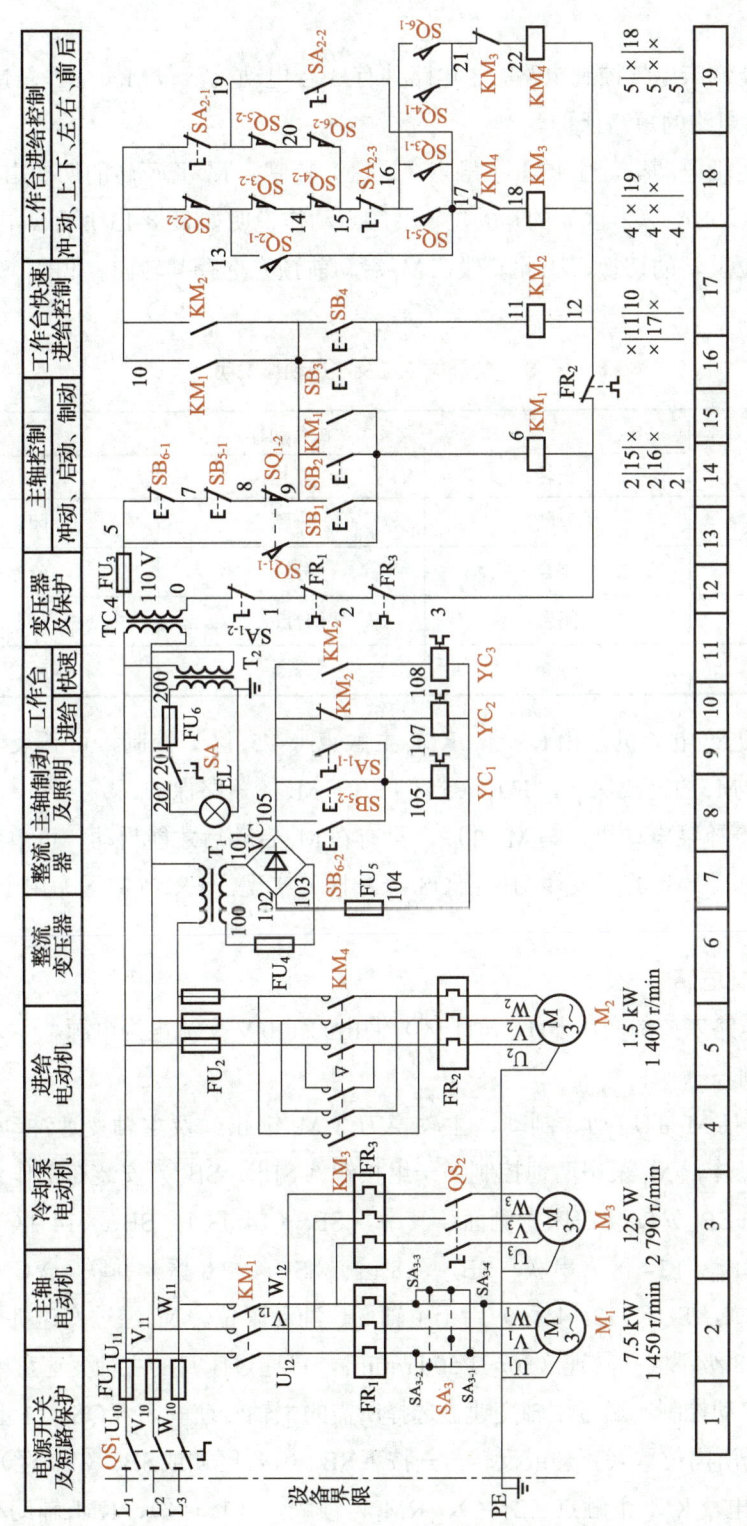

图 8-10　X62W 型万能铣床电气控制电路

1. 主电路

X62W 型万能铣床电气控制电路的主电路共有 3 台电动机,即 M_1、M_2、M_3。FU_1（1 区）用于电源电路的短路保护。

（1）M_1：主轴电动机,由 KM_1 主触点（2 区）控制。M_1 正反转的切换由转换开关 SA_3（2 区）实现,SA_3（2 区）的开关位置及触点动作说明如表 8-13 所示。由于 M_1 不需要频繁地进行正反转的切换,因此一般在 M_1 启动前预先选择其转向。FR_1（2 区）用于 M_1 的过载保护。

表 8-13 SA_3 的开关位置及触点动作说明

触点	触点动作		
	正转	停止	反转
SA_{3-1}	分断	分断	闭合
SA_{3-2}	闭合	分断	分断
SA_{3-3}	闭合	分断	分断
SA_{3-4}	分断	分断	闭合

（2）M_2：进给电动机,由 KM_3、KM_4 主触点（4/5 区）控制,可正反转运行。FR_2（5 区）用于 M_2 的过载保护,FU_2（5 区）用于 M_2 的短路保护。

（3）M_3：冷却泵电动机,与 M_1 并联,只有在 M_1 启动后才能启动,可单独停止,也可与 M_1 同时停止。M_3 的正反转切换由 QS_2（3 区）实现,FR_3（3 区）用于 M_3 的过载保护。

2. 电动机控制电路

电动机控制电路以控制变压器 TC（11 区）输出的 110 V 交流电为电源。

1）M_1 的控制

M_1 的控制包括 M_1 的启动、制动,主轴换刀（M_1 锁止）及主轴变速冲动（M_1 点动）等。为方便操作,M_1 采用两地控制,一组按钮（SB_1、SB_5）安装在工作台上,另一组按钮（SB_2、SB_6）安装在床身侧面。其中,SB_1（14 区）、SB_2（14 区）并联,SB_{5-1}（14 区）、SB_{6-1}（14 区）串联,SB_{5-2}（8 区）、SB_{6-2}（8 区）并联。YC（8 区）用于 M_1 的制动控制,SQ_1（13/14 区）用于主轴变速冲动限位。M_1 经过变速机构的传动后,使主轴具有 18 级不同的转速（30～1 500 r/min）,可通过床身的主轴变速盘来选择。

（1）M_1 的启动控制：通过主轴变速盘选择所需的主轴转速→闭合 QS_1（1 区）→将 SA_3（2 区）置于所需位置（正转或反转）→按下 SB_1（14 区）或 SB_2（14 区）→ KM_1 线圈（14 区）通电,KM_1 主触点（2 区）、KM_1 自锁触点（15 区）、KM_1 辅助动合触点（16 区）均闭合→ M_1 启动。

点 拨

KM$_1$ 辅助动合触点（16 区）闭合，是在为工作台进给电路的接通做准备。

（2）M$_1$ 的制动控制：按下 SB$_5$（8/14 区）或 SB$_6$（8/14 区）并保持，其动断触点（14 区）断开，动合触点（8 区）闭合→KM$_1$ 线圈（14 区）断电，KM$_1$ 主触点（2 区）、KM$_1$ 自锁触点（15 区）、KM$_1$ 辅助动合触点（16 区）均恢复断开，同时 YC$_1$（8 区）通电→M$_1$ 开始制动→M$_1$ 制动完成后，松开 SB$_5$（8/14 区）或 SB$_6$（8/14 区）。

（3）主轴换刀控制：M$_1$ 停止后并不处于制动状态，主轴仍可自由转动。在更换铣刀时，为避免主轴转动而造成更换困难，应将主轴锁止。其方法是将 SA$_1$ 置于接通位置，此时 SA$_{1-1}$（9 区）闭合，YC$_1$（8 区）通电，主轴处于制动状态；同时 SA$_{1-2}$（12 区）断开，切断整个电动机控制电路，以保证操作人员的人身安全。换刀完成后，应将 SA$_1$ 复位至断开位置。SA$_1$ 的开关位置及触点动作说明如表 8-14 所示。

表 8-14　SA$_1$ 的开关位置及触点动作说明

触点	动作说明	
	接通	断开
SA$_{1-1}$	闭合	分断
SA$_{1-2}$	分断	闭合

（4）主轴变速冲动控制：为了保证变速后齿轮能良好啮合，通过主轴变速盘变速时，应先将主轴变速手柄向外拉出，使齿轮脱离啮合，转动主轴变速盘选定所需转速后，再将主轴变速手柄复位。在将主轴变速手柄复位的过程中，SQ$_1$ 短时受压，SQ$_{1-1}$（13 区）闭合，SQ$_{1-2}$（14 区）断开，KM$_1$ 线圈（14 区）通电，M$_1$ 瞬时启动；主轴变速手柄复位后，SQ$_1$ 释放，SQ$_1$ 各触点复位，KM$_1$ 线圈（14 区）断电，M$_1$ 在惯性下产生一个冲动力，带动齿轮抖动，使齿轮良好啮合。

点 拨

主轴变速应在主轴停转的状态下进行，以免打坏齿轮。主轴变速时 YC$_1$ 处于断电状态，从而保证了主轴变速冲动的顺利进行。若一次啮合不成功，可重复上述过程，直至齿轮良好啮合。

2）M$_2$ 的控制

工作台的运动包括进给运动和快速运动，它们都是通过左右进给手柄、十字进给手柄两个操纵手柄控制相应的行程开关，从而使 M$_2$ 正转或反转来实现的。此外，工作台为保证在进给变速时齿轮能够良好啮合,还具有进给变速冲动功能。进给手柄的位置与行程开关触点动作说明如表 8-15 所示。

表 8-15　进给手柄的位置与行程开关触点动作说明

触点	左右进给手柄			触点	十字进给手柄		
	左	中	右		前、下	中	后、上
SQ_{5-1}	分断	分断	闭合	SQ_{3-1}	分断	分断	闭合
SQ_{5-2}	闭合	闭合	分断	SQ_{3-2}	闭合	闭合	分断
SQ_{6-1}	闭合	分断	分断	SQ_{4-1}	闭合	分断	分断
SQ_{6-2}	分断	闭合	闭合	SQ_{4-2}	分断	闭合	闭合

工作台的进给运动包括工作台在上、下、左、右、前、后 6 个方向上的运动,它们必须在 M_1 启动后方可进行,且彼此互锁,即工作台同时只能在一个方向上运动。工作台的快速运动属于 M_2 的点动控制,在 M_1 不启动时也可进行。当工作台运动时,应将 SA_2 置于断开位置。SA_2 的开关位置及触点动作说明如表 8-16 所示。

表 8-16　SA_2 的开关位置及触点动作说明

触点	动作说明	
	接通	断开
SA_{2-1}	分断	闭合
SA_{2-2}	闭合	分断
SA_{2-3}	分断	闭合

(1) 工作台的左右进给运动,是由左右进给手柄与 SQ_5、SQ_6 联动,控制 M_2 正反转,并配合机械传动实现的,具体的控制过程如下。

① 启动 M_1,将左右进给手柄置于左侧,SQ_6 动作,SQ_{6-1}(19 区)闭合,SQ_{6-2}(18 区)断开。

② KM_4 线圈(19 区)通电,KM_4 主触点(5 区)闭合,M_2 正向运行,驱动工作台向左运动;KM_4 互锁触点(18 区)断开,切断 KM_3 线圈(18 区)电路。

③ 当工作台向左运动到位时,将左右进给手柄置于中间位置,SQ_6 复位,SQ_{6-1}(19 区)断开,KM_4 线圈(19 区)断电,KM_4 主触点(5 区)断开,M_2 停止运行,工作台停止向左运动。

④ 将左右进给手柄置于右侧,SQ_5 动作,SQ_{5-1}(18 区)闭合,SQ_{5-2}(18 区)断开。

⑤ KM_3 线圈(18 区)通电,KM_3 主触点(4 区)闭合,M_2 反向运行,驱动工作台向右运动;KM_3 互锁触点(19 区)断开,切断 KM_4 线圈(19 区)电路。

⑥ 当工作台向右运动到限定位置时，将左右进给手柄置于中间位置，SQ_5 复位，SQ_{5-1}（18 区）断开，KM_3 线圈（18 区）断电，KM_3 主触点（4 区）断开，M_2 停止运行，工作台停止向右运动。

点　拨

工作台的两端各装有一个用于限位的挡块，当工作台向左（或向右）运动到限定位置时，挡块会将左右进给手柄推至中间位置，使 M_2 停止运行，工作台停止向左（或向右）运动，从而实现了工作台左右运动的限位保护。左右进给运动结束后，应将左右进给手柄置于中间位置。

（2）工作台的上下、前后进给运动，是由十字进给手柄与 SQ_3、SQ_4 联动，控制 M_2 正反转，并配合机械传动实现的，具体的控制过程如下。

① 启动 M_1，将十字进给手柄置于下侧或前侧，SQ_4 动作，SQ_{4-1}（19 区）闭合，SQ_{4-2}（18 区）断开。

② KM_4 线圈（19 区）通电，KM_4 主触点（5 区）闭合，M_2 正向运行，驱动工作台向下或向前运动；KM_4 互锁触点（18 区）断开，切断 KM_3 线圈（18 区）电路。

③ 当工作台向下或向前运动到位时，将十字进给手柄置于中间位置，SQ_4 复位，SQ_{4-1}（19 区）断开，KM_4 线圈（19 区）断电，KM_4 主触点（5 区）断开，M_2 停止运行，工作台停止向下或向前运动。

④ 将十字进给手柄置于上侧或后侧，SQ_3 动作，SQ_{3-1}（18 区）闭合，SQ_{3-2}（18 区）断开。

⑤ KM_3 线圈（18 区）通电，KM_3 主触点（4 区）闭合，M_2 反向运行，驱动工作台向上或向后运动；KM_3 互锁触点（19 区）断开，切断 KM_4 线圈（19 区）电路。

⑥ 当工作台向上或向后运动到位时，将十字进给手柄置于中间位置，SQ_3 复位，SQ_{3-1}（18 区）断开，KM_3 线圈（18 区）断电，KM_3 主触点（4 区）断开，M_2 停止运行，工作台停止向上或向后运动。

点　拨

工作台在上、下、前、后 4 个方向均设有限位保护。当工作台在任一个方向上进给到限定位置时，对应的挡块都会将十字进给手柄推至中间位置，使 SQ_3 或 SQ_4 复位，从而使 M_2 停止运行。

（3）互锁控制。在两个进给手柄中，当其中一个进给手柄被置于某一进给方向后，另一个进给手柄必须置于中间位置，否则工作台将无法实现任何进给运动。例如，把左右进给手柄置于左侧，若同时又将十字进给手柄置于下侧，则 SQ_6、SQ_4 均动作，此时

SQ_{6-2}（18 区）、SQ_{4-2}（18 区）均断开，KM_4、KM_3 的线圈电路均无法接通，M_2 无法启动。

（4）进给变速冲动控制。进给变速时，为使齿轮良好啮合，要对工作台进行进给变速冲动控制。进给变速时，必须先把进给手柄置于中间位置，然后将升降台前面的进给变速手柄向外拉出，使齿轮脱离啮合。转动进给变速盘选定所需进给速度后，再将进给变速手柄向里推回原位，齿轮便重新啮合。在进给变速的过程中，SQ_2 短时受压，SQ_{2-1}（17 区）闭合，SQ_{2-2}（18 区）断开，电流经 SA_{2-1}（18 区）、SQ_{5-2}（18 区）、SQ_{6-2}（18 区）、SQ_{4-2}（18 区）、SQ_{3-2}（18 区）、SQ_{2-1}（17 区）、KM_4 互锁触点（18 区）进入 KM_3 线圈（18 区），KM_3 线圈（18 区）通电，M_2 瞬时启动；进给变速手柄复位后，SQ_2 释放，SQ_2 各触点复位，KM_3 线圈（18 区）断电，M_2 在惯性下产生一个冲动力，带动齿轮抖动，使齿轮良好啮合。

（5）工作台的快速运动控制。为了提高生产效率，减少生产辅助工时，在不进行铣削加工时，可使工作台快速运动。6 个进给方向的快速运动是通过两个进给手柄和快速运动按钮（SB_3 或 SB_4）配合实现的，具体的控制过程如下。

① 安装好工件后，通过进给手柄选择运动方向，按下 SB_3（16 区）或 SB_4（17 区）并保持，KM_2 线圈（17 区）通电。

② KM_2 动合触点（17 区）闭合，接通 M_2 控制电路，M_2 启动；KM_2 动断触点（10 区）断开，YC_2 断电；KM_2 动合触点（11 区）闭合，接通 YC_3，工作台快速移动。

点 拨

YC_2 通电时，齿轮与丝杆接合，M_2 经齿轮、丝杆变速后，驱动工作台按照选定的速度做进给运动。YC_2 断电时，齿轮与丝杆分离，此时若 YC_3 通电，M_2 将直接与丝杆接合，从而驱动工作台快速移动。

③ 当工作台快速移动到位时，松开 SB_3（16 区）或 SB_4（17 区），KM_2 线圈（17 区）断电。

④ KM_2 动合触点（17 区）恢复断开，M_2 停止运行；KM_2 动断触点（10 区）恢复闭合，YC_2 通电，为工作台的进给运动做准备；KM_2 动合触点（11 区）恢复断开，YC_3 断电，工作台停止快速移动。

（6）圆形工作台的旋转控制。为了扩大铣床的加工范围，可在铣床工作台上安装圆形工作台，通过圆形工作台的旋转来实现对圆弧或凸轮的铣削加工。SA_2 用于圆形工作台的旋转控制，具体的控制过程如下。

① 启动 M_1，需要圆形工作台旋转时，可将 SA_2 置于接通位置（参考表 8-16），此时 SA_{2-1}（18 区）和 SA_{2-3}（18 区）断开，SA_{2-2}（19 区）闭合，电流经 10—13—14—15—

20—19—17—18 路径,流入 KM$_3$ 线圈(18 区),M$_2$ 启动并通过一根专用轴带动圆形工作台旋转。

当圆形工作台旋转时,SA$_{2-2}$(19 区)闭合,SQ$_3$、SQ$_4$、SQ$_5$、SQ$_6$ 均被短路,此时工作台不能做进给运动和快速运动,以保证圆形工作台上工件的正常铣削加工。

② 当不需要圆形工作台旋转时,将 SA$_2$ 置于断开位置,此时 SA$_{2-1}$(18 区)和 SA$_{2-3}$(18 区)闭合,SA$_{2-2}$(19 区)断开。此后工作台可在左、右、上、下、前、后 6 个方向做进给运动和快速运动。

3)M$_3$ 的控制

M$_1$ 和 M$_3$ 采用顺序控制,即只有在 M$_1$ 启动后,M$_3$ 才能启动。M$_3$ 的启停由 QS$_2$ 直接控制。

3. 照明电路

照明电路以 T$_2$ 供给的 24 V 安全电压为电源,由 SA(8 区)控制。熔断器 FU$_6$(9 区)用于照明电路的短路保护。

8.4.3 X62W 型万能铣床电气控制电路常见故障及检修方法

X62W 型万能铣床电气控制电路常见故障及检修方法如表 8-17 所示。

表 8-17 X62W 型万能铣床电气控制电路常见故障及检修方法

常见故障		检修方法
故障现象	故障原因	
M$_1$、M$_3$ 不能启动	SA$_3$ 位于停止位置;SA$_3$ 故障	将 SA$_3$ 置于正转或反转位置;参照表 8-13,用万用表检测 SA$_3$ 在不同位置时各触点的导通情况,如果有异常,则修复或更换 SA$_3$
	SA$_1$ 位于接通位置;SA$_1$ 故障	将 SA$_1$ 置于断开位置;参照表 8-14,用万用表检测 SA$_1$ 在不同位置时各触点的导通情况,如果有异常,则修复或更换 SA$_1$
	SQ$_1$ 故障	推动 SQ$_1$ 推杆,用万用表检测 SQ$_1$ 各触点动作前后的导通情况,如果有异常,则修复或更换 SQ$_1$
	FU$_3$ 熔体熔断	检查 FU$_3$ 的熔体是否熔断,如果熔断,则更换熔体
	SB$_1$、SB$_2$、SB$_5$ 和(或)SB$_6$ 故障	用万用表检测各按钮在按下和松开时的导通情况,如果有异常,则修复或更换按钮

表 8-17（续）

常见故障		检修方法
故障现象	故障原因	
M_1 不能制动	T_1 损坏	闭合 QS_1，用万用表检测 T_1 的输入电压（正常为 380 V）和输出电压（正常为 24 V），如果有异常，则修复或更换 T_1
	FU_4、FU_5 熔体熔断	检查 FU_4、FU_5 的熔体是否熔断，如果熔断，则更换熔体
	VC 故障	闭合 QS_1，用万用表检测 VC 的输出电压，正常应为 24 V，如果有异常，则更换 VC
	YC_1 故障	断开 QS_1，用万用表检测 YC_1 线圈的电阻，如果与标准值不符，则更换 YC_1 线圈
工作台不能进给	M_1 未启动	启动 M_1
	SA_2 位于接通位置；SA_2 故障	将 SA_2 置于断开位置；参照表 8-16，用万用表检测 SA_2 在不同位置时各触点的导通情况，如果有异常，则修复或更换 SA_2
	FR_2 动断触点接触不良	用万用表检测 FR_2 动断触点的导通情况，如果有异常，则更换 FR_2
工作台不能快速移动	SB_3、SB_4 故障	用万用表检测各按钮在按下和松开时的导通情况，如果有异常，则修复或更换按钮
	KM_2 故障	压下 KM_2 衔铁，用万用表检测 KM_2 各触点的导通情况，如果有异常，则修复或更换 KM_2
	YC_3 故障	用万用表检测 YC_3 线圈的电阻，如果与标准值不符，则更换 YC_3 线圈
无进给变速冲动	进给手柄不在中间位置	将进给手柄置于中间位置
	SQ_2 损坏	用万用表检测 SQ_2 各触点在进给手柄动作前后的导通情况，如果有异常，则修复或更换 SQ_2
	KM_3 故障	压下 KM_3 衔铁，用万用表检测 KM_3 各触点的导通情况，如果有异常，则修复或更换 KM_3

行业资讯

一直以来，我国机床的核心技术高度依赖进口，95%以上的高端数控机床采用了外国的控制系统，留给我国的只剩下一个"空壳"。在这样的背景下，于德海团队刻苦钻研 17 年，于 2015 年成功推出了拥有 85%以上自主化率的五轴叶片铣削加工中心，彻底打破了困扰中国机床生产的魔咒。

综合测试

1. 填空题

（1）CA6140型卧式车床的电动机包含_____电动机、_____电动机、_____电动机等。

（2）CA6140型卧式车床工件的旋转运动，由_____驱动主轴，再通过卡盘或顶尖带动_____。

（3）M7130型平面磨床的主运动是砂轮电动机驱动砂轮所做的_____。M7130型平面磨床的进给运动有垂直进给，即滑座沿立柱上的导轨_____；横向运动，即砂轮箱在滑座上的_____；纵向进给，即工作台（带动电磁吸盘和工件）沿床身做_____。

（4）Z3050型摇臂钻床具有"开门断电"功能，为保证操作安全，应使_____和_____的电气柜门均处于关闭状态。

（5）当X62W型万能铣床主轴电动机和冷却泵电动机过载时，进给运动必须立即停止，以免损坏刀具和铣床。因此，要有必要的_____。

（6）对X62W型万能铣床而言，为防止损坏刀具和机床，要求只有主轴旋转后，才允许有_____；同时，为了保证加工质量，要求_____后，主轴才能停止，或者两者同时停止。

2. 选择题

（1）CA6140型卧式车床的主轴电动机采用（　　）。
    A. 直接启动、自由停转　　　　　B. 直接启动、制动停转
    C. 降压启动、自由停转　　　　　D. 降压启动、制动停转

（2）M7130型平面磨床的电磁吸盘线圈以（　　）为电源，通电后芯体被磁化并将工件牢牢吸住。
    A. 直流电　　　　　　　　　　　B. 单相交流电
    C. 三相交流电　　　　　　　　　D. 脉冲电压

（3）Z3050型摇臂钻床的夹紧机构不能用来夹紧（　　）。
    A. 主轴箱　　B. 摇臂　　C. 外立柱　　D. 内立柱

（4）X62W型万能铣床的工作台可在（　　）个方向上做进给运动。
    A. 2　　　　B. 4　　　　C. 6　　　　D. 8

3. 综合分析题

（1）CA6140型卧式车床的主轴电动机M_1只能点动，请分析其原因。

（2）M7130型平面磨床电磁吸盘无吸力，请分析其原因。

（3）Z3050型摇臂钻床的摇臂不能上升也不能下降，请分析其原因。

（4）X62W型万能铣床的主轴有哪些控制要求？

学习成果评价

指导教师对学生的实际学习成果进行评价,学生配合指导教师共同完成表 8-18。

表 8-18 学习成果评价

班级		组号		日期	
姓名		学号		指导教师	
项目名称		典型机床电气控制电路			
评价项目	评价内容		评价方式	满分/分	评分/分
知识 (40%)	CA6140 型卧式车床的基本结构、运动形式、控制要求、控制电路分析、控制电路常见故障及检修方法		理论测试	10	
	M7130 型平面磨床的基本结构、运动形式、控制要求、控制电路分析、控制电路常见故障及检修方法			10	
	Z3050 型摇臂钻床的基本结构、运动形式、控制要求、控制电路分析、控制电路常见故障及检修方法			10	
	X62W 型万能铣床的基本结构、运动形式、控制要求、控制电路分析、控制电路常见故障及检修方法			10	
技能 (40%)	检修 CA6140 型卧式车床电气控制电路		实践操作	10	
	检修 M7130 型平面磨床电气控制电路			10	
	检修 Z3050 型摇臂钻床电气控制电路			10	
	检修 X62W 型万能铣床电气控制电路			10	
素养 (20%)	积极参加教学活动,主动学习、思考、讨论		综合评判	6	
	认真负责,按时完成学习、实践任务			4	
	团结协作,与组员之间密切配合			4	
	服从指挥,遵守课堂和实训室纪律			4	
	守正创新,自信自强			2	
合计				100	
自我评价					
指导教师评价					

参考文献

[1] 方大千. 电动机实用控制线路详解 [M]. 北京：化学工业出版社，2018.

[2] 张中华，张友刚，魏骏. 电机与电气控制技术项目教程 [M]. 北京：电子工业出版社，2023.

[3] 唐惠龙，牟宏均. 电机与电气控制技术项目式教程 [M]. 2版. 北京：机械工业出版社，2022.

[4] 王本轶. 电机与电气控制技术 [M]. 北京：机械工业出版社，2020.

[5] 田淑珍. 电机与电气控制技术 [M]. 3版. 北京：机械工业出版社，2021.

[6] 李大明，夏继军，杨彦伟. 电机与电气控制技术 [M]. 2版. 武汉：华中科技大学出版社，2020.